免授权频谱共享原理与技术

裴二荣　黎　伟　孙远欣　向镍锌　李永刚　著

電子工業出版社·

Publishing House of Electronics Industry

北京·**BEIJING**

内 容 简 介

在万物互联时代，频谱资源会越来越紧张。将蜂窝通信扩展到免授权频段是缓解当前频谱资源短缺问题的一个重要手段。本书系统地阐述免授权频谱共享原理与技术，共 7 章。第 1 章为绪论，介绍免授权频谱共享的提出及免授权频谱共享方案等。第 2 章介绍免授权频谱共享方案 LTE-LAA 在理想情况、捕获效应及不完美频谱探测下的性能。第 3 章介绍 LTE-LAA 方案的智能优化，分别介绍基于混沌 Q 学习的 CWS 选择算法及基于 Q 学习的能量阈值优化算法。第 4 章介绍 D2D 通信下的免授权频谱共享方法，分别介绍基于多智能体深度强化学习的 D2D 通信资源联合分配算法和基于 DDQN 的 D2D 直接接入免授权频谱算法。第 5 章介绍基于无人机平台的免授权频谱共享方法，分别介绍基于混合频谱共享的轨迹优化和资源分配算法，以及基于全频谱共享的轨迹和功率优化算法。第 6 章介绍基于 AI 的免授权频谱共享方法，分别介绍人工智能技术、基于深度 Q 学习的免授权频谱接入算法及基于平均场近似的免授权频谱接入算法。第 7 章是总结与展望。

未经许可，不得以任何方式复制或抄袭本书之部分或全部内容。

版权所有，侵权必究。

图书在版编目（CIP）数据

免授权频谱共享原理与技术 / 裴二荣等著. -- 北京 ：
电子工业出版社，2024. 12. -- ISBN 978-7-121-49495
-6

Ⅰ. TN014

中国国家版本馆 CIP 数据核字第 20259SE919 号

责任编辑：冯　琦
印　　刷：三河市兴达印务有限公司
装　　订：三河市兴达印务有限公司
出版发行：电子工业出版社
　　　　　北京市海淀区万寿路 173 信箱　邮编：100036
开　　本：720×1000　1/16　印张：16　字数：282 千字
版　　次：2024 年 12 月第 1 版
印　　次：2024 年 12 月第 1 次印刷
定　　价：98.00 元

凡所购买电子工业出版社图书有缺损问题，请向购买书店调换。若书店售缺，请与本社发行部联系，联系及邮购电话：（010）88254888，88258888。

质量投诉请发邮件至 zlts@phei.com.cn，盗版侵权举报请发邮件至 dbqq@phei.com.cn。

本书咨询联系方式：（010）88254434，fengq@phei.com.cn。

前　言

随着智能终端及其业务应用的不断增加，全球移动数据流量急剧增长。国际电信联盟的一份调研报告显示，2020—2030 年，移动数据流量（不包含机器对机器流量）会以每年 54%的速率增长；到 2025 年，全球每月的移动数据流量将达到543 EB；到 2030 年，该数据将达到 4394 EB。移动数据流量的急剧增长给移动通信系统带来了巨大压力。为了给用户提供更好的体验，移动运营商需要提供更大的网络容量、更高的通信速率及更低的传播延时。目前，移动运营商主要采用两种方法来实现这些目标：第一种方法是复用授权频谱资源，如在热点区域密集部署小蜂窝基站和使用设备到设备（Device to Device，D2D）通信技术等；第二种方法是改进物理层和媒体接入控制层关键技术，尽可能地提高授权频谱利用率，如 MIMO（Multiple-Input Multiple-Output）和波束赋形等。然而，第一种方法导致干扰控制算法越来越复杂，使得进一步复用授权频谱变得越来越困难；基于现有技术，第二种方法的授权频谱利用率几乎达到了理论极限，近年来，其应用变得越来越困难。因此，目前这两种方法都无法有效缓解移动数据流量急剧增长给移动通信系统带来的巨大压力。拓展新的频谱资源几乎是进一步提高移动通信系统性能的唯一选择。考虑到免授权频段有大量的频谱资源，一些研究人员提出将蜂窝通信扩展到免授权频段。这种方法使得移动通信系统在短期内增加了大量适合通信的频谱，能够极大地增大系统容量。然而，免授权频段是一种无须授权就可以使用的频段，各种无线设备只需要遵循免授权频谱管理规则就可以接入此频段。因此，移动通信系统使用免授权频谱，除了需要遵循免授权频谱管理规则，还需要注意保障现有用户的通信性能。为了促进免授权频谱共享技术的进一步发展及实际部署，著者撰写了本书。

本书介绍免授权频谱共享原理与技术。

第 1 章介绍免授权频谱共享的提出及免授权频谱共享方案等。

第 2 章对免授权频谱共享方案 LTE-LAA 在理想情况、捕获效应及不完美频谱探测下的性能进行分析。

第 3 章介绍 LTE-LAA 方案的智能优化，分别介绍基于混沌 Q 学习的 CWS 选择算法及基于 Q 学习的能量阈值优化算法。

第 4 章介绍 D2D 通信下的免授权频谱共享方法，分别介绍基于多智能体深度强化学习的 D2D 通信资源联合分配算法，以及基于 DDQN 的 D2D 直接接入免授权频谱算法。

第 5 章介绍基于无人机平台的免授权频谱共享方法，分别介绍基于混合频谱共享的轨迹优化和资源分配算法，以及基于全频谱共享的轨迹和功率优化算法。

第 6 章介绍基于 AI 的免授权频谱共享方法，分别介绍人工智能技术、基于深度 Q 学习的免授权频谱接入算法及基于平均场近似的免授权频谱接入算法。

第 7 章介绍总结与展望。

著者

目　　录

第 1 章　绪论

1.1　无线电频谱

无线电频谱是电磁频谱中频率为 3 Hz 至 300 GHz 的部分。在这个频率范围内的电磁波被称为无线电波,广泛应用于无线通信领域。无线电频谱资源与土地、矿山、森林、水等自然资源一样,是国家所有的重要资源。无线电频谱资源蕴含巨大的经济价值,是国家经济社会发展的重要物质基础。对无线电频谱资源的有效开发和利用,能为国家创造物质财富,并产生社会效益。在国防建设方面,对电磁频谱的管控能力已经成为在信息化条件下打赢现代战争的决定性因素,无线电频谱已成为军队"无形的战斗力资源"。随着万物互联时代的到来,无线电频谱会成为无所不在的重要信息载体。

近年来,随着无线电频谱资源巨大经济价值的显现,世界各国对无线电频谱资源稀缺性和重要性的认识日益提升,对无线电频谱的争夺日益激烈,无线电频谱已成为世界各国公认的稀缺性战略资源,广受重视。

无线电频谱是自然存在的无线电频率的集合。作为一种自然资源,它具有以下特性[1]。

(1)有限性。考虑到较高频率上的无线电波的传播特性,无线电业务不能无限地使用较高的无线电频率。虽然研究人员已经对太赫兹频谱进行了研究和开发,但是目前人类还无法利用 3000 GHz 以上的频率。虽然无线电频率可以通过空间、时间、频率和编码 4 种方式进行复用,但在一定的区域、一定的时间和一定的条件下,对频谱的利用是有限的。

(2)排他性。无线电频谱资源与其他资源都具有排他性。在一定的时间、地区和频域内,一旦某个频率被使用,其他设备就不能以相同的技术模式使用该频率了。

（3）复用性。虽然无线电频谱资源具有排他性，但在特定的时间、地区、频域和编码条件下，无线电频率是可以重复使用的，即不同无线电业务和设备可以进行频率复用和共用。

（4）非耗竭性。无线电频谱资源不同于矿产、森林等资源，它可以被人类利用，但不会被消耗，不使用它是一种浪费，使用不当更是一种浪费，使用不当甚至会产生干扰而造成危害。

（5）传播特性。无线电波按一定规律传播，不受行政地域的限制，是无国界的。

（6）易污染性。如果无线电频率使用不当，则它可能会受无线电台、自然噪声和人为噪声的干扰，可能无法正常工作，或者干扰其他无线电台，使之无法准确、有效和迅速地传递信息。

正因具有上述特性，无线电频谱资源有别于土地、矿藏、森林等自然资源，只有对它进行科学规划、合理利用、有效管理，才能使之发挥巨大的资源价值，成为服务经济社会发展和国防建设的重要资源。

1.2 静态的频谱管理

电磁干扰会对无线通信的质量产生很大影响。为了防止在不同用户之间产生电磁干扰，无线电波的产生和传输受到各国法律的严格限制，并由联合国负责信息通信技术事务的专门机构——国际电信联盟（International Telecommunication Union，ITU）协调。ITU 由全权代表大会、理事会、总秘书处和无线电通信部门（ITU-R）、电信标准化部门（ITU-T）、电信发展部门（ITU-D）组成。其中，ITU-R 的主要职责是确保各种无线通信业务（包括使用卫星轨道）合理、平等、有效和经济地使用无线电频谱，并就无线通信事宜开展研究和采纳建议。ITU-R 在无线电频谱和卫星轨道的管理方面发挥着重要作用，为了确保无线通信系统能够实现无干扰运营，需要实施《无线电规则》和相关区域性协议，并通过世界无线电通信大会（World Radio Communication Conferences，WRC）有效和及时地更新这些文件。此外，还开展与无线电有关的标准化工作，制定旨在确保无线通信系统操作性能和质量的建议书。目前，ITU-R 下设 6 个研究组（SGs）开展相关研究，工作目标主要是为 WRC 的决定提供技术基础，形成相关建议书、研究报告和手册。

ITU-R 为不同的无线电传输技术和应用分配了无线电频谱的不同部分：《无线电规则》定义了约 40 种无线电通信服务。在某些情况下，部分无线电频谱能够被出售或授权给私人无线电传输服务运营商（如蜂窝电话运营商或广播电视台）。无线电频段是无线电频谱的一个小的连续部分，其中的频段通常用于或预留用于同一目的。为了防干扰并允许有效地使用无线电频谱，类似的服务被分配在同一频段。例如，广播、陆地移动通信、导航及雷达等被分配在不重叠的频率范围内。对于每个频段，ITU 都有一个频段计划，规定如何进行使用和共享以避免干扰，并基于发射器和接收器的兼容性制定协议。

WRC 是由 ITU 主办、国际无线电事务立法缔约的最高级别会议，每 3 至 4 年召开一次。大会的主要任务是：修订在全球具有普遍法律约束力的《无线电规则》，对国际无线电频谱和卫星轨道资源的使用管理进行调整并制定相应的规则程序，以使有限的无线电频谱和卫星轨道资源得到更加科学、合理、经济、高效的利用；设置后续大会议题，确定未来一段时间（5～10 年）内无线电频谱和卫星轨道资源开发利用的优先方向，为各种无线电业务的有序开展提供频率轨道资源保障。例如，2015 年举办的 WRC-15 对 4G 使用的频谱进行了扩展，并开始对 5G 频谱进行研究；2019 年举办的 WRC-19 对 5G 频谱规则进行了具体地研究，并对 5G 高频段频谱进行了扩展，确定了 WRC-23 的议题方向；2023 年在迪拜举办的 WRC-23 讨论了 5G/6G 新增频率划分等 28 项议题。

1.3　免授权频谱共享的提出

当前，随着移动智能设备及其业务应用的不断增加，全球移动数据流量急剧增长。ITU 的一份调研报告显示[2]，2020—2030 年，移动数据流量（不包含机器对机器流量）会以每年 54%的速率增长，到 2025 年，全球每月的移动数据流量将达到 543 EB（1 EB=1073741824 GB），到 2030 年，将达到 4394 EB。另外，2022 年 11 月发布的爱立信移动市场报告显示，全球移动数据总流量将于 2028 年年底达到每月 453 EB。目前，视频流量占所有移动数据流量的 70% 左右，预计这一比例将在 2028 年提高到 80%[3]。此外，新的业务应用还包括大规模无人机监视、极端虚拟现实（Extended Virtual Reality，X-VR）、极端增强现实（Extended Augmented Reality，X-AR）、同步现实（Simulated Reality，SR）和混合现实（Mixed reality，MR）。授权频谱资源作为一种排他的、被运营商垄断的资源，其通信容量几乎饱和。因此，呈指数规律增长的移动数据流量给移动运营商带来巨大压力，未来移动通信系统的服务质量（Quality of Service，QoS）面临极大挑战。这使得基于有限授权频谱资源的移动通信系统急需改变。

为容纳如此巨量的无线通信数据，目前的研究工作主要分为 3 个方面：一是更新现有的网络架构。例如，与 4G 网络相比，5G 网络具有更密集、更异构的特点，有利于提高空间复用收益。二是探索新的频谱资源，如使用频率更高的毫米波段或未被充分利用的免授权频谱进行通信。三是使用新的通信技术实现不同种类设备的频谱共享，以提高频谱利用率，如认知无线电（Cognitive Radio，CR）、设备到设备（Device to Device，D2D）、多设备多输入多输出（Multi-User Multiple-Input Multiple-Output，M-MIMO）、非正交多址（Non-Orthogonal Multiple Access，NOMA）、免许可频谱长期演进（LTE-Unlicensed，LTE-U）等。虽然在通信系统架构优化及新频谱资源的开发方面已显成效，但就当前巨量的无线通信数据而言，可用的频谱资源仍然是拥挤且有限的。欧洲的一项研究显示，如果频谱仅用于 5G 网络，则需要 76 GHz 的频谱资源。然而，通过频谱共享，频谱需求量可以减小到 19 GHz。频谱共享虽有静态频谱共享与动态频谱共享之分，但其基本思想是使空闲或未充分利用的频谱资源以时分、频分或空分的方式被多个同类设备或不同类设备使用，频谱共享已被证实是解决有限频谱资源和巨大流量需求之间的不平衡状况的一种有效策略。考虑到现有免授权频段拥有大量的频谱资源，一些研究人员提出将蜂窝通信扩展到免授权频段。这种方法使得蜂窝系统能够增加大量适合通信的频谱，从而极大地增大系统容量，该方法非常有前景。然而，现有免授权频谱无须管理机构许可即可使用，蜂窝系统使用免授权频谱不得不面对可能与免授权频谱现有用户发生干扰的问题。因此，免授权频谱共享面临的主要问题是如何设计合理的频谱共享方案，以使各系统之间的干扰最小化，并在保障资源分配公平的前提下，实现提高免授权频谱利用率的目的。

1.4　免授权频段现有用户 WiFi 系统

　　基于 IEEE 802.11 的 WiFi 技术作为最流行的免授权频谱接入方案，为无线局域网提供了可移动且高速的互联网接入方案。WiFi 设备在商场、家庭和公司无线网络中无处不在，据估计，有 95 亿台设备使用 WiFi 网络进行通信。在 IEEE 802.11 标准中，WiFi 是一种最好的产品实现，除此之外，还有工作在毫米波段的 WiGig 等。从 1999 年第一代 IEEE 802.11 标准发布至今，WiFi 已经历了 6 个版本的演进，在 WiFi 6 发布之前，WiFi 标准是由从 802.11b 到 802.11ac 的版本号标识的。随着 WiFi 标准的演进，WiFi 联盟为了便于 WiFi 用户和设备厂商轻松了解 WiFi 标准，选择使用数字序号对 WiFi 重新命名，如将 802.11n 命名为 WiFi 4，将 802.11ac 命名为 WiFi 5，将 802.11ax 命名为 WiFi 6。在过去的 20 多年里，802.11 已演变出多个协议标准，802.11 协议标准如表 1-1 所示，表 1-1 给出了详细比较。

表 1-1　802.11 协议标准

协议标准	发布年份	工作频段	支持带宽	峰值速率
802.11a	1999 年	5 GHz	20 MHz	54 Mbps
802.11b	1999 年	2.4 GHz	20 MHz	11 Mbps
802.11g	2003 年	2.4 GHz	20 MHz	54 Mbps
802.11n	2009 年	2.4/5 GHz	20/40 MHz	600 Mbps
802.11ac	2014 年	5 GHz	20/40/80/160 MHz	6933 Mbps
802.11ax	2018 年	2.4/5 GHz	20/40/80/160 MHz	9600 Mbps

　　WiFi 主要由无线访问节点（Wireless Access Point，WAP）和无线局域网组成。WAP 通常表示无线路由器等设备，同时也是连接无线局域网和有线局域网的桥梁。装有无线网卡的通信设备可以通过 WAP 访问有线局域网或广域网，并从中获取所需要的服务。换句话说，WiFi 网络就是虚拟局域网的一种组网方式，WAP 与多个工作站（Station）构成 WiFi 网络的基本服务集（Basic Service Set，BSS），

通过分配系统（Distribution System，DS）将多个 BSS 合并成一个扩展服务集（Extended Service Set，ESS），实现 BSS 跨域通信服务。每个 BSS 都对应一个标识（BSSID），当工作站扫描可用网络时，出现的是 BSSID。WiFi 网络示意图如图 1-1 所示。WiFi 网络组网简单快捷，无须布线，只需要无线网卡和 WAP 便能成功组网，可通过 WAP 实现中长距离通信，因此能满足移动办公或家庭组网等需求，其应用前景广阔。此外，WiFi 网络配置了密钥验证功能，只有在输入正确的密钥并完成验证后，才能上网，这保证了网络的安全性。另外，802.11 协议对通信设备的发射功率提出了明确要求，一般只有几十毫瓦（60～70 mW），因此不会对人体安全产生威胁。

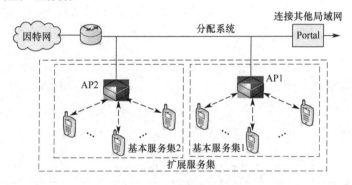

图 1-1　WiFi 网络示意图

随着无线通信技术的不断演进，2022 年，移动数据流量占互联网流量的 71%，超过 80% 的移动数据流量发生在室内，有近 5.49 亿个公共 WiFi 热点，多于 2017 年的 1.24 亿个热点[4]。这使得 WiFi 等短距离无线通信技术成为 5G 的关键组成部分。由于频谱资源有限，WiFi 的密集部署会导致可用信道的激烈竞争。在免授权频段，由于缺乏基站等中央控制器对通信资源的统一管理，所以需要解决多节点数据传输出现的碰撞问题。

1.5　免授权频谱共享方案

第三代合作伙伴计划（The 3rd Generation Partnership Project，3GPP）对免授权频谱接入问题的研究主要包括两个方面：一方面，将 LTE 与 WiFi 设备集成，再应用 WiFi 技术访问免授权频段，LTE/WLAN 聚合（LTE/WLAN Aggregation，LWA）技术[5-6]和 LTE-WLAN 无线集合 IPsec 隧道（LTE-WLAN Radio Level Integration with IPsec Tunnel，LWIP）[7]就是基于该方案的技术；另一方面，通过改进 LTE 或新无线电（New Radio，NR）技术来实现对免授权频谱的访问，如 LTE-U（LTE-Unlicensed）[8]、NR-U（New Radio in Unlicensed Spectrum）[9]、授权辅助接入（Licensed Assited Access，LAA）[10]、增强型 LAA（enhanced LAA，eLAA）[11]和 MulteFire 技术等，相关技术应具有高效性，因此其复杂度较高。免授权频谱接入技术的标准化进程如图 1-2 所示。

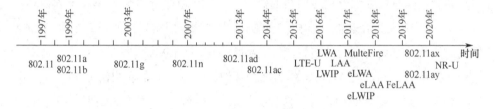

图 1-2　免授权频谱接入技术的标准化进程

3GPP Release 13 的 LAA 技术对 5GHz 的免授权频段的下行链路进行了规范和评估，3GPP Release 14 在其基础上指定了 eLAA 的上行链路操作，3GPP Release 15 进一步增强 LAA，并于 2018 年完成了关于该技术的研究任务。基于先听后说（Listen Before Talk，LBT）机制的 LAA 技术可以通过访问免授权频谱进行通信，但仅靠该技术不能满足日益增长的数据流量需求，因此促进了 LTE-U、MulteFire 和 NR-U 等免授权频谱接入技术的发展。LTE-U 技术是在 3GPP Release 12 中由 LTE-U Forum 提交的方案，LWA 技术是在 3GPP Release 13 中规范的 LAA 和 WLAN 实现互操作的技术，MulteFire 则是由高通主导的独立部署在免授权频谱的技术，NR-U 是由 3GPP Release 16 提出的将 NR 接入免授权频谱以扩展 5G NR 的技术。因此，目前基于 LTE 系统的免授权频谱接入技术包括 LTE-U、LTE-LAA、LTE-eLAA、LTE 与 WiFi 链路聚合（LTE and WiFi Aggregation，LWA）及 Multe Fire 等，其中 LTE-LAA、LTE-eLAA 和 LWA 采用载波聚合技术接入免授权频谱。免授权频谱接入技术如图 1-3 所示。

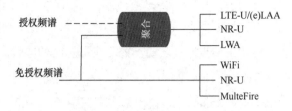

图 1-3　免授权频谱接入技术

1.5.1　LWA

LWA 技术[5-6]的目标是更充分地利用免授权频谱资源，增大系统容量，改善用户体验，同时增强运营商对网络的控制力。与其他技术相比，LWA 最重要的特点是引入了 IP 流聚合功能，使得一个数据连接中的分组可以同时由 LTE 和 WLAN 传输，从而更有效地利用网络资源，提高峰值速率。LWA 吸收了载波聚合和双连接技术的设计思想，将 WLAN 作为辅助载波，由 eNodeB 控制使用。LWA 有共站部署和非共站部署两种形态，前者类似载波聚合，后者类似双连接。在非共站部署情况下，需要在 eNodeB 和 WLAN 之间设置标准化接口。

1.5.2　LWIP

在 Release 13 阶段，3GPP 还提出一种基于 IP 安全（IP Security，IPSec）隧道的 LTE/WLAN 无线融合方案（LTE/WLAN Radio Level Integration with IPsecTunnel，LWIP）[7]，它采用与 LWA 类似的网络架构，但是不支持业务聚合。LWIP 技术的基本思想是在 UE 与 eNodeB 之间建立一条经过 WLAN AP 的 IPSec 隧道（称为 LWIP 隧道），用于传输属于一个或多个数据无线承载（Data Radio Bearer，DRB）的 IP 数据包。每个 DRB 单独配置，根据需要可以设置为在 LWIP 隧道上进行双向数据传输、仅下行方向传输或仅上行方向传输。

1.5.3　MulteFire

MulteFire 技术[8]集合了 LTE 技术和 WiFi 技术的优势，在保证系统性能不低于 4G LTE 蜂窝网络的前提下，部署基站与部署 WiFi 路由器一样简单。MulteFire 技术与 LAA 技术的不同点在于，MulteFire 的设备被允许完全工作在免授权频段，而 LAA 设备必须依赖授权频谱进行通信，免授权频谱只作为补充。MulteFire 的部署与 WiFi 基本相同，其优势在于运营商可以设置 MulteFire 接入点，也可以租用 MulteFire 接入点，这大大减少了运营商在基础设施上的开支。高通曾演示了 MulteFire 的数据传输，演示结果表明 MulteFire 可以达到比 WiFi 更高的传输速率。MulteFire 技术拥有广阔的市场应用空间，其产业化得到了华为等公司的重视。

1.5.4　LTE-U

2013 年 12 月，众多运营商和通信企业在联合召开的 3GPP（The 3rd Generation Partnership Project）RAN（Radio Access Network）第 62 次会议中提出了免授权频段的长期演进（Long Time Evolution-Unlicensed，LTE-U）方案。该方案通过复用 3GPP 标准的已有机制，在那些不需要 LBT 协议的国家，允许将 LTE 网络快速部署在 5 GHz 免授权频段上。2014 年，美国的 Verizon 联合高通、诺基亚、爱立信、三星等企业成立了 LTE-U 论坛，对 LTE 标准进行了部分修改，以使其适用于免授权频谱，共同推进 LTE-U 的商用进程。LTE-U 的 3 种主要机制包括载波选择（Carrier Selection，CS）、启动/关闭开关（ON/OFF Switching）和载波感知自适应传输（Carrier Sense Adaptive Transmission，CSAT），可以调整传输的占空比（Duty Cycle，DC）[9]。在 DC 方案中，蜂窝系统和 WiFi 系统的信道接入方式不变，蜂窝系统和 WiFi 系统基于时分复用的方式依次使用信道。DC 方案如图 1-4 所示。将一个时间周期分为 LTE-ON 和 LTE-OFF 两个阶段，LTE-ON 阶段用于 LTE 业务数据的传输，LTE-OFF 阶段用于 WiFi 业务数据的传输。蜂窝系统在 LTE-ON 阶段通过集中调度方式进行频谱资源分配，WiFi 系统在 LTE-OFF 阶段通过竞争的方式进行频谱资源分配。DC 方案通过对时域资源的规划将两个系统隔离。以解决共存的问题，此方案容易实现，不需要对当前协议做出大的改变。

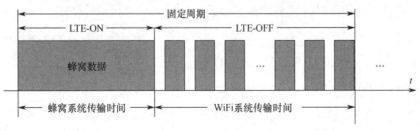

图 1-4　DC 方案

对于固定占空比的 DC 方案来说，在有动态流量的环境中，显然频谱利用率不高。例如，在 WiFi 流量较大或较小的情况下，DC 方案中的占空比很难确定。为此，高通提出了基于 DC 方案的 CSAT[10]。在 CSAT 中，基站在传输数据之前先用较长的时间感应信道的状态，该时间比 LBT 机制和 CSMA/CA 机制长（约为 20 ms 到 200 ms）。随后，基站在预先定义的时间周期中按照算法比例获取传输机会。CSAT 机制能够使蜂窝系统与邻近的 WiFi 设备共享信道，WiFi 设备采用 CSMA/CA 机制争用信道。CSAT 机制的目标是以占空比方式实现 LTE 和 WiFi 网络的共存。在 LTE-OFF 阶段，附近的 WiFi 设备探测到信道空闲，WiFi 设备可以进行正常的数据传输。在此期间，蜂窝系统会测量 WiFi 信道利用率并相应地调整信道占用时间，即信道占空比。

1.5.5 LTE-LAA

LTE-U 无法完全满足 3GPP TR36.889 的公平共存要求，因为如果将 LTE 网络直接部署在 5 GHz 免授权频段，而不采用相关技术对现有 WiFi 系统进行保护，那么势必会极大地降低现有 WiFi 系统的性能。而且，LTE 系统和 WiFi 系统在 MAC 层采用不同的信道访问方式。WiFi 网络在 MAC 层采用 CSMA/CA 机制来减少数据碰撞，而 LTE 网络采用免信道探测的接入方案，这会导致 WiFi 网络访问免授权信道的机会大大减少，从而使原 WiFi 网络的性能严重下降。为了使 LTE 网络与 WiFi 网络在免授权频段上能够公平共存，国际标准化组织 3GPP 于 2014 年年初聚集了世界各大移动运营商和知名的通信网络公司，开展了关于 LAA 的研究讨论，并将 LAA 方案写入了 TR36.899[11]。因此，LAA 框架能够作为 LTE 的解决方案，将过多的流量卸载到免授权的 5 GHz 频段，适时增大用户吞吐量，同时保持无缝移动连接，保证较高的服务质量与良好的室内和室外覆盖。LAA 必须与授权频段合作，通过载波聚合的方式使用免授权频段。该方案改变了蜂窝网络的频谱接入方式，采用了类似 WiFi 网络的频谱分配方案，即节点在接入信道前需要进行空闲信道评估（Clear Channel Assessment，CCA）。在 LAA 方案中，蜂窝设备和 WiFi 设备通过自由竞争的方式获取信道的使用权，该方案需要改变蜂窝技术的协议栈且需要对基站等设备进行升级。此外，在 LAA 方案中，设备可以采用载波聚合（Carrier Aggregation，CA）技术整合空闲的频谱资源，间接增大系统可用带宽，提高频带利用率和增大系统容量。对于移动运营商而言，LAA 方案是一种低成本、高性能的网络扩容解决方案。

　　LAA 方案主要有两种模式，如图 1-5 所示。在第一种模式中，授权频段用来传输上行和下行数据，而免授权频段仅用于补充下行链路的数据传输，即 SDL 模式，如图 1-5（a）所示。由于授权频段的锚载波始终可用，所以可以机会性地使用免授权频段的辅助下行（Supplementary Downlink，SDL）载波。当小区的下行链路数据流量超出某个阈值且在免授权频段覆盖区域内存在活动用户时，可以使用 SDL 载波进行流量卸载，当主载波小区的流量没有超出阈值或在免授权频段覆盖区域内没有活动用户时，SDL 载波会停止使用。基站设备机会性地接入下行链路并进行流量卸载可以减轻授权频段的流量压力，从而极大地增大通信系统的容量。在第二种模式中，授权频段作为主载波进行上行和下行链路数据传输，而免授权频段作为辅载波用于上行和下行通信，即时分双工（Time Division Duplexing，TDD）模式，如图 1-5（b）所示。在两种模式下，一个用户往往配置有一个授权频段的主载波单元（Primary Component Carrier，PCC）和一个或多个免授权频段的辅载波单元（Secondary Component Carrier，SCC），设备能够利用 CA 技术将授权频段和免授权频段整合，从而增大系统可用带宽。

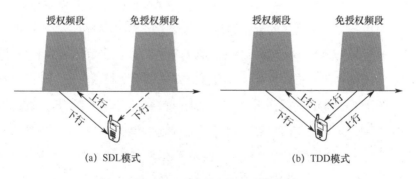

图 1-5　LAA 方案的两种模式

　　在 LAA 方案中，LTE 设备在信道接入时必须执行 LBT 机制，即"先听后说"。LBT 机制要求所有蜂窝设备在数据发送前必须探测信道状态，设备根据探测结果决定是否进行数据传输。CCA 主要包括两个过程，分别为初始空闲信道评估

（Initial Clear Channel Assessment，ICCA）和扩展空闲信道评估（Extended Clear Channel Assessment，ECCA）。在传输之前，设备先执行 ICCA 过程，如果信道探测结果为空闲，则设备直接进行数据传输，否则设备执行 ECCA 过程。在 ECCA 过程中，设备会根据二进制指数退避机制进行时隙退避，只有当退避计数器的值为 0 时，设备才会进行数据传输。LBT 机制与 WiFi 的 DCF 机制类似，两者都要求设备在发送数据之前确认信道的状态并规定设备要在信道被占用的情况下执行二进制指数退避机制。LAA 方案对 LTE 在免授权频段的接入机制做了根本性改变，间接地保护了 WiFi 网络。与 DC 方案相比，LAA 方案更适用于进行突发的业务通信。LAA 方案中的 LBT 机制能够根据流量负载动态调整设备传输数据的机会，而 DC 方案无法满足动态网络环境的需求。但是因为 LAA 方案需要对当前的 LTE 协议做出较大改变，所以实现起来较为复杂，而 DC 方案无须对当前协议做出较大改变，实现较容易。同理，如果能够设计出合适的动态占空比调整机制，动态 DC 方案也能够获得与 LAA 方案类似的性能。LAA 方案和 DC 方案各有优缺点，在选择方案时需要考虑具体的网络环境。

1.5.6　LTE-eLAA

2014 年，3GPP 在 Release 13 中首次引入 LAA 的概念，批准将 LAA 框架作为 LTE 的解决方案，将过多的流量卸载到免授权的 5GHz 频段，适时地增大用户吞吐量，同时保持无缝移动连接，保证较高的服务质量和良好的室内和室外覆盖。LAA 必须与授权频段合作，通过载波聚合的方式使用免授权频段。然而，Release 13 中仅有关于 LAA DL 的操作规范，在 Release 14 中，3GPP 组织对 LAA 进行了增强，为免授权频谱中的 LTE 操作定义了上行链路接入方案[11]。增强型 LAA WI 的详细范围包括支持物理上行链路共享信道（PUSCH）和探测参考信号（SRS），以及主要基于 Release 13 设计的 UL 信道访问机制。考虑到 WI 的当前状态，不太可能支持物理上行链路控制信道（PUCCH）和物理随机接入信道（PRACH）。

LTE UL 的信道接入方案专为授权频谱设计，基站完全控制管理信道访问和时隙资源，当 eUE（eLAA User Equipment）需要传输数据时，eUE 使用 PUCCH 发送一个调度请求（Scheduling Request，SR），通知基站可以传输数据，并指示它需要进行 UL 信道访问。UE 有 SR 传输的周期时隙（通常为 5、10 或 20 ms）。一旦基站接收 SR，它就通过物理下行链路控制信道（Physical DL Control Channel，PDCCH）响应 UE，发送一个 UL 授权（UL grant），它包含 UE 执行 PUSCH 传输所需的信息（分配的资源块、调制信息、编码方案和参考信号参数等）。在 UE 接收并处理 UL grant 后，可以将 UL 数据传输到基站分配的资源上。eLAA UL 遵循相同的原则授予 UL 传输权限。然而，根据 3GPP 对免授权频段的要求，UE 在传输之前，需要使用能量检测机制进行空闲信道评估检查。

WiFi 节点可以在任意时刻进行异步传输，不受授权的限制，而 LTE 中的 UL 传输必须先接受授权调度，传输受限。若 UE 需要在微小区上执行 SR 传输，则必须等待授权接收才能尝试访问信道。根据配置的 SR 周期，SR 会单独增加一个 10 ms 内的延时。一旦接收 SR，基站就必须发送 UL grant。在免授权频谱上进行 eLAA 自载波（Self-Carrier，SC）调度时，基站需要执行 LBT，以获得信道的访问权，从而将 UL grant 传输给 UE。在接收 UL grant 后，UE 可以在 UL grant 有效的时间内尝试访问该信道。每个 UL 子帧必须由基站先发送专用授权调度才能进行传输，在低负载情况下，这种授权会引入较高的信令开销，十分消耗信道访问时间；在高负载情况下，过长的授权传输时间会引入额外的延时，同时增大小区间干扰。

1.5.7　5G NR-U

3GPP 在 Release 16 中引入了一种新的无线接入技术，即 5G NR-U。NR-U 的主要目标是将 NR 的适用性扩展到免授权频段，这与 5GHz 频段的 LTE 类似，即 LAA、LTE-U 和 MulteFire。NR-U 支持双连接、载波聚合和免授权的独立模式。NR-U 讨论的频段包括 2.4GHz、5GHz、6GHz 和 60GHz 免授权频段，以及专门用于美国共享接入的 3.5GHz 和 37GHz 频段。

NR-U 部署 3 种场景：双连接、载波聚合及独立模式。其中，双连接和载波聚合是主要场景，可用于支持终端在未授权频谱上运行。

（1）双连接（DC）。

当使用 DC 模式时，UE 可以同时与多个 gNB/eNB 共享数据，其中一个

gNB/eNB 被认为是主要的，其余被认为是次要的。主要和次要 gNB/eNB 直接连接网络核心。3GPP 指定多个运营商的启动频段。

（2）载波聚合（CA）。

在 CA 模式下，UE 使用两个或多个非连续分量载波通过相同的 gNB/eNB 交换数据，它们可以是带间 CA 或带内 CA。在带内 CA 中，主载波和第二载波可以在同一带上，但是在带间 CA 中，载波可能位于不同的带上。

（3）独立模式。

这是 3GPP 首次定义的一种完全依赖未授权频谱进行控制和基于用户平面流量的操作模式。Stand-alone NR-U 不需要授权频谱做锚点，可完全独立地在未授权频谱上部署单 5G 接入点或 5G 专网。这与现有的每个人自建 WiFi 网络的模式一样，只不过使用的是 5G NR 技术，但工作在 WiFi 使用的频率上，通过使用 LBT 等技术，NR-U 可以与 WiFi 共存在同一频谱中，双方共同使用无线资源，就像多个 WiFi 网络一样，彼此协调。

参 考 文 献

[1] 无线电管理局. 无线电频谱具有哪些特性[EB/OL].

[2] ITU-R. IMT Traffic Estimates for Years 2020 to 2030[R]. Geneva, Switzerland, Tech. Rep. ITU-R M.2370-0, 2015.

[3] YANG C, LI J, GUIZANI M, et al. Advanced Spectrum Sharing in 5G Cognitive Heterogeneous Networks[J]. IEEE Wireless Communications, 2016, 23(2):94-101.

[4] WU X, SOLTANI M D, ZHOU L, et al. Hybrid LIFI and Wi-Fi Networks: A Survey[J]. IEEE Communications Surveys & Tutorials, 2021, 23(2):1398-1420.

[5] NARONGCHON A, MOUNGNOUL P. Mitigation Technique for LTE-LAA and LTE-LWA Coexistence[C]// 2020 6th International Conference on Engineering, Applied Sciences and Technology (ICEAST). Chiang Mai: IEEE Press, 2020:1-3.

[6] "LTEIWLAN Radio Level Integration Using IPsec Tunnel (LWIP) encapsulation", 3GPP TS 36.361, Apr. 2016.

[7] NUGGEHALLI P. LTE-WLAN Aggregation Industry Perspectives[J]. IEEE Wireless Communications, 2016, 23(4):4-6.

[8] SU YUHAN, DU XIAOJIANG, HUANG LIANFEN, et al. LTE-U and WiFi Coexistence

Algorithm Based on Q-Learning in Multi Channel[J]. IEEE Access, 2018, 6(11):13644-13652.

[9] 3GPP. TR 36.889 V13.0.0. Feasibility Study on Licensed-Assisted Access to Unlicensed Spectrum[S]. 3GPP Press, 2015.

[10] QUALCOMM TECHNOLOGIES. Spectrum for 4G and 5G[Z/OL].

[11] KWON H, JEON J, BHORKAR A, et al. Licensed Assisted Access to Unlicensed Spectrum in LTE Release 13[J]. IEEE Communications Magazine, 2017, 55(2):201-207.

第 2 章　LTE-LAA 方案的相关性能分析

2.1　引言

将 LTE 技术扩展到 5 GHz 免授权频谱主要需要考虑与现有用户 WiFi 网络共存的问题[1-6]。对于移动通信企业而言，LTE-LAA 方案是一种经济和高效的移动终端网络解决方案[7-11]。而且，LTE-LAA 方案提供了一种有效且简单的方法，以缓解移动通信系统频谱资源短缺的问题。虽然工业界和学术界在 LAA 机制的友好性论证方面做了巨大努力，但是 LTE-LAA 方案仍存在诸多争议。一部分研究人员基于仿真实验结果认为，LTE-LAA 方案的公平共存是可行的；另一部分研究人员关于 LTE-LAA 方案对 WiFi 网络的影响表示担忧，认为现有的方案不能满足公平和谐的共存要求，需要进一步研究并设计更好的共存方案[12-15]。因此，本章对 3GPP 在 Release 13 中提出的基于 LBT 机制的 LTE-LAA 方案进行性能分析。在实际的通信场景中普遍存在一种现象：多个信号在同一时隙内传输，当一个信号与对其造成干扰的其他信号的功率差大于一定的阈值时，这个信号可以完成传输，这种现象被称为捕获效应。为了更真实地评估 LTE-LAA 方案的性能，本章将捕获效应引入 LAA 与 WiFi 共存系统，对其性能进行评估。在 LTE-LAA 方案中，LAA 基站在传输数据之前需要采用能量探测技术对信道进行探测。当探测结果为空闲时，LAA 基站发送数据，否则执行退避机制，再次等待传输机会。然而，在实际场景中，能量探测技术的探测结果可能受信道环境、能量阈值及探测时间等因素的影响，从而导致出现不完美频谱探测。本章考虑在空闲信道评估过程中可能出现的不完美频谱探测，将 3GPP 推荐的 LTE-LAA 方案建模成二维离散时间马尔可夫链（Discrete Time Markov Chain，DTMC）模型，并基于提出的模型评估和分析不完美频谱探测对共存性能的影响。

2.2　LTE-LAA 方案的性能分析

本节主要对 3GPP 在 Release 13 中提出的基于 LBT 机制共存的 LTE-LAA 方案进行数学建模，然后通过模拟和数值仿真对共存系统的性能进行评估。

2.2.1　系统模型

考虑多个 LAA 小型基站（Small Base Station，SBS）和多个 WiFi 接入点（Access Point，AP）共存的场景，系统模型如图 2-1 所示。LAA SBS 可以同时使用授权信道和免授权信道，以支持在其覆盖区域内的所有 LAA 用户的下行链路数据传输，而 WiFi AP 只能使用免授权信道来覆盖相同的区域。众所周知，不同的免授权信道可以自动或手动分配给不同的 WiFi AP，也可以在空间上隔离同一信道的 WiFi AP。虽然 LAA SBS 可以在多个免授权信道上工作，但本节主要关注 LAA 与 WiFi 网络在某个免授权信道上的共存性能。因此，本节考虑这样的共存场景：n_1 个 LAA 系统和一个具有 n_w 个用户的 WiFi 系统同时工作在一个免授权信道上。假设共存场景具有饱和的移动数据流量，且所有节点都是全连接状态，即在共存场景中不存在隐藏终端问题。另外，假设 LAA SBS 属于不同的运营商。换言之，LAA SBS 之间是异步且非协调的。

在 LAA 系统中，LAA SBS 在 LBT 过程结束后需要与下一个 LTE 时隙边界（0.5 ms 边界）对齐，这样才能进行数据传输。在延迟期间，假设 LAA 系统采用发送虚拟数据包的方式占用信道，直至下一个 LTE 时隙边界，在此阶段退避计数器的值会被冻结，且 LAA 和 WiFi 网络也不能使用延时。因此，延时不会对 LAA 和 WiFi 网络竞争信道产生任何影响。于是，在模型中忽略由于系统需要与下一个 LTE 时隙边界对齐而产生的延时。在独立的 LTE 系统中，数据包重传主要基于 HARQ-ACK 反馈。HARQ-ACK 反馈可以从 ACK、否定确认（NACK）和不连续传输（Discontinuous Transmission，DTX）中获取对应值，从而执行不同的行为。ACK 指的是正确接收的情况，NACK 指的是正确检测到控制信息（PDCCH）但数据（PDSCH）接收中存在错误的情况，DTX 指的是 UE 忽略包含调度信息的控制信息（PDCCH）而不是数据本身（PDSCH）的情况。然而，本节主要关注在 LTE 与 WiFi 网络共存的情况下运行 LTE-LAA 方案的性能，因此在所考虑的场景下，本节忽略了信道质量，这也是独立 LTE 系统中数据包重传的主要原因。换言之，LAA SBS 之间及 LAA SBS 和 WiFi 用户之间的数据包碰撞被认为是导致 LAA 系统中数据包重传的唯一原因。因此，假设模型中有理想的信道环境。

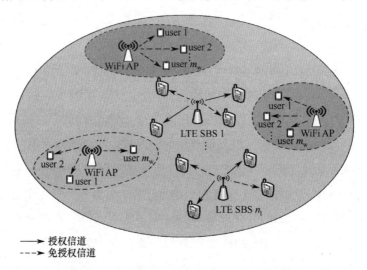

图 2-1　系统模型

2.2.2　LTE-LAA 方案

根据 3GPP 在 Release 13 中提出的 LAA 机制，LAA SBS 接入框架在免授权频段上定义的 CCA 包含两个过程，分别是初始 ICCA 和 ECCA。Release 13 中的 LTE-LAA 方案流程如图 2-2 所示。具体步骤如下。

步骤 1：如果 LAA SBS 检测到免授权信道在 L 个连续时隙的周期内未被占用，即 ICCA 全过程信道空闲。则传输分组，否则跳转到步骤 3。

步骤 2：分组传输成功后，传输新数据包，传输成功后进入下一步。

步骤 3：进入 ECCA 过程并基于重传规则执行二进制指数退避机制。

步骤 4：如果 $i \leq m$（其中 i 表示第 i 个退避阶段，m 表示退避阶段数），则生成退避值 N。否则，丢弃该分组，返回步骤 1。

步骤 5：在 ECCA 延时阶段进行信道探测，如果探测到信道忙，那么持续探测信道。

步骤 6：如果 $N \neq 0$，当检测到信道空闲一个时隙时，LAA SBS 的退避计数器的值（退避值）减 1，即 $N = N - 1$；而当信道处于忙状态时，退避计数器的值被冻结。如果 $N = 0$，则跳转到步骤 2。

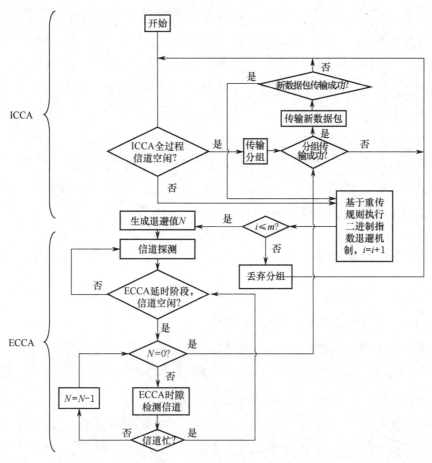

图 2-2　Release 13 中的 LTE-LAA 方案流程

LAA 系统可以在以下两种场景下发送数据包：①在执行 ICCA 期间，如果探测到信道空余时间达到定义的 L 个连续时隙，则发送数据包；②在 ECCA 过程中，当数据包重传次数不超过阈值且退避值 N 递减至 0 时，发送数据包。在 ECCA 过程中，如果在退避完成后数据包发送失败，则竞争窗口大小（Contention Window

Size，CWS）以指数规律增大，并在增大的 CWS 内随机选择新的退避值。为了使 LAA SBS 不连续占用免授权频段，在 LTE-LAA 方案中，连续 LAA 数据包的传输需要直接进入退避过程，即直接进入 ECCA 过程。值得注意的是，在 LAA 系统中使用免授权频段有许多特点：①仅当 LTE 系统过载时才能激活 LAA，以进行数据包传输；②LAA 系统的集中调度总是尽可能有效地利用频谱资源；③LTE 系统每次激活 LAA 总是需要很大开销，因此 LAA 系统总是连续调用用于数据包传输的免授权频谱。同时，可以得出结论：在 LTE-LAA 方案中，由于 LAA 系统被激活，LAA 系统总是在发送除第 1 个数据包之外的每个数据包之前以概率 1 进入 ECCA 过程。值得注意的是，在 IEEE 802.11 DCF 中，只有在需要重传时，WiFi AP 才进入退避过程。

另外，IEEE 802.11 DCF 机制规定终端不能发送两个连续的新数据包，必须等待一个随机退避时间。如果在分布式帧间间隙 DIFS 内检测到信道空闲，即使 WiFi 网络具有饱和流量，WiFi 用户也不可能连续传输数据包。因此，IEEE 802.11 DCF 机制中的 LAA SBS 总是以小于 1 的概率进入退避过程。

2.2.3 数学建模

考虑到 LTE-LAA 方案的上述特征及其共存环境，本节将其建模为新的二维离散时间马尔可夫链模型，如图 2-3 所示。

在图 2-3 中，状态 X 表示 LAA 系统的新传输状态。当系统探测到信道在 L 个连续时隙内未被占用或退避计数器的值减小到零 [状态 $(i,0)$] 时，LAA SBS 立即传输数据包。如果分组传输成功，则 LAA SBS 进入状态 X，这表明 LAA SBS 准备发送新的分组。为了使 LAA SBS 不连续占用信道，在 LTE-LAA 方案中，LAA SBS 需要在发送下一个新数据包之前直接执行一个随机退避过程。考虑到免授权信道总是在 LAA 系统中被连续调用以更有效地利用频谱资源，除了 LAA 系统被激活后的第一次传输，状态 X 总是在发送数据包之前以概率 1 进入退避过程，且退避值在首次产生的最小 CWS 内生成。当退避计数器的值减小到 0 时，LAA 系统传输新的分组。如果数据包传输成功，则 LAA SBS 再次进入状态 X 以传输下一个数据包，然后进入第 1 个退避阶段。如果分组传输不成功，则 LAA SBS 进入下一个退避状态，相应的 CWS 增加到 $2^i\mathrm{CW_{min}}$（用 CW 表示 CWS 的值，其中 $\mathrm{CW_{min}}$ 为 CWS 的最小值）。

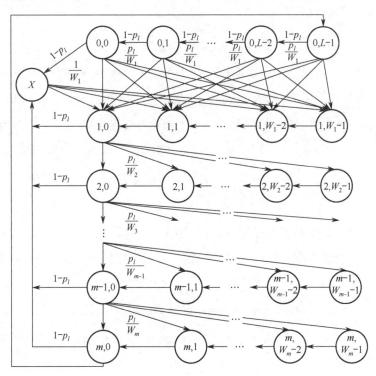

图 2-3　LTE-LAA 方案的二维离散时间马尔可夫链模型

根据 LTE-LAA 方案，在 LTE 接入免授权频谱之前需要执行两个过程，即 ICCA 和 ECCA。在 ECCA 过程中，系统基于二进制指数退避机制实现延时传播。假设 $s(t)$ 表示 t 时刻 LAA SBS 退避阶段的随机过程，即 $s(t) \in (1,\cdots,m)$，其中，t 表示离散时间整数刻度，与每个时隙的开端对应，且退避计数器的值在各时隙末端减小。在 ICCA 过程中，LAA 机制存在一个初始退避阶段，与上述 ECCA 过程中的 m 个退避阶段对应。假设 $b(t)$ 表示 t 时刻 LAA SBS 中退避计数器的随机过程。

值得注意的是，由于基于集中调度的策略，LAA 系统中的 LAA 用户之间没有碰撞。假设 p_l^0 表示独立 LAA 系统中 LAA SBS 之间的碰撞概率，p_l 表示 LAA SBS 之间及 LAA SBS 与 WiFi 用户之间的碰撞概率，即 LTE SBS 与 WiFi 用户共存场景下的碰撞概率。假设 p_{lw} 表示 LAA SBS 与 WiFi 用户之间的碰撞概率。与其他模型类似，在该模型中，无论数据包在传输期间经历多少次重传，都假设碰撞概率 p_l^0、p_l 和 p_{lw} 是恒定且独立的。不难理解上述 3 个碰撞概率存在以下关系

$$p_l = p_l^0 + p_{lw} \tag{2-1}$$

假设 p_w^0 表示单独 WiFi 网络中 WiFi 用户之间的碰撞概率，p_w 为 WiFi 用户之间及 WiFi 用户与 LAA SBS 之间的碰撞概率，即 LTE SBS 与 WiFi 用户共存场景下的碰撞概率。类似地，在该模型中，无论数据包在传输期间经历多少次重传，都假设碰撞概率 p_w^0 和 p_w 是恒定且独立的。因此，在上述 3 个碰撞概率之间可以建立以下关系

$$p_w = p_w^0 + p_{lw} \tag{2-2}$$

本节主要考虑数据包碰撞导致 LAA 网络中分组重传（通过 HARQ-ACK 反馈）的情况，忽略导致数据包重传的其他因素。为了方便描述，二维离散时间马尔可夫过程的状态转移概率可以简化为

$$P\{i_1,k_1|i_0,k_0\} = P\{s(t+1)=i_1,b(t+1)=k_1|s(t)=i_0,b(t)=k_0\} \tag{2-3}$$

假设 m2 表示 LAA 最大退避阶段，则二维离散时间马尔可夫链模型的状态转移概率可以表示为

$$\begin{cases} P\{0,l|0,l+1\}=1-p, & l\in[0,L-2] \\ P\{i,k|i,k+1\}=1, & k\in[0,W_i-2],\ i\in[1,m2] \\ P\{i,k|i-1,0\}=p_i/W_i, & k\in[0,W_i-1],\ i\in[1,m2] \\ P\{0,L|m2,0\}=p_l \\ P\{1,k|0,l\}=p_l/W_1, & k\in[0,W_1-1],\ l\in[0,L-1] \\ P\{1,k|X\}=1/W_1, & k\in[0,W_1-1],\ i\in[1,m2] \end{cases} \tag{2-4}$$

式中，第 1 个等式表明，在 ICCA 过程中，如果检测到信道处于空闲状态，则退避计数器的值开始减小。第 2 个等式表明，在 ECCA 过程中，如果探测到信道未被占用，则退避计数器的值开始减小，反之退避计数器的值会被系统冻结。第 3 个等式表明，如果 LAA SBS 和 WiFi 用户之间或 LAA SBS 之间的数据包碰撞导致 NACK 或 DTX，从而发生重传，则 LAA SBS 进入下一阶段。第 4 个等式表明，如果数据包在 ECCA 过程预定的最大碰撞/重传次数内未能发送成功，则 LAA SBS

会丢弃该数据包，并再次从新的 ICCA 开始执行。第 5 个等式表明，如果在 ICCA 过程中检测到信道忙，则 LAA SBS 会立即进入 ECCA 过程。第 6 个等式表明，如果 LAA SBS 需要传输新的数据包，则直接进入 ECCA 过程并自动执行随机退避过程，即在数据包成功传输后，LAA SBS 以概率 1 进入 ECCA 过程，这与 WiFi 系统中的 IEEE 802.11 DCF 机制不同。基于所构建的模型，假设共存系统中 $b_{i,k} = \lim_{t \to \infty} P\{s(t) = i, b(t) = k\}$，$i \in (0, \text{m2}]$，$k \in (0, W_i - 1]$ 表示模型是平稳分布的，不难得出马尔可夫链封闭表达式。

首先，根据上述模型，容易得到

$$b_{i-1,0} p_1 = b_{i,0} \tag{2-5}$$

$$b_{\text{m2}-1,0} p_1 = (1 - p_1) b_{\text{m2},0} \tag{2-6}$$

其次，变换上述公式易得

$$b_{i,0} = p_1^{i-1} b_{1,0}, \quad 0 < i < \text{m2} \tag{2-7}$$

$$b_{\text{m2},0} = \frac{p_1^{\text{m2}-1}}{1 - p_1} b_{1,0} \tag{2-8}$$

最后，根据图 2-3 中的马尔可夫链模型，基于随机过程理论，可以得到

$$b_{i,k} = \frac{W_i - k}{W_i} b_{i-1,0}, \quad 0 < i < \text{m2}, \quad 0 \leqslant k \leqslant W_i - 1 \tag{2-9}$$

$$b_{0,l} = (1 - p_1)^{L-l-1} b_{0,L-1}, \quad 0 \leqslant l \leqslant L - 1 \tag{2-10}$$

$$b_{1,0} = b_{0,L-1} \tag{2-11}$$

式（2-11）的详细推导过程如下。

$$
\begin{aligned}
b_{1,0} &= b_{0,L-1} \underbrace{\left(\frac{p_1}{W} + \cdots + \frac{p_1}{W} \right)}_{W_1} + b_{0,L-2} \underbrace{\left(\frac{p_1}{W} + \cdots + \frac{p_1}{W} \right)}_{W_1} + \cdots + b_{0,0} \underbrace{\left(\frac{p_1}{W} + \cdots + \frac{p_1}{W} \right)}_{W_1} + X \underbrace{\left(\frac{1}{W} + \cdots + \frac{1}{W} \right)}_{W_1} \\
&= p_1 b_{0,L-1} + p_1 b_{0,L-2} + \cdots + p_1 b_{0,0} + X \\
&= p_1 b_{0,L-1} + (1 - p_1) p_1 b_{0,L-1} + (1 - p_1)^2 p_1 b_{0,L-1} + \cdots + (1 - p_1)^{L-1} p_1 b_{0,L-1} + (1 - p_1)^L b_{0,L-1} \\
&= [p_1 + (1 - p_1) + (1 - p_1)^2 + \cdots + (1 - p_1)^{L-1}] p_1 b_{0,L-1} + (1 - p_1)^L b_{0,L-1} \\
&= \frac{1 - (1 - p_1)^L}{1 - (1 - p_1)} p_1 b_{0,L-1} + (1 - p_1)^L b_{0,L-1} \\
&= b_{0,L-1}
\end{aligned}
\tag{2-12}
$$

2.2.4　退避机制

根据 LTE-LAA 方案，CWS 基于二进制指数退避机制增大。如果 LAA SBS 因分组碰撞而无法接收到 ACK 或无法接收到 NACK 和 DTX，那么 LAA SBS 需要重新传输分组且其 CWS 增加到 $2^i \text{CW}_{\min}$。当分组重传次数达到预先设定的阈值时，LAA 系统会丢弃该分组。因此，LAA 系统中的二进制指数退避机制提供了一种处理网络业务过载问题的方法。分组重传次数越多，意味着 LAA 系统的平均退避时间越长。这有助于平滑 LAA 网络中的负载。为了通过比较来加深对 LTE-LAA 方案的理解，本节提出一种基于线性退避机制的 LAA 共存方案，换言之，当数据包发生重传时，CWS 以线性方式增大。此外，本节还考虑现有文献中提到的基于固定 CWS 机制的 LAA 共存方案，即无论数据包重传多少次，CWS 都是恒定的。值得注意的是，这两种方案与 LTE-LAA 方案的区别仅在于退避机制。

1．二进制指数退避机制

假设 $W = \text{CW}_{\min}$，则最大 CWS 可以表示为 $\text{CW}_{\max} = 2^{\text{m2}} W$，第 i 次退避的退避窗口大小可以表示为 $W_i = 2^i W$。因此，信道接入过程和碰撞概率之间的关系可以通过归一化条件来确定，归一化条件可以表示为

$$1 = \sum_{l=0}^{L-1} b_{0,l} + \sum_{i=1}^{\text{m2}} \sum_{k=0}^{W_i} b_{i,k} = \sum_{l=0}^{L-1} (1-p_1)^{L-l-1} b_{0,L-1} + \sum_{i=1}^{\text{m2}} b_{i,0} \sum_{k=0}^{W_i} \frac{W_i - k}{W_i}$$

$$= b_{0,L-1} \frac{1-(1-p_1)^L}{p_1} + \frac{b_{1,0}}{2} \frac{H_1}{(1-2p_1)(1-p_1)} \qquad (2\text{-}13)$$

式中，$H_1 = (2W+1)(1-2p_1) + 2p_1 W[1 - 2(2p_1)^{\text{m2}-1}]$。

将式（2-11）代入式（2-13），容易得到

$$b_{0,L-1} = \frac{2p_1(1-2p_1)(1-p_1)}{[2-2(1-p_1)^L](1-3p_1+2p_1^2) + p_1 H_1} \qquad (2\text{-}14)$$

因此，联立式（2-10）和式（2-14）可以得到 LAA 用户的传输概率为

$$\tau_{11} = b_{0,0} + \sum_{i=1}^{m2} b_{i,0} = (1-p_1)^{L-1} b_{0,L-1} + \left(\sum_{i=1}^{m2} p_1^{i-1} + \frac{p_1^{m2-1}}{1-p_1} \right) b_{1,0}$$

$$= \frac{2p_1(1-2p_1)}{[2-2(1-p_1)^L](1-3p_1+2p_1^2)+p_1 H_1}$$

（2-15）

2. 线性退避机制

假设 K 表示线性退避机制斜率，本节假设 $K=2W$，则最大 CWS 可以表示为 $CW_{\max}=2Wm2$，第 i 个退避窗口大小可以表示为 $W_i=i2W$。因此，信道接入过程和碰撞概率之间的关系可以通过归一化条件来确定，归一化条件可以表示为

$$1 = \sum_{i=0}^{L-1} b_{0,i} + \sum_{i=1}^{m2} \sum_{k=0}^{W_i} b_{i,k}$$

$$= b_{0,L-1} \frac{1-(1-p_1)^L}{p_1} + \frac{b_{1,0}}{2} \frac{2W(1-p_1^{m2})+(1-p_1)}{(1-p_1)^2}$$

（2-16）

将式（2-11）代入式（2-16），容易得到

$$b_{0,L-1} = \frac{2p_1(1-p_1)^2}{2(1-p_1)^2[1-(1-p_1)^L]+p_1[2Wp_1(1-p_1^{m2})+(1-p_1)]}$$

（2-17）

因此，联立式（2-10）和式（2-17），可以得到 LAA 用户的传输概率为

$$\tau_{12} = b_{0,0} + \sum_{i=1}^{m2} b_{i,0} = (1-p_1)^{L-1} b_{0,L-1} + \left(\sum_{i=1}^{m2-1} p_1^{i-1} + \frac{p_1^{m2-1}}{1-p_1} \right) b_{1,0}$$

$$= \frac{2p_l(1-p_1)[1+(1-p_1)^L]}{2(1-p_1)^2[1-(1-p_1)^L]+p_1[2Wp_1(1-p_1^{m2})+(1-p_1)]}$$

（2-18）

3. 固定 CWS 机制

在现有文献中，有一种固定 CWS 机制，无论数据包重传多少次，CWS 都是固定的，即当每次由于数据包碰撞或信道繁忙而执行退避过程时，LAA SBS 在固定大小的 CW 内随机选择退避值。假设 $W_i=W$，其中 i 表示退避次数且最大次数为 m2。因此，信道接入过程和碰撞概率之间的关系可以用归一化条件表示为

$$1 - \sum_{l=0}^{L-1} b_{0,l} + \sum_{i=1}^{m2} \sum_{k=1}^{W_i} b_{i,k} = \sum_{l=0}^{L-1} (1-p_1)^{L-l-1} b_{0,L-1} + \sum_{i=1}^{m2} b_{i,0} \sum_{k=1}^{W_i} \frac{W_i-k}{W_i}$$

$$= b_{0,L-1} \frac{1-(1-p_1)^L}{p_1} + \frac{b_{1,0}(W+1)}{2(1-p_1)}$$

（2-19）

将式（2-11）代入式（2-19），容易得到

$$b_{0,L-1} = \frac{2p_1(1-p_1)}{2(1-p_1)[1-(1-p_1)^L]+p_1(W+1)} \qquad (2\text{-}20)$$

因此，联立式（2-10）和式（2-20），可以得到 LAA 用户的传输概率为

$$\tau_{13} = b_{0,0} + \sum_{i=1}^{m2} b_{i,0} = (1-p_1)^{L-1}b_{0,L-1} + \left(\sum_{i=1}^{m2-1} p_1^{i-1} + \frac{p_1^{m2-1}}{1-p_1}\right)b_{1,0} \qquad (2\text{-}21)$$

$$= \frac{2p_1[1+(1-p_1)^L]}{2(1-p_1)[1-(1-p_1)^L]+p_1(W+1)}$$

2.2.5　目标参数分析

在前面的理论推导中，我们得到了共存场景下 LAA 用户的传输概率（用 τ_1 表示），因此可以计算 LAA 的平稳碰撞概率 p_1，即

$$p_1 = 1-(1-\tau_1)^{n_1-1}(1-\tau_w)^{n_w} \qquad (2\text{-}22)$$

式中，τ_w 为 WiFi 用户在任意时隙发送数据包的概率。

同理，WiFi 用户的平稳碰撞概率 p_w 可以表示为

$$p_w = 1-(1-\tau_w)^{n_w-1}(1-\tau_1)^{n_1} \qquad (2\text{-}23)$$

值得注意的是，式（2-15）、式（2-18）、式（2-21）、式（2-22）和式（2-23）中均包含 p_1、p_w、τ_1、τ_w 中的两个未知数，可以利用标准数值方法求这些未知数，如利用 Matlab 中的"fslove"函数或其他数学优化工具（如 Lingo 等）。

假设 $p_{t,1}$ 表示共存场景中至少有一个 LAA SBS 传输分组的概率，$p_{t,w}$ 表示共存场景中至少有一个 WiFi 用户传输分组的概率，那么它们可以表示为

$$p_{t,1} = 1-(1-\tau_1)^{n_1} \qquad (2\text{-}24)$$

$$p_{t,w} = 1-(1-\tau_w)^{n_w} \qquad (2\text{-}25)$$

假设 $p_{s,1}$ 表示在至少有一个 LAA SBS 传输分组的条件下，共存场景中只有一个 LAA SBS 传输分组的概率，假设 $p_{s,w}$ 表示在至少有一个 WiFi 用户传输分组的条件下，共存场景中只有一个 WiFi 用户传输分组的概率，那么它们可以表示为

$$p_{s,1} = \frac{n_1\tau_1(1-\tau_1)^{n_1-1}}{p_{t,1}} \qquad (2\text{-}26)$$

$$p_{s,w} = \frac{n_w\tau_w(1-\tau_w)^{n_w-1}}{p_{t,w}} \qquad （2\text{-}27）$$

值得注意的是，马尔可夫链中每个状态的持续时间不同，换言之，这取决于 LAA 系统所处的状态。本节提出的马尔可夫链有 3 种状态，分别是成功传输状态、碰撞状态和退避状态，其中碰撞状态又包含 3 种状况，分别是 WiFi 用户之间的碰撞、LAA SBS 之间的碰撞、LAA SBS 与 WiFi 用户之间的交叉碰撞。同时，本节所提模型与 IEEE 802.11 DCF 机制类似，没有空闲状态。这是因为 LAA 系统总是有等待传输的数据包，新数据包会以概率 1 进入 ECCA 过程。

事实上，在退避状态的持续时间中包括空闲时隙，它旨在平滑流量负载，且不能被 LAA SBS 和 WiFi 用户利用，这也可以被视为开销。假设 σ 表示一个时隙的长度，则退避状态的平均持续时间可以表示为

$$T_{\mathrm{bf}} = (1 - p_{\mathrm{t,l}})(1 - p_{\mathrm{t,w}})\sigma \tag{2-28}$$

假设 Q_{w} 表示 WiFi 数据包长度，则 WiFi 站点的平均成功传输持续时间可以表示为

$$T_{\mathrm{w}}^{\mathrm{s}} = p_{\mathrm{t,w}} p_{\mathrm{s,w}} (1 - p_{\mathrm{t,l}}) Q_{\mathrm{w}} \tag{2-29}$$

假设 Q_{l} 表示 LAA 数据包长度，则 LAA SBS 的平均成功传输持续时间可以表示为

$$T_{\mathrm{l}}^{\mathrm{s}} = p_{\mathrm{t,l}} p_{\mathrm{s,l}} (1 - p_{\mathrm{t,w}}) Q_{\mathrm{l}} \tag{2-30}$$

在 WiFi 用户之间的碰撞中，平均传输持续时间可以表示为

$$T_{\mathrm{w}}^{\mathrm{c}} = p_{\mathrm{t,w}} (1 - p_{\mathrm{s,w}})(1 - p_{\mathrm{t,l}})(Q_{\mathrm{w}} + T_{\mathrm{DIFS}}) \tag{2-31}$$

假设 T_{d} 为 ECCA 延时阶段，则在 LAA SBS 之间的碰撞中，平均传输持续时间可以表示为

$$T_{\mathrm{l}}^{\mathrm{c}} = p_{\mathrm{t,l}} (1 - p_{\mathrm{s,l}})(1 - p_{\mathrm{t,w}})(Q_{\mathrm{l}} + T_{\mathrm{d}}) \tag{2-32}$$

在 WiFi 用户和 LAA SBS 之间的交叉碰撞中，平均传输持续时间可以表示为

$$T_{\mathrm{wl}}^{\mathrm{cc}} = p_{\mathrm{t,w}} p_{\mathrm{t,l}} T_{\mathrm{c,A}} \tag{2-33}$$

假设 $T_{\mathrm{c,w}} = Q_{\mathrm{w}} + T_{\mathrm{DIFS}}$，$T_{\mathrm{c,l}} = Q_{\mathrm{l}} + T_{\mathrm{d}}$，则 LAA SBS 与 WiFi 用户之间交叉碰撞的持续时间 $T_{\mathrm{c,A}}$ 取决于 $T_{\mathrm{c,l}}$ 和 $T_{\mathrm{c,w}}$ 中较长的时间，即 $T_{\mathrm{c,A}} = \max(T_{\mathrm{c,l}}, T_{\mathrm{c,w}})$。

因此，每个用户的平均花费时间可以表示为

$$T_{\mathrm{s}} = T_{\mathrm{bf}} + T_{\mathrm{w}}^{\mathrm{s}} + T_{\mathrm{l}}^{\mathrm{s}} + T_{\mathrm{w}}^{\mathrm{c}} + T_{\mathrm{l}}^{\mathrm{c}} + T_{\mathrm{wl}}^{\mathrm{cc}} \tag{2-34}$$

假设 $R_{s,l}$ 和 $R_{s,w}$ 分别表示 LAA SBS 和 WiFi 用户的信道占用率，可以表示为

$$R_{s,l} = n_l \tau_l (1-\tau_l)^{n_l-1} (1-p_{t,w}) Q_l / T_s \tag{2-35}$$

$$R_{s,w} = n_w \tau_w (1-\tau_w)^{n_w-1} (1-p_{t,l}) Q_w / T_s \tag{2-36}$$

2.2.6　仿真结果与性能分析

本节先采用 NS3 模拟器对 3GPP LAA 共存机制做系统级仿真实验，验证所提出的二维离散时间马尔可夫链模型的有效性，再基于 Matlab 仿真平台对 3GPP LAA 共存机制做大量实验。为了便于深入分析比较，还将 LTE-LAA 方案与基于线性退避机制的 LAA 共存方案和现有文献中提到的基于固定 CWS 机制的 LAA 共存方案进行对比，主要对 LTE 与 WiFi 共存系统中的目标参数进行分析。仿真环境参数设置如表 2-1 所示。

表 2-1　仿真环境参数设置

参数	取值	参数	取值
PHY 头长度	224 bit	LAA 帧长度	4 ms
MAC 头长度	192 bit	WiFi 数据包长度	4 ms
DIFS/SIFS	34 μs/16 μs	WiFi 最大退避阶段 m1	5
免授权频段带宽	20 MHz	LAA 最大退避阶段 m2	5
WiFi 信道比特率	200 Mbps	时隙大小 σ	9 μs
LAA 信道比特率	100 Mbps	ECCA 延时阶段 T_d（时隙）	4
ICCA 时隙长度 L（时隙）	4		

1. NS3 网络仿真平台

NS3 是一种离散的时间模拟器，用 C++语言编写，主要用于满足学术界在理论研究中的需求。与 NS2 相比，NS3 在开源和可扩展性等方面都有优势。因为 NS3 引入了许多新的网络模块，所以在系统级仿真中模拟各种网络拓扑变得十分便捷。NS3 主要包括两个部分：一是低层部分（又称内核部分），主要功能是维持实践调度和实现对时间变量的仿真；二是上层部分（又称网络组件部分），主要功能是实现网络物理拓扑结构建模和状态变量表示。本节使用 NS3 模拟器模拟 LAA

和 WiFi 网络之间不同的共存场景，系统级仿真流程如图 2-4 所示。

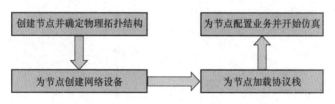

图 2-4　系统级仿真流程

2. 模型验证

为了验证所提模型的有效性，本节使用 NS3 模拟器模拟 LAA 和 WiFi 网络之间不同的共存场景。本节建立由不同数量用户组成的 IEEE 802.11 网络，并在 NS3 模拟器中实现一个新模块，以模拟 3GPP LAA 传输。吞吐量与 LAA SBS 数量和 WiFi 用户数量的关系曲线分别如图 2-5 和图 2-6 所示，可以看出，在不同场景下，模拟结果与理论分析结果之间存在良好的匹配。

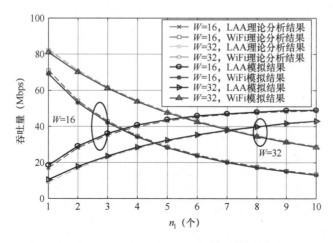

图 2-5　吞吐量与 LAA SBS 数量 n_1 的关系曲线

3. 碰撞概率分析

本节进行大量用于性能分析的数值仿真实验。为了便于说明，将基于线性退避机制的 LAA 共存方案称为线性 LAA 方案，将基于固定 CWS 机制的 LAA 共存方案称为固定 LAA 方案。具体的仿真参数如表 2-1 所示。

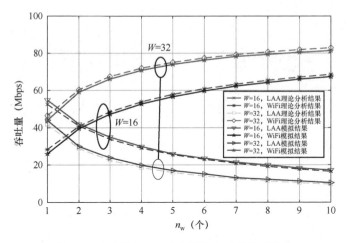

图 2-6　吞吐量与 WiFi 用户数量 n_w 的关系曲线

不同 LAA SBS 数量和 WiFi 用户数量下的 WiFi 碰撞概率分别如图 2-7 和图 2-8 所示。从图 2-7 中可以看出，当 WiFi 用户数量保持不变时，LTE-LAA 方案、线性 LAA 方案和固定 LAA 方案下的 WiFi 碰撞概率随 LAA SBS 数量的增加而增大。这是因为 LAA SBS 数量的增加实际上意味着更多的 LAA SBS 参与免授权信道竞争，从而增大了 WiFi 碰撞概率。从图 2-8 中可以看出，当 LAA SBS 数量保持不变时，LTE-LAA 方案、线性 LAA 方案和固定 LAA 方案下的 WiFi 碰撞概率随 WiFi 用户数量的增加而增大。这是因为 WiFi 用户数量的增加实际上意味着更多 WiFi 用户参与免授权信道竞争，从而增大了 WiFi 碰撞概率。

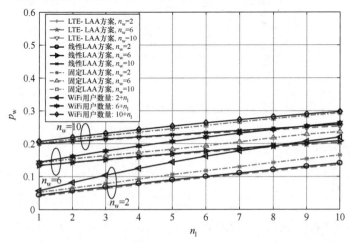

图 2-7　不同 LAA SBS 数量 n_l 下的 WiFi 碰撞概率（W=64，K=2W）

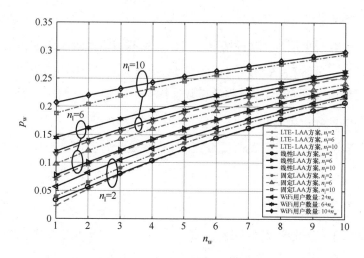

图 2-8　不同 WiFi 用户数量 n_w 下的 WiFi 碰撞概率（$W=64$，$K=2W$）

通过对比图 2-7 和图 2-8 可以看出，图 2-8 中曲线的斜率比图 2-7 大。这表明由 WiFi 用户数量增加引起的 WiFi 碰撞概率增大高于由 LAA SBS 数量增加引起的 WiFi 碰撞概率增大。这是因为本节提到的 3 种 LAA 共存方案要求 LAA SBS 在发送除第一次传输之外的数据包之前直接进入 ECCA 过程（直接执行随机退避过程），使得 LAA 系统不能连续占用信道。与发送数据包之前需要检测信道且可能没有退避情况的 WiFi 用户相比，相同数量的 LAA SBS 对 WiFi 用户的干扰可以导致更小的碰撞概率。线性 LAA 方案下的 WiFi 碰撞概率略大于 LTE-LAA 方案下的 WiFi 碰撞概率，而固定 LAA 方案下的 WiFi 碰撞概率远大于其他 LAA 方案。这是因为无论重传多少次，固定 LAA 方案的 CWS 都是恒定的，而其他 LAA 方案的 CWS 随重传次数的增加而增大。因此，在重传次数相同的条件下，固定 LAA 方案下的平均 CWS 小于其他 LAA 方案，而线性 LAA 方案下的平均 CWS 小于 LTE-LAA 方案。

为了验证 3 种 LAA 方案是否能友好共存（友好共存被定义为由与 WiFi 共存的 LAA SBS 引起的对 WiFi 用户的干扰不大于由替换 LAA SBS 的 WiFi AP 引起的干扰），在图 2-7 和图 2-8 中绘制了存在与 LAA SBS 数量相同的 WiFi AP 情况下的 WiFi 碰撞概率。从图 2-7 和图 2-8 中可以看出，在具有 n_l 个 LAA SBS 和 n_w 个 WiFi 用户情况下的 WiFi 碰撞概率小于具有 $n_l + n_w$ 个 WiFi 用户情况下的 WiFi 碰撞概率。值得注意的是，在比较中，n_1 个 WiFi 用户可以被视为 n_1 个 WiFi AP，每个 WiFi AP 只有一个用户，这种情况是可以导致碰撞概率最小的最佳情况。此外，在共存场景中，虽然 LAA SBS 可以服务于多个 LAA 用户，但实际上它可以被视为在免授权信道上操作的设备，因此在数值模拟中用 n_1 个 WiFi 用户替换 n_1 个 LAA SBS 是合理的。分析表明，3 种 LAA 方案都是友好共存的。此外，从图 2-7 和图 2-8 中可以看出，在友好性方面，LTE-LAA 方案是最好的，固定 LAA 方案是最差的，线性 LAA 方案居中。

4．信道占用率分析

在固定 LAA SBS 和 WiFi 用户总数（$n_1 + n_w = 11$，n_1 从 1 增加到 10，而 n_w 从 10 减小到 1）情况下的信道占用率如图 2-9 所示。图 2-9 中标记的圆、矩形和椭圆分别表示在固定 LAA 方案、线性 LAA 方案和 LTE-LAA 方案下 WiFi 用户信道占用率等于 LAA 用户信道占用率的点（$R_{s,1} = R_{s,w}$），这些点称为半分享点。半分享点处的信道占用率和用户数量如表 2-2 所示。

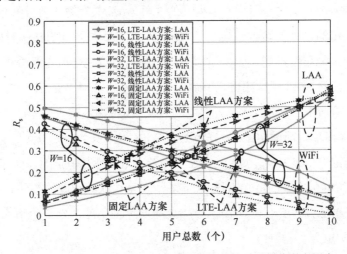

图 2-9　在固定 LAA SBS 和 WiFi 用户总数情况下的信道占用率

从表 2-2 中可以看出，$W = 16$ 和 $W = 32$ 下的半分享点在 LAA SBS 和 WiFi 用户数量方面存在很大差异，当 $W = 32$ 时信道占用率仅比 $W = 16$ 的情况略高。这表明 LAA 共存方案中的参数 W（最小 CWS）对共存性能（如免授权频谱的共享）有很大影响，但是对总信道占用率的干扰很小。

表 2-2　半分享点处的信道占用率和用户数量

方案	W=16			W=32		
	R_s	n_l（个）	n_w（个）	R_s	n_l（个）	n_w（个）
固定 LAA 方案	0.2846	3.2	7.8	0.2932	5.5	5.5
线性 LAA 方案	0.2852	3.6	7.4	0.2941	5.8	5.2
LTE-LAA 方案	0.2858	5	6	0.2952	7.2	3.8

从图 2-9 中可以看出，固定 LAA 方案下 LAA 用户的信道占用率总是高于其他 LAA 方案下的信道占用率，而 WiFi 用户的信道占用率则有相反规律。这是因为固定 LAA 方案比其他 LAA 方案更具侵略性。因此，固定 LAA 方案可以为 LAA SBS 提供更多的占用机会，这减小了 WiFi 用户同时使用该信道的概率，并进一步导致 WiFi 网络性能变差。在固定 LAA SBS 和 WiFi 用户总数情况下的总信道占用率如图 2-10 所示，可以看出，3 种 LAA 方案在 $W=16$ 和 $W=32$ 两种场景下的总信道占用率几乎相等，而 $W=16$ 情况下 LAA 用户的信道占用率总是比 $W=32$ 情况下高，而 WiFi 网络则相反。值得注意的是，图 2-10 中的曲线不像图 2-11 和图 2-13 中那样规则，这是因为 WiFi 用户数量随 LAA SBS 数量的增加而减少。

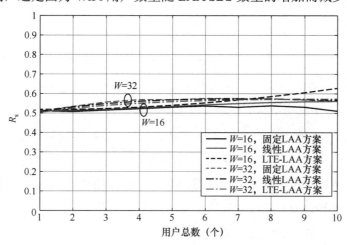

图 2-10　在固定 LAA SBS 和 WiFi 用户总数情况下的总信道占用率

在固定 WiFi 用户数量（$n_w=10$）情况下的信道占用率如图 2-11 所示。从图 2-11 中可以看出，随着 LAA SBS 数量的增加，LAA 用户的信道占用率越来越高，而 WiFi 用户的信道占用率的变化则相反。

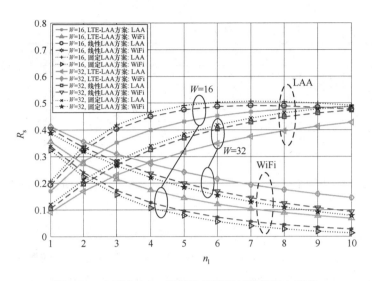

图 2-11 在固定 WiFi 用户数量情况下的信道占用率

从图 2-11 中还可以看出，在 W 相同的情况下，固定 LAA 方案下 LAA 用户的信道占用率在 3 种 LAA 方案中最高，LTE-LAA 方案最低，而 WiFi 用户的信道占用率则相反。当 LAA SBS 数量较大时，在 $W=16$ 共存场景下，固定 LAA 方案和线性 LAA 方案下的 LAA 用户信道占用率高于 LTE-LAA 方案。在 $W=32$ 共存场景下，固定 LAA 方案和线性 LAA 方案下的 LAA 用户信道占用率仍然高于 LTE-LAA 方案。这是因为由 LAA SBS 产生的大量退避数据包（在 LTE-LAA 方案中，需要在发送数据包之前直接进入退避过程）使得固定 LAA 方案和线性 LAA 方案中的 CWS 不能平滑负载，这导致 LAA 系统的碰撞概率变大，从而使系统的信道占用率降低。换言之，我们可以使用更大的 CWS 来避免问题的发生，如使 $W=32$。

在固定 WiFi 用户数量情况下的总信道占用率如图 2-12 所示。从图 2-12 中可以看出，虽然 LAA 和 WiFi 用户的信道占用率存在较大差异，但是 3 种 LAA 方案的总信道占用率几乎相等。此外，从图 2-12 中可以看出，当 LAA SBS 较少时（小于 5 个），固定 LAA 方案的总信道占用率最高，而 LTE-LAA 方案的总信道占用率最低。当 LAA SBS 较多时（大于 5 个），情况正好相反。从图 2-12 中还可以看出，当 LAA SBS 较少时（小于 5 个），在 $W=16$ 情况下 3 个 LAA 方案的总信道占用率高于 $W=32$ 情况下的总信道占用率，而当 LAA SBS 较多时（大于 5 个），情况正好相反。在固定 LAA SBS 数量（$n_1 = 5$）情况下的信道占用率如图 2-13 所示，从图 2-13 中可以看出，随着 WiFi 用户数量的增加，LAA 用户的信道占用率越来越低，WiFi 用户的信道占用率的变化则相反。这是因为 WiFi 用户数量的增长实际上意味着更多的 WiFi 用户参与 LAA SBS 免授权信道的竞争。因此，这导致 WiFi 用户的信道占用率提高和 LAA 用户的信道占用率降低。从图 2-13 中还可以看出，在 W 相同的条件下，固定 LAA 方案下的 LAA 用户信道占用率最高，LTE-LAA 方案下的 LAA 用户信道占用率最低，WiFi 用户的信道占用率情况则相

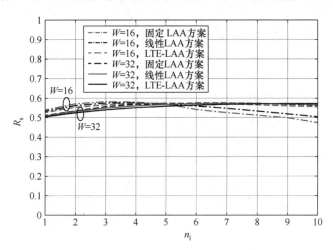

图 2-12   在固定 WiFi 用户数量情况下的总信道占用率

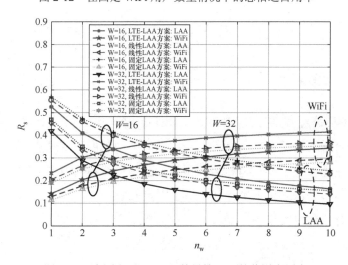

图 2-13   在固定 LAA SBS 数量情况下的信道占用率

反。图 2-12 中的曲线比图 2-11 中的曲线规则是因为在不同 LAA 方案下增加的 WiFi 用户是基于相同的 802.11 DCF 机制工作的。

在固定 LAA SBS 数量情况下的总信道占用率如图 2-14 所示。从图 2-13 和图 2-14 中可以看出，虽然 3 种 LAA 方案下的 LAA 和 WiFi 用户信道占用率存在很大差异，但是 3 种 LAA 方案下的总信道占用率几乎相等。此外，从图 2-14 中可以看出，固定 LAA 方案的总信道占用率总是最高，而 LTE-LAA 方案最低。然而，这不能表明固定 LAA 方案优于 LTE-LAA 方案，因为固定 LAA 方案下的碰撞概率最大，LTE-LAA 方案下的碰撞概率最小。

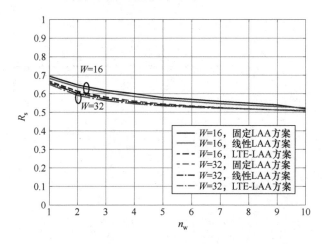

图 2-14　在固定 LAA SBS 数量情况下的总信道占用率

2.2.7　本节小结

基于 LTE-LAA 方案与 IEEE 802.11 DCF 机制和其他 LAA 方案不同的特性，本节将 LTE-LAA 方案建模为新的二维离散时间马尔可夫链模型，并基于所提出的模型从理论上推导了 LAA 和 WiFi 用户的碰撞概率和信道占用率。为了便于分析和比较，本节也从理论上推导和分析了固定 LAA 方案和线性 LAA 方案的性能指标。通过分析可以发现模拟结果与理论分析结果吻合，即证明了该模型的有效性。结果表明，最小 CWS 对免授权频谱的共享有很大影响，而对总信道占用率的影响很小。此外，与线性 LAA 方案和固定 LAA 方案相比，LTE-LAA 方案具有最佳友好性和相等的总信道占用率，而固定 LAA 方案比其他 LAA 方案更具攻击性，更有利于 LAA 网络，而不利于 WiFi 网络。因此，固定 LAA 方案和线性 LAA 方案可以在 WiFi 用户具有更高容忍度的特殊场合下应用。

2.3　捕获效应下的 LTE-LAA 性能分析

为了确保与现有 WiFi 用户在 5GHz 免授权频段上的公平共存，LAA 采用了与 WiFi 具有碰撞避免的载波侦听多路访问（Carrier Sense Multiple Access with Collision Avoid，CSMA/CA）相似的 LBT 信道接入方案来增强共存系统的碰撞避免能力。LTE-LAA 提供了以下 4 种 LBT 信道接入方案[14]。

- Cat-1 没有 LBT，有的国家没有强制要求在免授权频段使用 LBT 机制。
- Cat-2 采用固定时长的帧结构对信道进行检测。
- Cat-3 采用固定的随机退避窗口对信道进行检测。
- Cat-4 采用动态变化的随机退避窗口对信道进行检测。

基于负载共存的 Cat-3 与 Cat-4 引起了研究人员的极大兴趣，他们得出了大量的实验结果。由于马尔可夫链在评价 WiFi 分布式协调功能的性能方面具有较高的适用性和准确性，所以许多文献都将二维离散时间马尔可夫链引入共存环境。然而，这些工作忽视了捕获效应的影响，使得对 LTE-LAA 网络的性能评估存在偏差。在实际的通信场景中普遍存在一种现象：多个信号在同一时隙内进行传输，当一个信号与对其造成干扰的其他信号的功率差大于一定的阈值时，这个信号可以完成传输，这种现象被称为捕获效应。本节在 LAA 与 WiFi 共存系统中考虑捕获效应，建立共存场景下的捕获模型，并根据 3GPP 提出的两种 LBT 信道接入方案（Cat-3 和 Cat-4）的特点，构建一种具有捕获效应的二维离散时间马尔可夫链模型，并通过仿真分析捕获效应对共存性能的影响。

2.3.1　系统模型

假设在共存场景下有 n_1 个 LAA SBS 和 n_w 个 WiFi 设备，系统模型如图 2-15 所示。n_1 个 LAA SBS 与 n_w 个 WiFi 设备在同一个免授权信道下工作，假设在 LAA

和 WiFi 共存系统中有饱和的流量且工作的信道质量相同。其中，LAA SBS 能够利用 UE 报告的信道质量指示（Channel Quality Indicator，CQI）准确测量信道质量，进而能够有效缓解 LAA 中的隐藏终端问题。而且，文献[16]对考虑隐藏终端问题的 WiFi 吞吐量进行了详细研究，表明 WiFi 系统在含有隐藏终端情况下的碰撞概率表达式与不含有隐藏终端情况下的碰撞概率表达式相似。因此，假设所有节点都是完全连接的，不存在隐藏终端问题。此外，蜂窝网络中的 n_1 个 LAA SBS 来自不同的运营商，因此它们是异步非协调的。

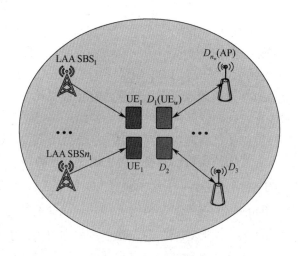

图 2-15　系统模型

为了避免 LAA SBS 一直占用免授权信道，考虑 LAA SBS 在连续传输数据时直接进入 ECCA 过程。在共存场景中，考虑由传输距离引起的路径损耗和由多径效应产生的瑞利衰落对信号传输的影响。接收端的接收功率 P_r 可以表示为

$$P_r = K^2 \left(\frac{4\pi}{\lambda} \right)^2 d^{-\eta} P_t \qquad (2\text{-}37)$$

式中，P_t 和 d 分别表示传输功率和传输距离，λ 和 η 分别表示传输信号波长和路径损耗因子（在没有直接信号路径的情况下，通常大于 3.5）。假设信道受瑞利衰落的约束，每个衰落变量 K 服从参数为 α 的指数分布。

2.3.2　LTE-LAA 方案和 WiFi DCF 机制

根据 Release 13 中的 LAA 机制，3GPP 推荐了两种不同的 LBT 信道接入方案，即 Cat-3 和 Cat-4，如图 2-16 所示。Cat-3 和 Cat-4 方案在 5G 免授权频段上的 CCA 过程包含相同的 ICCA 过程和不同的 ECCA 过程。在 ICCA 过程中，只有在检测到信道在预定时隙内空闲时，设备才能发送数据，否则进入 ECCA 过程。在 Cat-3 方案下，如果设备处于 ECCA 过程，无论数据重传多少次，退避 CW 都保持不变。LAA SBS 总是从固定 CW 中随机选择退避值，即 $\beta \in [0, W_0 - 1]$，其中 W_0 是初始 CW，如图 2-16（a）所示。在 Cat-4 方案下，设备在 ECCA 过程中采用可变 CW 执行指数随机退避，即 $W_i = 2^i W_0$，其中 i 表示重传次数。LAA SBS 从当前 CW 中随机选择退避值，即 $\beta \in [0, 2^i W_0 - 1]$，如图 2-16（b）所示。

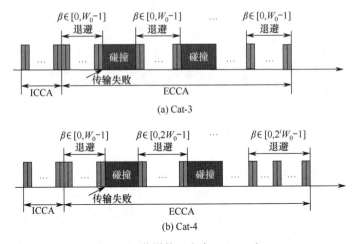

图 2-16　LBT 信道接入方案：Cat-3 和 Cat-4

基于 CSMA/CA 协议的媒体接入控制机制 DCF 如图 2-17 所示。CSMA/CA 协议规定所有 WiFi 设备在探测信道的过程中采用能量检测和载波检测混合的方式，如果设备探测到信道在预定时隙内处于空闲状态，那么在分布式帧间间隙 DIFS 之后设备将发送数据。如果数据在传输过程中发生碰撞，WiFi 设备将进入二进制指数随机退避过程进行退避等待，即 $W_i = 2^i W_0$，其中 i 表示数据的重传次数。在执行退避的过程中，WiFi 设备会从当前的退避 CW 区间 $[0, W_n - 1]$ 中随机选择一个退避值，其中 W_n 表示当前退避 CW。当退避计数器的值减小到 0 时，WiFi 设备会进行数据传输。如果数据发送成功，则退避窗口会变成初始 CW，即 $W_i = 2^i W_0$。

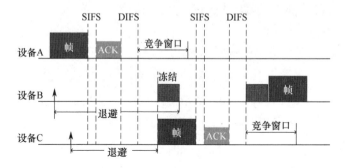

图 2-17　媒体接入控制机制 DCF

正如参考文献[17]所述，WiFi 系统的 DCF 机制的行为满足二维离散时间马尔可夫过程，在饱和网络环境下随机选择的时隙内，传输概率可以表示为

$$\tau_w = \frac{2(1-2p_w)}{(W_0+1)(1-2p_w) + p_w W_0[1-(2p_w)^{m_w}]} \tag{2-38}$$

式中，W_0 表示初始 CW，m_w 表示最大退避次数，p_w 表示 WiFi 系统的碰撞概率，定义为至少有两个 WiFi 设备同时传输数据的概率。p_w 表示为

$$p_w = 1 - (1-\tau_w)^{n_w-1} \tag{2-39}$$

式中，n_w 表示 WiFi 系统中 WiFi 设备的数量。

2.3.3　捕获模型

通常认为两个信号在同一频率上同时传输会导致两个信号的碰撞和丢失。但在实际的通信中，当多个信号在同一时隙内传输时，如果一个信号与对其造成干扰的其他信号的功率差大于一定的阈值，则这个信号可以完成传输。这种现象被称为捕获效应。由于 LAA SBS 采用了集中调度机制，所以在同一个 LAA SBS 下的用户设备之间不存在信道竞争问题。因此，在共存场景中，本节主要研究 LAA SBS 之间、LAA SBS 与 WiFi AP、LAA SBS 与 WiFi 用户设备之间的信道竞争所引起的捕获效应。

假设 P_s 表示在接收端成功接收的信号的功率，P_f 表示在同一信道上传输的干扰信号中最强信号的功率。根据捕获效应的定义，两者的关系可以表示为

$$\frac{P_s}{P_f} \geqslant \text{Cap\_threshold} \tag{2-40}$$

式中，Cap_threshold 是预定义的捕获阈值。假设发射功率相同，将式（2-39）代入式（2-40）可以得到

$$d_s \leqslant \sqrt[\frac{2}{\eta}]{\frac{K_s}{K_f}} \frac{d_f}{\sqrt[\eta]{\text{Cap\_threshold}}} \tag{2-41}$$

式中，d_s 为成功接收的信号的传输距离，d_f 为干扰信号的传输距离（干扰发射端和接收端之间的交叉距离，又称干扰距离）。

在实际通信环境中，当一个信号与干扰信号之间的功率差大于某个阈值时，该信号仍然可以完成传输。为了分析捕获效应，基于考虑的网络场景，提出了 LAA 与 WiFi 共存情况下的捕获模型，如图 2-18 所示。在图 2-18 中，SBS_n 表示 LAA SBS，UE_1 表示从 LAA SBS 接收数据的 LAA 用户，它们之间的传输距离用 r_s 表示。其中，还可能存在一些在免授权信道上的同一时隙内传输数据的干扰源，如其他的 LAA SBS、用于进行下行链路数据传输的 WiFi AP、用于进行上行链路数据传输的 WiFi 用户等。根据捕获效应的定义和式（2-40），UE_1 能否捕获信道并成功接收 SBS_n 的数据主要取决于干扰源与 UE_1 之间的距离，该距离用 r_f 表示。由式（2-40）可知，当捕获效应产生时，干扰距离 r_f 需要满足以下条件

$$r_f \geqslant \frac{1}{\sqrt[\frac{2}{\eta}]{\frac{K_s}{K_f}}} r_s \sqrt[\eta]{\text{Cap\_threshold}} \tag{2-42}$$

假设在共存场景中，LAA SBS、WiFi AP 及用户设备是随机分布的。那么 UE_1 成功接收来自 SBS_n 的数据的概率等于干扰源落在场景的最小干扰距离和覆盖半径之间的环形区域中的概率，可以表示为

$$h(r_s) = 1 - \left(\frac{r_s \sqrt[\eta]{\text{Cap\_threshold}}}{\sqrt[\frac{2}{\eta}]{\frac{K_s}{K_f}} R} \right)^2 \tag{2-43}$$

式中，R 表示所考虑的覆盖半径场景。

发射端和接收端 UE_1 之间的距离 r_n 的概率密度函数可以表示为

$$f(r_n) = \frac{2r_n}{R^2} \tag{2-44}$$

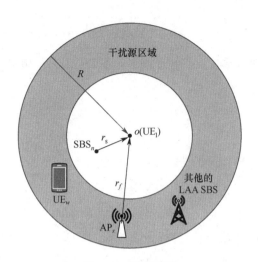

图 2-18　捕获模型

根据条件 $r_f \leqslant R$ 和式（2-44）可以推出

$$r_s \leqslant \sqrt[2/n]{\frac{K_s}{K_f}} \frac{R}{\sqrt[\eta]{\text{Cap\_threshold}}} \tag{2-45}$$

因此，当只有一个干扰源时，捕获概率可以表示为

$$P_{(\text{cap},1)} = \int_0^{\sqrt[2/\eta]{\frac{K_s}{K_f}} \frac{R}{\sqrt[\eta]{\text{Cap\_threshold}}}} \frac{2r_s}{R^2} h(r_s)\mathrm{d}r_s \tag{2-46}$$

进而，当共存场景中存在 i 个干扰源时，捕获概率可以表示为

$$P_{(\text{cap},i)} = \int_0^{\sqrt[2/\eta]{\frac{K_s}{K_f}} \frac{R}{\sqrt[\eta]{\text{Cap\_threshold}}}} \frac{2r_s}{R^2} h^i(r_s)\mathrm{d}r_s \tag{2-47}$$

假设共存场景中有 M 个竞争节点，其中包括 LAA SBS、WiFi AP 及 WiFi 用户设备，即 $M = n_1 + n_w$。则 i 个干扰节点在同一时隙内同时传输数据的概率可以表示为

$$P_i = C_M^{i+1}\tau_1^{(i+1-j)}\tau_w^j(1-\tau_1)^{n_1-(i+1-j)}(1-\tau_w)^{n_w-j} \tag{2-48}$$

式中，τ_1 和 τ_w 分别表示 LAA 和 WiFi 网络中任一时隙内的传输概率，j 表示 $i+1$ 节点中 WiFi AP 和 WiFi 用户设备的数量。

最后，通过联立式（2-47）和式（2-48）可以得到捕获概率 P_{cap}，即

$$P_{\text{cap}} = \sum_{i=1}^{M-1} P_i P_{(\text{cap},i)} \qquad (2\text{-}49)$$

2.3.4　数学建模

根据前文所述，在 Cat-3 和 Cat-4 方案中，使用免授权频谱要经过两个过程，分别是 ICCA 和 ECCA。在 ICCA 过程中，仅当检测到信道空闲了 N 个时隙时，设备才可以发送数据包。如果数据包没有成功传输，就进入 ECCA 过程。在 ECCA 过程中，只有当退避计数器的值减小到 0 时，才能传输分组。在 Cat-4 方案中，如果数据包没有成功传输，则其 CW 加倍（在 Cat-3 方案中保持不变），并且在当前 CW 中随机选择新的退避值。为了防止 LAA SBS 一直占用免授权信道进行数据传输，LAA SBS 在传输新数据之前直接进入 ECCA 过程。退避窗口值的选择是基于 HARQ-ACK 的。HARQ-ACK 反馈可以从 ACK、NACK 和非连续传输（Discontinuous Transmission，DTX）中得到一个对应的值。其中，ACK 表示接收端已正确接收数据，NACK 表示接收端正确检测到控制信息但接收到的数据存在错误，DTX 表示接收端已正确接收数据但丢失了包含调度信息的控制消息。现有文献普遍认为，存在传输冲突必然导致数据重传，但是在由异构网络组成的共存场景中，由于信号的发射端较为分散，捕获效应可能频繁发生。因此，即使发生传输冲突，成功接收数据的接收端设备也可以向发射端设备发送 ACK 反馈，设备不会进入下一个退避阶段。由捕获效应的定义和特征可知，捕获效应只可能发生在传输冲突中，可以将信道的捕获概率理解为碰撞概率的子集。假设在每次传输中都有独立且恒定的碰撞概率 p_{col}，且与重传次数无关。当发生传输冲突时，基于上述对捕获效应的分析，LAA SBS 的数据仍然可能被 SBS 用户成功接收，然后将 ACK 反馈发送给 LAA SBS。当 LAA SBS 接收到 ACK 反馈时，它会直接进入 ECCA 的初始退避阶段，准备发送新的数据。因此，导致 LAA SBS 进入下一个退避阶段的实际碰撞概率是原碰撞概率的子集，可以表示为

$$p_1 = p_{\text{col}}(1 - p_{\text{cap}}) \qquad (2\text{-}50)$$

考虑到捕获效应和 LBT 信道接入方案的特点，可以将具有捕获效应的 LBT 信道接入方案建模为二维离散时间马尔可夫链模型，如图 2-19 所示。在该模型中，

退避计数器的值的减小不仅取决于信道上的空闲时隙，还取决于当数据包发生碰撞时由于存在捕获效应而能够成功接收的时隙。因此，值得注意的是，所提到的空闲时隙，也指能够产生捕获效应的时隙（意味着接收机处的干扰信号的接收功率很小）。

令 $s(t)$ 表示退避时间的随机过程，t 表示离散时间整数刻度，与系统时间不直接相关，$b(t)$ 表示 t 时刻退避计数器的随机过程，且退避计数器的值在每个时隙的末端减小。二维离散时间马尔可夫过程的状态转移概率可以简化为

$$P\{L_1,k_1|L_0,k_0\} = P\{s(t+1)=L_1, b(t+1)=k_1|s(t)=L_0, b(t)=k_0\} \tag{2-51}$$

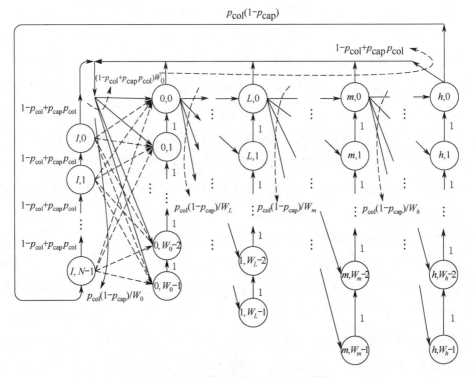

图 2-19　二维离散时间马尔可夫链模型

N 表示 ICCA 退避阶段的最大退避 CW，I 和 L 分别表示 ICCA 退避阶段和 ECCA 退避阶段，n、k 分别表示 ICCA 退避阶段和 ECCA 退避阶段的退避值，h、m 分别表示 ICCA 退避阶段和 ECCA 退避阶段的最大退避阶数。注意，当重传时间超出最大退避阶段时，W_m 不再增加。此外，当数据包的重传次数达到预定

阈值时，丢弃该数据包。根据图 2-19 及式（2-51），可以得到各状态间的转移概率，即

$$
\begin{cases}
P\{L,k\mid L,k+1\}=1, & L\in[0,h],\ k\in[0,W_L-2] \\
P\{I,n\mid I,n+1\}=1-p_1, & n\in[0,N-2] \\
P\{0,k\mid I,0\}=\dfrac{1}{W_0}, & k\in[0,W_0-1] \\
P\{L,K\mid L-1,0\}=\dfrac{p_1}{W_L}, & L\in[0,h],k\in[0,W_L-1] \\
P\{h,k\mid m,0\}=\dfrac{p_1}{W_m}, & k\in[0,W_m-1] \\
P\{0,k\mid L,0\}=\dfrac{1-p_1}{W_0}, & L\in[0,h],\ k\in[0,W_L-1] \\
P\{0,k\mid I,n\}=\dfrac{p_1}{W_0}, & n\in(0,N-1],\ k\in[0,W_0-1] \\
P\{I,N-1\mid h,0\}=p_1
\end{cases}
\tag{2-52}
$$

马尔可夫链之间的状态转移取决于 LAA SBS 探测信道的状态切换。式（2-52）中第 1 个等式表明，当在 ECCA 阶段检测到信道空闲时，退避计数器的值减小，否则，冻结退避计数器的值；第 2 个等式表明，当在 ICCA 阶段检测到信道空闲时，退避计数器的值减小；第 3 个等式表明，如果 ICCA 或 LAA SBS 准备发送连续分组时检测到的空闲时隙数未达到预设值，LAA SBS 会进入 ECCA 过程并自动执行随机退避过程；第 4 个等式表明，如果因 LAA SBS 与 WiFi AP 之间或 LAA SBS 之间的数据包碰撞导致的 NACK 或 DTX 而发生重传，则 LAA SBS 的退避窗口按指数规律增大；第 5 个等式表明，在达到最大退避 CW 之后，CW 不随重传次数的增加而增大；第 6 个等式表明，如果前一个数据包被成功传输，LAA SBS 会进入 ECCA 初始退避阶段并传输下一个数据包；第 7 个等式表明，如果在 ICCA 过程中检测到信道繁忙，则 LAA SBS 立即执行 ECCA 过程；第 8 个等式表明，如果在设定的最大重传次数内未成功发送数据包，则数据包被丢弃，且 LAA SBS 再次执行 ICCA 过程。

基于该模型，假设 $b_{L,k} = \lim_{t \to \infty} P\{s(t) = L, b(t) = k\}$，$L \in [0,h]$，$k \in [0, W_L - 1]$ 为

马尔可夫链的平稳分布，可以得到马尔可夫链的封闭表达式，即

$$b_{I,n} = (1 - p_1)^{N-1-n} b_{I,N-1}, \quad n \in [0, N-1] \tag{2-53}$$

$$b_{L,0} = b_{L-1,0} p_1 \to b_{L,0} = b_{0,0} p_1^L, \quad L \in [0,h] \tag{2-54}$$

联立上述表达式可以得到

$$b_{L,k} = \frac{W_L - k}{W_L} p_1^L b_{0,0}, \quad 0 \leqslant L \leqslant h \tag{2-55}$$

$$\sum_{L=0}^{h} b_{L,0} = \frac{1 - p_1^{h+1}}{1 - p_1} b_{0,0} \tag{2-56}$$

根据图 2-19 中的马尔可夫链模型可以推得

$$b_{0,0} = b_{I,N-1} \underbrace{\left(\frac{p_1}{W_0} + \frac{p_1}{W_0} + \cdots + \frac{p_1}{W_0} \right)}_{W_0} + b_{I,N-2} \underbrace{\left(\frac{p_1}{W_0} + \frac{p_1}{W_0} + \cdots + \frac{p_1}{W_0} \right)}_{W_0} + \cdots +$$

$$b_{I,0} \underbrace{\left(\frac{p_1}{W_0} + \frac{p_1}{W_0} + \cdots + \frac{p_1}{W_0} \right)}_{W_0} + b_{I,0}(1 - p_1)$$

$$= \frac{1 - (1-p_1)^N}{p_l} p_1 b_{I,N-1} + (1-p_1)^{N-1} b_{I,N-1}(1-p_1) \tag{2-57}$$

$$= [1 - (1-p_1)^{N-1} + (1-p_1)^{N-1}] b_{I,N-1}$$

$$= b_{I,N-1}$$

因此，$b_{L,k}$ 可以表示为 $b_{0,0}$ 和碰撞概率 p_1 的函数，通过归一化条件可以确定 $b_{0,0}$，该条件为

$$1 = \sum_{n=0}^{N-1} b_{I,n} + \sum_{L=0}^{h} \sum_{k=0}^{W_L-k} b_{L,k} = \frac{1 - (1-p_1)^N}{p_1} b_{I,N-1} + \sum_{L=0}^{h} \sum_{k=0}^{W_L-k} \frac{W_L - k}{W_L} p_1^L b_{0,0}$$

$$= \frac{1 - (1-p_1)^N}{p_1} b_{0,0} + \left(\sum_{L=0}^{h} p_1^L + \sum_{L=0}^{m} p_1^L W_L + \sum_{m+1}^{h} p_1^L W_L \right) \frac{b_{0,0}}{2} \tag{2-58}$$

$$= \frac{1 - (1-p_1)^N}{p_1} b_{0,0} + \left[\frac{1 - p_1^{h+1}}{1 - p_1} + \frac{1 - (2p_1)^{m+1}}{1 - 2p_1} W_0 + \frac{2^m p_1^{m+1}(1 - p_1^{h-m})}{1 - p_1} W_0 \right] \frac{b_{0,0}}{2}$$

可以得到

$$
\begin{cases}
b_{0,0} = \dfrac{2p_1(1-p_1)(1-2p_1)}{\text{temp}_1 + \text{temp}_2} \\
\text{temp}_1 = p_1(1-2p_1)(1-p_1^{h+1}) + W_0 p_1(1-p_1)[1-(2p_1)^{m+1}] \\
\text{temp}_2 = W_0 p_1(1-2p_1)2^m p_1^{m+1}(1-p_1^{h-m}) + 2(1-p_1)(1-2p_1)[1-(1-p_1)^N]
\end{cases}
\tag{2-59}
$$

联立式（2-55）、式（2-56）与式（2-59），得到捕获效应下的传输概率 τ_1，可以表示为

$$
\begin{aligned}
\tau_1 &= b_{I,0} + \sum_{L=0}^{h} b_{L,0} = (1-p_1)^{N-1} b_{0,0} + \sum_{L=0}^{h} p_1^L b_{0,0} = \left[\frac{(1-p_1)^N + (1-p_1^{h+1})}{1-p_1} \right] b_{0,0} \\
&= \frac{2p_1(1-2p_1)[(1-p_1)^N + (1-p_1^{h+1})]}{\text{temp}_1 + \text{temp}_2}
\end{aligned}
\tag{2-60}
$$

1. 共存系统碰撞概率分析

LAA 网络中的传输冲突可能发生在 LAA SBS 之间或 LAA SBS 与 WiFi 设备（WiFi AP 和 WiFi 用户）之间。因此，LAA 碰撞概率等于在剩余 n_w 个 WiFi 设备和 $n_1 - 1$ 个 LAA SBS 中至少存在一个 LAA SBS 或 WiFi 设备在同一时隙内传输数据的概率，可以表示为

$$
p_1 = 1 - (1-\tau_1)^{n_1-1}(1-\tau_w)^{n_w}
\tag{2-61}
$$

$$
p_w = 1 - (1-\tau_w)^{n_w-1}(1-\tau_1)^{n_1}
\tag{2-62}
$$

通过联立式（2-38）、式（2-48）、式（2-49）、式（2-60）和式（2-61），可以得到式（2-62）。值得注意的是，这 5 个公式中都包含 p_1、p_w、τ_1、τ_w 中的 2 个未知数，通过 Matlab 中的"fslove"函数和数学优化工具 Lingo 对其进行求解，可以得到

$$
F(\tau_1, \tau_w, P_{\text{cap}}, p_1, p_w) =
\begin{cases}
\tau_1 \\
\tau_w \\
P_{\text{cap}} = \displaystyle\sum_{i=1}^{M-1} P_i P_{(\text{cap},i)} \\
p_1 = 1 - (1-\tau_1)^{n_1-1}(1-\tau_w)^{n_w} \\
p_w = 1 - (1-\tau_w)^{n_w-1}(1-\tau_1)^{n_1}
\end{cases}
\tag{2-63}
$$

2．吞吐量分析

假设 $p_{t,l}$ 表示至少有一个 LAA SBS 在任意时隙内传输数据的概率，$p_{t,w}$ 表示至少有一个 WiFi 设备在任意时隙内传输数据的概率，可以表示为

$$p_{t,l} = 1 - (1 - \tau_l)^{n_l} \tag{2-64}$$

$$p_{t,w} = 1 - (1 - \tau_w)^{n_w} \tag{2-65}$$

在至少有一个 LAA SBS 或 WiFi 设备传输数据的条件下，只有一个 LAA SBS 或 WiFi 设备传输数据的概率分别表示为

$$p_{s,l} = \frac{n_l \tau_l (1 - \tau_l)^{n_l - 1}}{p_{t,l}} \tag{2-66}$$

$$p_{s,w} = \frac{n_w \tau_w (1 - \tau_w)^{n_w - 1}}{p_{t,w}} \tag{2-67}$$

在二维离散时间马尔可夫链模型中存在 3 种状态，分别是成功传输状态、碰撞状态和退避状态。LAA 成功传输的平均持续时间 $T_{s,l}$ 可以表示为

$$T_{s,l} = p_{t,l} p_{s,l} (1 - p_{t,w}) T_1 \tag{2-68}$$

式中，$T_1 = T_{dl} + T_{MAC} + T_{PHY} + T_{ECCA} + T_{def}$ 是 LAA 帧的平均持续时间。T_{dl} 表示 LAA 帧的长度，T_{def} 表示传播延时，T_{ECCA} 表示 ECCA 过程的平均退避时间，T_{PHY} 和 T_{MAC} 表示 PHY 报头和 MAC 报头的传输时间。

WiFi 成功传输的平均持续时间 $T_{s,w}$ 为

$$T_{s,w} = p_{t,w} p_{s,w} (1 - p_{t,l}) T_2 \tag{2-69}$$

式中，$T_2 = T_{dw} + T_{MAC} + T_{PHY} + T_{ACK} + T_{DIFS} + 2T_{def}$ 是 WiFi 成功完成一次传输的平均时间。T_{dw} 表示 WiFi 数据包的持续时间，T_{DIFS} 表示 DIFS 的持续时间。

碰撞状态包含 LAA SBS 之间碰撞、WiFi 设备之间碰撞及 WiFi 设备与 LAA SBS 之间交叉碰撞 3 种。LAA SBS 之间碰撞的平均传输持续时间 $T_{c,l}$ 为

$$T_{c,l} = p_{t,l} (1 - p_{s,l})(1 - p_{t,w}) T_3 \tag{2-70}$$

式中，$T_3 = T_1$。WiFi 设备之间碰撞的平均传输持续时间可以表示为

$$T_{c,w} = p_{t,w} (1 - p_{s,w})(1 - p_{t,l}) T_4 \tag{2-71}$$

式中，$T_4 = T_{dw} + T_{MAC} + T_{PHY} + T_{DIFS} + T_{def}$。

LAA SBS 与 WiFi 设备之间交叉碰撞的平均传输持续时间 $T_{l,w}$ 可以表示为

$$
\begin{aligned}
T_{l,w} &= p_{t,l} p_{s,l} p_{t,w} p_{s,w} T_5 + p_{t,l} p_{s,l} p_{t,w} (1 - p_{s,w}) T_5 + \\
&\quad p_{t,l} (1 - p_{s,l}) p_{t,w} p_{s,w} T_5 + p_{t,l} (1 - p_{s,l}) p_{t,w} (1 - p_{s,w}) T_5
\end{aligned}
\tag{2-72}
$$

式中，T_5 取决于 T_3 和 T_4 之间较长的时间，即 $T_5 = \text{Max}[T_3, T_4]$。

应该注意到，退避状态的持续时间实际上由空闲时隙组成。LAA SBS 和 WiFi 设备都无法利用这些空闲时隙来进行数据传输。设 σ 表示一个时隙的长度，则退避状态的平均持续时间可以表示为

$$
T_i = (1 - p_{t,l})(1 - p_{t,w}) \sigma
\tag{2-73}
$$

因此，设备接入信道花费的平均时间可以表示为

$$
T_s = T_i + T_{s,l} + T_{s,w} + T_{c,l} + T_{c,w} + T_{l,w}
\tag{2-74}
$$

假设 S_l 表示 LAA SBS 吞吐量，S_w 表示 WiFi 设备的吞吐量，可以表示为

$$
S_l = [p_{t,l} p_{s,l} (1 - p_{t,w}) T_{dl}] / T_s
\tag{2-75}
$$

$$
S_w = [p_{t,w} p_{s,w} (1 - p_{t,l}) T_{dw}] / T_s
\tag{2-76}
$$

2.3.5 仿真结果与性能分析

1. 模型验证

本节先利用 NS-3 平台验证二维离散时间马尔可夫链模型的有效性，再利用 Matlab 平台进行大量仿真实验，以评估捕获效应下的 LTE-LAA 共存机制的性能。在 NS-3 中，通过修改原传播损耗模型的源代码得到瑞利衰落系数为 1，路径损耗因子为 4，标准差为 0，符合理论模型的捕获方案。在 NS-3 仿真中，WiFi AP 和 WiFi 用户都采用 IEEE 802.11n DCF 协议的 NetDevice 类，LAA 方案的信道竞争过程采用 "LBT access manager" 模块。在 LAA 方案中，LBT 设备的 TXOP 为 8ms，能量阈值固定为 -72 dBm。通过建立一个由不同竞争节点组成的共存系统，实现了对 WiFi 与 LAA 共存场景吞吐量的评估，数值仿真参数如表 2-3 所示。

在不同情况下通过 NS-3 得到的捕获效应下的吞吐量的模拟结果与理论分析结果如图 2-20 和图 2-21 所示，不同 LAA SBS 和 WiFi 设备数量下的吞吐量的模

拟结果与理论分析结果如图 2-22 所示。可以看出两种结果能很好地吻合，且所使用的仿真平台是目前许多研究人员使用的 LTE-LAA 共享试验平台，可以验证所提出的捕获模型和二维离散时间马尔可夫链模型的可靠性。从图 2-20 中可以看出，在捕获阈值 Cap_threshold=3 时，随着 WiFi 设备数量的增加，WiFi 吞吐量增大，LAA 吞吐量减小。从图 2-21 中可以看出，在捕获阈值 Cap_threshold=2 时，随着 LAA SBS 数量的增加，LAA 吞吐量增大，WiFi 吞吐量减小。从图 2-22 可以看出，共存系统的总吞吐量随着竞争节点增长而增加。

表 2-3　数值仿真参数

参数	取值	参数	取值
MAC 首部	192 bits	ICCA 时隙长度 I（时隙）	8
PHY 首部	224 bits	ECCA 延时阶段 T_d（时隙）	4
ACK	112 bits	传播延时 T_{def}	1 μs
分组负载	8192 bits	最大重传次数	15 次
免授权频段带宽	20 MHz	时隙大小 σ	9 μs
LAA/WiFi 数据传输速率	120 Mbps/70 Mbps	瑞利衰落系数	1
DIFS/SIFS	34 μs/16 μs	传输功率	23 dBm

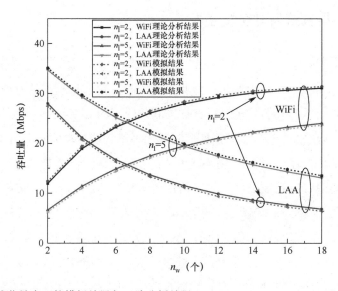

图 2-20　捕获效应下的模拟结果与理论分析结果（Cap_threshold=3，CW_{min}=32，Cat-4）

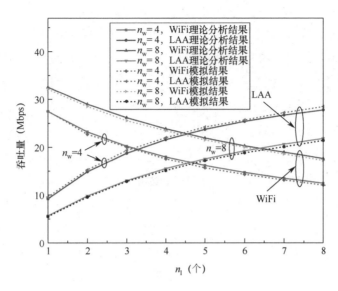

图 2-21　捕获效应下的模拟结果与理论分析结果（Cap_threshold=2，CW_{min}=64，Cat-4）

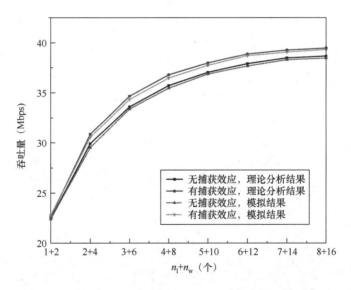

图 2-22　不同 LAA SBS 和 WiFi 设备数量下的吞吐量的模拟结果与理论分析结果

（Cap_threshold=2，CW_{min}=64，Cat-4）

2. 碰撞概率分析

当 CW_{min}=16、捕获阈值 Cap_threshold=2 时，采用 Cat-4 方案，有无捕获效应对 WiFi 碰撞概率的影响如图 2-23 所示。从图 2-23 中可以看出，碰撞概率随

WiFi 设备数量的增加而增大，这是因为 WiFi 设备数量的增加意味着更多的节点（WiFi AP 及 WiFi 用户）参与到免授权信道的竞争中，从而进一步导致碰撞增加。从图 2-23 中还可以看出，无论有无捕获效应，共存系统中的 WiFi 碰撞概率都小于用 WiFi 设备代替 LAA SBS 的独立 WiFi 系统中的碰撞概率。这是因为在 LAA 方案中设置了最大重传次数，当重传次数达到预设值时，数据被丢弃，LAA SBS 会进入 ICCA 过程并进行新的数据传输。与之相反，根据 Bianchi 的模型，在 WiFi 网络中，数据包能够一直重传，直到传输成功，而且，发射端直接进入退避过程并进行新数据的发送。这证明与 WiFi 设备相比，LAA SBS 可以给系统带来更小的碰撞概率。此外，有捕获效应时的碰撞概率小于无捕获效应时的碰撞概率，这是因为当传输冲突发生时，仍然有一部分数据能够被成功接收。

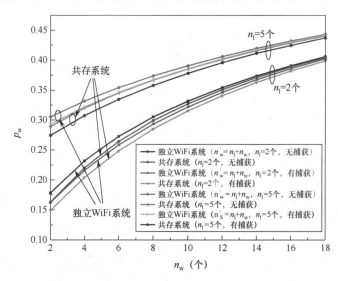

图 2-23　有无捕获效应对 WiFi 碰撞概率的影响

不同 WiFi 设备数量和 LAA SBS 数量下的 WiFi 碰撞概率分别如图 2-24 和图 2-25 所示。从图 2-24 中可以看出，当 LAA SBS 的数量保持恒定时，WiFi 碰撞概率随 WiFi 设备的增加而增大。从图 2-25 中可以看出，当 WiFi 设备的数量保持恒定时，WiFi 碰撞概率随 LAA SBS 数量的增加而增大。通过分析图 2-24 和图 2-25 可知，当采用相同的接入方案时，有捕获效应时的 WiFi 碰撞概率小于无捕获效应时的 WiFi 碰撞概率。这是因为在实际的通信环境中，并非所有的碰撞信号都无法传输，接收功率较高的碰撞信号可能会被成功捕获。而且，Cat-3 方案的碰撞概率高于 Cat-4 方案，这是因为与 Cat-3 方案采用的固定 CWS 机制相比，Cat-4 方案采用的二进制指数退避机制能够有效平滑流量负载，从而减小碰撞概率。

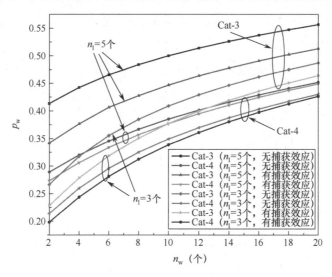

图 2-24　不同 WiFi 设备数量下的 WiFi 碰撞概率（Cap_threshold=3，CW_{min}=16）

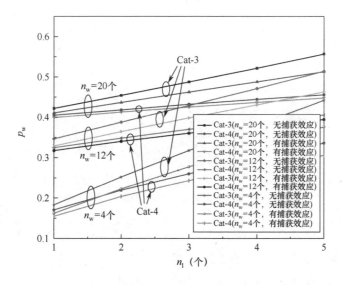

图 2-25　不同 LAA SBS 数量下的 WiFi 碰撞概率（Cap_threshold=3，CW_{min}=16）

3. 吞吐量分析

当 Cap_threshold=3 时，Cat-4 方案下独立 WiFi 系统和共存系统的总吞吐量比较如图 2-26 所示。从图 2-26 中可以看出，在相同的设备数量下，独立 WiFi 系统的吞吐量小于 LAA 与 WiFi 共存系统的吞吐量。这是因为独立 WiFi 系统的碰撞概率较大。从图 2-26 中还可以看出，捕获效应对系统吞吐量的影响很大，有捕获效应时的吞吐量大于无捕获效应时的吞吐量。当 Cap_threshold=2、CW_{min}=32 时，Cat-3 和 Cat-4 方案下共存系统的总吞吐量的比较如图 2-27 所示。从图 2-27 中可以看出，Cat-3 方案下的总吞吐量大于 Cat-4 方案下的总吞吐量，这是因为 Cat-3 方案在接入信道方面采用固定 CWS 机制，比 Cat-4 方案的侵略性强，但是这也会导致 WiFi 碰撞概率增大。可以看出，当竞争节点增多时，两种方案的总吞吐量相差越来越小。这是因为随着竞争设备数量的增加，两种方案下的碰撞概率都越来越大，进而产生吞吐量接近的情况。

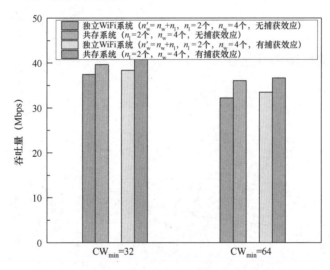

图 2-26　独立 WiFi 系统和共存系统的总吞吐量比较

当 Cap_threshold=2、CW_{min}=32 时，Cat-3 和 Cat-4 方案下的 WiFi 和 LAA 吞吐量比较如图 2-28 所示。从图 2-28 中可以看出，Cat-3 方案下 LAA 和 WiFi 的吞吐量差异明显大于 Cat-4 方案下的差异。这是因为与 Cat-4 相比，采用固定 CWS 机制的 Cat-3 方案在接入信道方面的侵略性更强。这使得 Cat-3 方案下的 LAA SBS 具有更多的传输机会，从而减少了 WiFi 设备的传输机会。从图 2-28 中还可以看出，有捕获效应时的 LAA 和 WiFi 吞吐量大于无捕获效应时的 LAA 和 WiFi 吞吐量。这是因为在实际场景中可以成功接收功率较高的信号（考虑捕获效应）。当 Cap_threshold=2、CW_{min}=32 时，不同 WiFi 设备数量下 LAA 和 WiFi 的吞吐量比较如图 2-29 所示。从图 2-29 中可以看出，有捕获效应时 LAA 和 WiFi 的吞吐量总是大于无捕获效应时 LAA 和 WiFi 的吞吐量。从图 2-29 中还可以看出，随着 WiFi 设备数量的增加，WiFi 的吞吐量增大，而 LAA 的吞吐量减小。

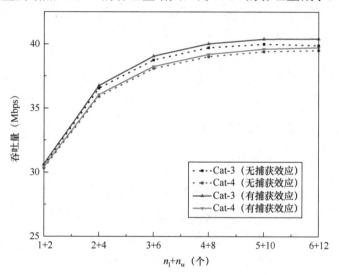

图 2-27　Cat-3 和 Cat-4 方案下共存系统的总吞吐量比较

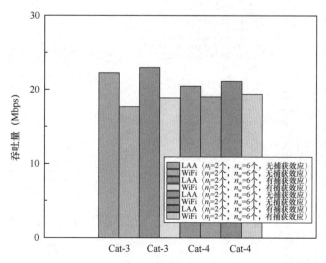

图 2-28　Cat-3 和 Cat-4 方案下的 WiFi 和 LAA 吞吐量比较

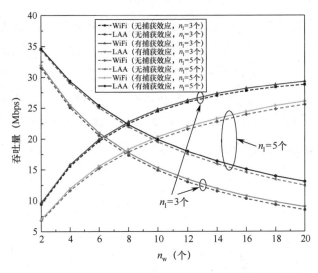

图 2-29　不同 WiFi 设备数量下 LAA 和 WiFi 的吞吐量比较

4．捕获阈值对碰撞概率和吞吐量的影响

当 LAA SBS=2 时，在不同捕获阈值下 LAA 和 WiFi 的吞吐量比较如图 2-30 所示，共存系统总吞吐量比较如图 2-31 所示。从图 2-30 和图 2-31 中可以看出，共存系统中 LAA 和 WiFi 的吞吐量及总吞吐量随捕获阈值的减小而增大。由捕获效应的定义可知，多个信号在同一时隙内进行传输，当一个信号与对其造成

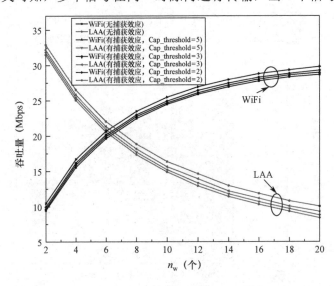

图 2-30　在不同捕获阈值下 LAA 与 WiFi 的吞吐量比较

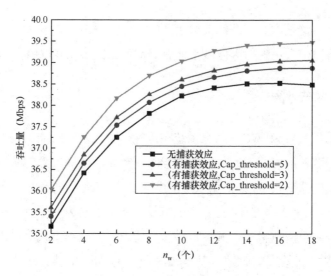

图 2-31　在不同捕获阈值下的共存系统总吞吐量比较

干扰的其他信号的功率差大于一定的阈值时，这个信号可以完成传输。捕获阈值的减小意味着捕获效应更容易发生，即更多遭遇碰撞但是功率较大的信号不进入退避或重传阶段就能完成传输，且信道空闲时间延长能进行更多的数据传输，进而提高信道利用率，增大吞吐量。

　　当采用 Cat-4 方案时，随着 WiFi 设备数量的增加，不同捕获阈值对 WiFi 碰撞概率的影响如图 2-32 所示。从图 2-32 中可以看出，WiFi 碰撞概率随捕获阈值

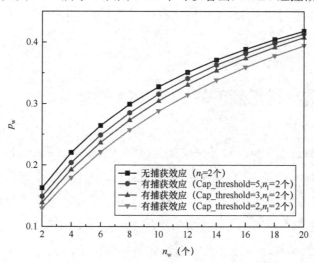

图 2-32　不同捕获阈值对 WiFi 碰撞概率的影响

的减小而减小。这是因为捕获阈值减小意味着捕获效应更容易发生，我们知道捕获效应是在碰撞中产生的，因此减小捕获阈值可以减小 WiFi 碰撞概率。

2.3.6 本节小结

本节考虑了 LAA 和 WiFi 共存系统在进行信道接入时可能出现的捕获效应，深入研究了捕获效应对共存系统性能的影响。首先，考虑实际的共存场景，提出了共存场景下的捕获模型，并根据该模型推导了捕获概率的表达式；然后根据 LBT 信道接入方案（Cat-3 和 Cat-4 方案）的特性，将其建模为一个具有捕获效应的二维离散时间马尔可夫链模型，其中退避计数器的值的减小不仅取决于空闲时隙，还取决于发生捕获效应的时隙。基于该模型，本节从理论上推导了捕获效应下 LAA 和 WiFi 共存系统的吞吐量及碰撞概率。大量的模拟仿真验证了捕获模型和马尔可夫链的有效性。结果表明，在两种信道接入方案中，虽然 Cat-3 方案可以给共存系统带来较大的吞吐量，但是其较强的侵略性带来了较大的碰撞概率。因此，Cat-4 方案更有利于实现 WiFi 与 LAA 系统的友好共存。由实验结果可知，在两种接入方案下，捕获效应都可以显著提高共存系统性能，即捕获效应能够增大系统吞吐量，减小碰撞概率，还可以提高信道利用率。因此，在实际的 LAA 和 WiFi 共存系统中，应考虑可能产生的捕获效应。可以得出结论，在评估 LAA 和 WiFi 共存系统的性能时需要考虑捕获效应，并根据信道情况选择最佳的捕获阈值，以使系统性能达到最优。

2.4 不完美频谱探测下的 LTE-LAA 性能分析

在 WiFi 网络中，WiFi 设备使用能量探测（Energy Detection，ED）技术和载波侦听技术探测信道，而 LAA SBS 仅使用 ED 技术判断信道状态。当探测结果为空闲时，LAA SBS 发送数据，否则执行退避机制，再次等待机会以进行传输。然而，在实际场景中，ED 技术的探测结果可能受信道环境、能量阈值及探测时间等因素的影响，可能导致出现不完美频谱探测。目前，相关工作只考虑了 LAA 方案在完美频谱探测情况下的共存性能，忽略了不完美频谱探测对共存性能的影响。因此，本节对不完美频谱探测情况下的 LTE-LAA 网络性能进行深入研究。

2.4.1　网络模型

假设 n_L 个 LAA SBS 与 n_W 个 WiFi AP 在某个免授权信道上共存，每个设备都有完整的缓冲区，网络模型如图 2-33 所示。为了与 3GPP LAA 方案考虑的场景一致，仅考虑数据在下行链路上的传输（SDL 模式），共存场景中的 WiFi AP 和 LAA SBS 会竞争，以获得信道的使用权。此外，假设 WiFi 网络中不存在隐藏终端，蜂窝网络中的各 LAA SBS 属于不同的运营商，则它们是异步非协调的。

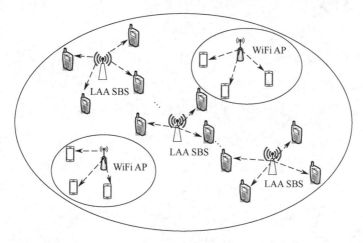

图 2-33　网络模型

2.4.2　WiFi DCF 机制和 LBT 机制

IEEE 802.11 DCF 机制基于 CSMA/CA 协议。CSMA/CA 协议规定所有 WiFi 设备在传输数据之前都需要探测信道，如果探测到信道空闲，则在 DIFS 之后发送数据。否则，WiFi 设备会根据二进制指数退避机制进行退避。当执行二进制指数退避机制时，设备会从初始 CW 区间 $[0, W^W - 1]$ 中随机选择一个数字，其中 W^W 表示 WiFi 网络中的初始 CW。当退避计数器的值减小到 0 时，会进行数据传输。如果在数据传输过程中发生碰撞，则设备请求重传且 CW 加倍，即 $W_i^W = 2^i W^W$，

其中 i 表示退避次数，最大值用 m_{w} 表示。如果数据传输成功，则将窗口还原为初始 CW。

根据参考文献[18]中提出的马尔可夫链模型，得到饱和网络环境中 WiFi 网络的传输概率为

$$\tau_{\mathrm{w}} = \frac{2(1-2P_{\mathrm{W}})[1-P_{\mathrm{b}}(\sigma)]}{W^{\mathrm{W}}[1-(2P_{\mathrm{W}})^{m_{\mathrm{w}}}](1-P_{\mathrm{W}}) + (1-2P_{\mathrm{W}})[1+W^{\mathrm{W}}(2P_{\mathrm{W}})^{m_{\mathrm{w}}}]} \qquad (2\text{-}77)$$

式中，σ 是退避时隙的持续时间，P_{W} 是 WiFi 网络的碰撞概率，在参考文献[17]中表示为

$$P_{\mathrm{W}} = 1 - (1-\tau_{\mathrm{w}})^{n_{\mathrm{w}}-1} \qquad (2\text{-}78)$$

式（2-78）表示在剩余 $n_{\mathrm{w}} - 1$ 个 WiFi 设备中至少有一个设备进行数据传输的概率，n_{w} 表示 WLAN 系统中 WiFi 设备的数量。

根据参考文献[19]所述，免授权信道的占用时间和空闲时间呈指数分布，均值分别为 μ_{b} 和 μ_{i}。$P_{\mathrm{b}}^{\mathrm{in}} = \mu_{\mathrm{b}} / (\mu_{\mathrm{b}} + \mu_{\mathrm{i}})$ 表示任意时刻免授权信道被占用的概率。因此，在探测时间 τ 内，免授权信道实际状态为忙的概率可以表示为

$$P_{\mathrm{b}}(\tau) = P_{\mathrm{b}}^{\mathrm{in}} \mathrm{e}^{-\tau / \mu_{\mathrm{b}}} \qquad (2\text{-}79)$$

LBT 机制类似 WiFi DCF 机制，3GPP 组织提出了基于 LBT 机制的 LAA 方案，LBT 机制规定数据在发送之前必须执行 CCA 机制。LBT 机制的 CCA 机制主要分为 ICCA 过程和 ECCA 过程，LAA SBS 在执行 ICCA 过程和 ECCA 过程时需要对信道进行探测。当 LAA SBS 执行 LBT 机制时，设备在以下两种情况下会进行数据传输。第 1 种情况是在执行 ICCA 过程时，如果 LAA SBS 首次决定发送数据且信道探测结果为空闲，则设备能够直接进行数据传输，不需要执行 ECCA 过程。第 2 种情况是在执行 ECCA 过程时，如果退避计数器的值减小到 0，则进行数据传输。LAA 方案标准规定 ECCA 过程中的延时阶段持续时间要大于 20 μs，退避阶段的单时隙为 9 μs。

2.4.3 不完美频谱探测下的 LTE-LAA 共存性能研究

假设共存场景中的 LAA SBS 和 WiFi AP 都有完整缓冲区且一直有要发送的数据。为了避免 LAA SBS 一直占用免授权信道，考虑 LAA SBS 在连续传输数据时

直接进入 ECCA 过程。因为在具有完整缓冲区的 LAA 网络中，设备仅在第 1 次进行数据传输时执行 ICCA 过程，而在随后的数据传输中，蜂窝基站重复执行 ECCA 过程。因此，在建模过程中，忽略 ICCA 过程，主要考虑 ECCA 过程。

在 ECCA 过程中，LAA SBS 在进入时隙退避阶段之前，会在延时阶段进行信道探测，如果信道探测结果始终为忙，则延时阶段可能执行多次。此外，在退避阶段，一旦在某个退避时隙探测到信道状态为忙，LAA SBS 就需要回到延时阶段。与 WiFi 网络采用的混合信道探测技术不同，由于 LAA 网络采用的 ED 技术十分简单和实用，3GPP 推荐使用 ED 技术来探测信道。在实际场景中，由于延时阶段和退避阶段的信道探测持续时间极短，不恰当的能量阈值和低信噪比的网络环境可能导致频谱探测不准确。因此，在 LAA 网络中，不完美频谱探测比完美频谱探测更接近实际情况。为了更真实地评估 LAA 方案的性能，考虑不完美频谱探测下的 LAA 网络。

在 LAA 方案中，不完美频谱探测可以用虚警概率和漏检概率表示。虚警概率表示实际信道状态为空闲但能量探测结果为忙的概率，而漏检概率表示实际信道状态为忙但能量探测结果空闲的概率。当蜂窝基站出现不完美频谱探测时，ECCA 延时阶段和退避阶段之间的跳转取决于信道探测结果，而不是实际的信道状态。

在不完美频谱探测下，探测时间 τ 内信道探测结果为空闲的概率 P_i^d 等于探测过程中出现漏检的概率加正确探测到信道状态为空闲的概率，探测时间 τ 内信道探测结果为忙的概率 P_b^d 等于探测过程中出现虚警的概率加正确探测到信道状态为忙的概率。两种概率的表达式为

$$\begin{cases} P_i^d = P_b(\tau)P_m(\tau) + [1 - P_b(\tau)][1 - P_f(\tau)] \\ P_b^d = P_b(\tau)[1 - P_m(\tau)] + [1 - P_b(\tau)]P_f(\tau) \end{cases} \tag{2-80}$$

式中，$P_f(\tau)$ 和 $P_m(\tau)$ 分别为虚警概率和漏检概率，根据参考文献[20]，可以表示为

$$\begin{cases} P_f(\tau) = Q\left[\dfrac{\varepsilon - \sigma_u^4}{\sqrt{(2/\tau f_s)\sigma_u^4}} \right] \\ P_m(\tau) = 1 - Q\left[\dfrac{\varepsilon - (\gamma + 1)\sigma_u^2}{\sqrt{(2/\tau f_s)(\gamma + 1)^2 \sigma_u^4}} \right] \end{cases} \tag{2-81}$$

式中，ε 为能量阈值，γ 表示信噪比（SNR），f_s 表示信号采样率，σ_u 为噪声功率。在式（2-81）中，τf_s 可用 N 代替，表示抽取样本数。用 σ 表示时隙退避持续时间，A 和 B 分别表示时隙退避过程中探测到信道状态为空闲和忙的概率。A 和 B 可以表示为

$$\begin{cases} A = P_b(\sigma)P_m(\sigma) + [1 - P_b(\sigma)][1 - P_f(\sigma)] \\ B = P_b(\sigma)[1 - P_m(\sigma)] + [1 - P_b(\sigma)]P_f(\sigma) \end{cases} \qquad (2\text{-}82)$$

用 τ_d 表示延时阶段的持续时间，C 和 D 分别表示在延时阶段探测到信道状态为空闲和忙的概率，可以表示为

$$\begin{cases} C = P_b(\tau_d)P_m(\tau_d) + [1 - P_b(\tau_d)][1 - P_f(\tau_d)] \\ D = P_b(\tau_d)[1 - P_m(\tau_d)] + [1 - P_b(\tau_d)]P_f(\tau_d) \end{cases} \qquad (2\text{-}83)$$

从式（2-81）中可以看出，虚警概率和漏检概率与 N、γ 和 ε 有关。在不同 SNR 下虚警概率 $P_f(\tau)$ 和漏检概率 $P_m(\tau)$ 之间的关系如图 2-34 所示。

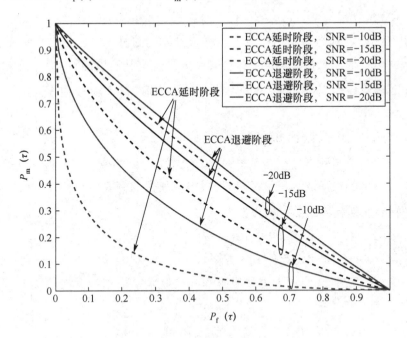

图 2-34 在不同 SNR 下虚警概率和漏检概率之间的关系

从图 2-34 中可以看出，漏检概率总是随虚警概率的增大而减小，这表明漏检概率的减小必须以虚警概率增大为代价。从图 2-34 中还可以看出，在延时阶

段或退避阶段，SNR 越高，漏检概率和虚警概率越小，这表明通过提高 SNR 可以有效减小漏检概率和虚警概率。此外，延时阶段的漏检概率和虚警概率始终小于退避阶段，这是因为探测时间延长会使漏检概率和虚警概率减小。在图 2-34 中，在极短的探测时间内，在信道探测过程中始终存在不完美频谱探测。

1. 模型构建

根据前面的介绍，LAA SBS 在传输新数据之前执行 ECCA 过程，以避免传输设备一直占用免授权信道。因此，在所提模型中，ECCA 过程重复执行。此外，针对在 ECCA 过程中出现的不完美频谱探测情况，除了需要考虑退避状态，所提模型中还需要考虑延时状态（对应延时阶段）。针对在延时阶段出现的不完美频谱探测情况，在所提模型中将时间刻度定义为退避时隙的末端，且退避计数器的值在每个时隙末端减小。因此，当信道探测结果为忙时，LAA SBS 可以从退避状态进入延时状态。此外，在退避阶段，当且仅当退避时隙探测结果为空闲时，退避计数器才进行时隙退避，否则退避计数器的值被冻结。因此，在构建二维离散时间马尔可夫链模型时，需要考虑不同状态之间的转移。

本节提出的模型与 Bianchi 模型的区别如图 2-35 所示。在 Bianchi 模型中，将时间刻度定义为退避时隙的始端，则两个连续退避时隙的始端之间包含数据包传输时间和帧间间隙，因此，时隙的间隔可能比 ECCA 退避过程中的间隔长得多。而在本节提出的模型中，离散时间整数刻度被定义为退避时隙的末端，且退避计数器的值在每个时隙末端减小。由图 2-35 可知所提模型对设备在 ECCA 延时阶段和退避阶段的不完美频谱探测情况的考虑。

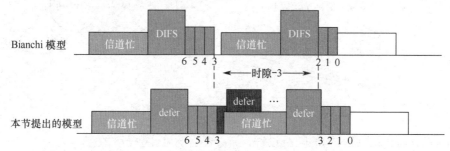

图 2-35　本节提出的模型与 Bianchi 模型的区别

根据 LBT 流程，考虑扩展 ECCA 过程中的延时阶段和退避阶段，令 $b_{i,k}$ 和 $d_{i,k}$

分别表示退避状态和延时状态，m_L 表示 LAA 网络中的最大退避阶段。二维离散时间马尔可夫链模型如图 2-36 所示。

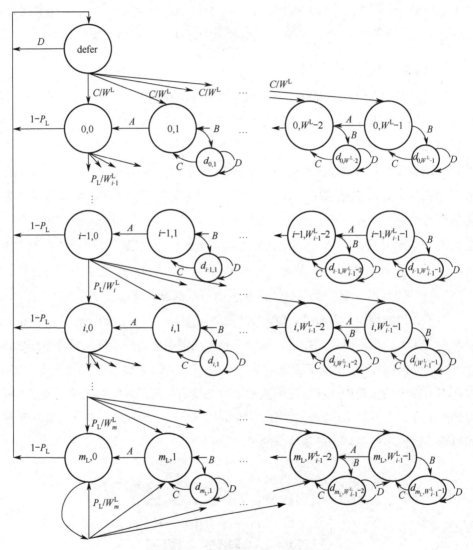

图 2-36 二维离散时间马尔可夫链模型

令 $s(t)$ 表示退避时间的随机过程，$r(t)$ 表示退避计数器的随机过程，其中 t 表示离散时间整数刻度，t 与系统时间不直接相关。马尔可夫链中的状态转移概率可以表示为

$$P(i,k \mid i-1,k-1) = P[s(t+1) = i, r(t+1) = k \mid s(t) = i-1, r(t) = k-1] \quad (2\text{-}84)$$

根据图 2-36 及式（2-84），可以得到各状态之间的转移概率，即式（2-85）。马尔可夫链的状态转移取决于设备的信道探测结果，设备在延时状态和退避状态之间切换。式（2-85）中的第 1 个等式表示当设备有新数据要传输时，探测到信道状态为空闲，则从延时阶段进入退避阶段。第 2 个等式表示当设备在数据传输过程中产生冲突并进行数据重传时，进入下一个退避阶段。第 3 个等式表示当设备在最大退避阶段发生数据冲突时，CW 保持不变，设备继续从当前 CW 中选取退避值。第 4 个等式表示在第 i 个退避阶段，退避状态之间的转移概率。第 5 个等式表示当探测到信道状态为忙时，设备进入延时阶段，随机退避值被冻结。第 6 个等式表示一旦在延时阶段探测到信道状态为空闲，设备就会再次进入退避阶段并继续进行时隙退避。第 7 个等式表示当设备在延时阶段探测到信道状态为忙时，LAA SBS 保持在延时阶段，随机退避值被冻结。第 8 个等式表示当新的传输开始且在延时阶段探测到信道状态为忙时，LAA SBS 保持在延时阶段。

$$
\begin{cases}
P(0,k \mid \text{defer}) = \dfrac{C}{W_{\mathrm{L}}}, \quad k \in [0, W^{\mathrm{L}} - 1] \\[2mm]
P(i,k \mid i-1,0) = \dfrac{P_{\mathrm{L}}}{W_i^{\mathrm{L}}}, \quad i \in [1, m_{\mathrm{L}}], \ k \in [0, W_i^{\mathrm{L}} - 1] \\[2mm]
P(m_{\mathrm{L}},k \mid m_{\mathrm{L}},0) = \dfrac{P_{\mathrm{L}}}{W_{m_{\mathrm{L}}}^{\mathrm{L}}}, \quad k \in [0, W_{m_{\mathrm{L}}}^{\mathrm{L}} - 1] \\[2mm]
P(i,k-1 \mid i,k) = A, \ i \in [0, m_{\mathrm{L}}], \ k \in [0, W_i^{\mathrm{L}} - 1] \\[2mm]
P(d_{i,k} \mid i,k) = B, \ i \in [0, m_{\mathrm{L}}], \ k \in [1, W_i^{\mathrm{L}} - 1] \\[2mm]
P(i,k \mid d_{i,k}) = C, \ i \in [0, m_{\mathrm{L}}], \ k \in [1, W_i^{\mathrm{L}} - 1] \\[2mm]
P(d_{i,k} \mid d_{i,k}) = D, \ i \in [0, m_{\mathrm{L}}], \ k \in [1, W_i^{\mathrm{L}} - 1] \\[2mm]
P(\text{defer} \mid \text{defer}) = D
\end{cases}
\quad (2\text{-}85)
$$

式中，defer 表示 defer 状态，W_i^{L} 表示 LAA 网络中第 i 个退避阶段的窗口值，P_{L} 表示 LAA 网络中的碰撞概率。

基于式（2-85）和马尔可夫链理论，可以推导得到状态转移方程，即

$$
\begin{cases}
\sum\limits_{i=0}^{m_{\mathrm{L}}} b_{i,0} = \dfrac{1}{1-P_{\mathrm{L}}} b_{0,0} \\[2mm]
d_{\mathrm{defer}} = \dfrac{1}{C} b_{0,0} \\[2mm]
d_{i,k} = \dfrac{B}{1-D} b_{i,k}, \quad i \in [0, m_{\mathrm{L}}], \quad k \in [1, W_i^{\mathrm{L}} - 1] \\[2mm]
b_{i-1,0} P_{\mathrm{L}} = b_{i,0} \rightarrow b_{i,0} = P_{\mathrm{L}}^i b_{0,0}, \quad i \in (0, m_{\mathrm{L}}) \\[2mm]
b_{m_{\mathrm{L}}-1,0} P_{\mathrm{L}} = (1-P_{\mathrm{L}}) b_{m_{\mathrm{L}},0} \rightarrow b_{m_{\mathrm{L}},0} = \dfrac{P_{\mathrm{L}}^{m_{\mathrm{L}}}}{1-P_{\mathrm{L}}} b_{0,0}, \quad i \in (0, m_{\mathrm{L}})
\end{cases}
\tag{2-86}
$$

式中, P_{L}^i 表示第 i 个退避阶段的碰撞概率。

2. 退避机制

为了通过比较来深入分析 LAA 方案的性能, 除了要考虑二进制指数退避机制, 还要考虑线性退避机制和固定 CWS 机制。在二进制指数退避机制和线性退避机制中, 当数据发生重传时, CW 分别以指数形式和线性形式增大, 即 $W_i^{\mathrm{L}} = 2^i W^{\mathrm{L}}$ 和 $W_i^{\mathrm{L}} = (i+1) W^{\mathrm{L}}$。在固定 CWS 机制中, 当数据发生重传时, CW 保持不变, 即 $W_i^{\mathrm{L}} = W^{\mathrm{L}}$。在 LAA 方案中, CW 的变化基于 HARQ 技术, 设备能够根据接收端反馈的信息进行动态调整。此外, CW 的变化能够反映网络负载的情况, 当网络负载较小时, CW 偏小, 否则 CW 偏大。合适的 CW 退避机制能够提高共存系统性能。

1）二进制指数退避机制

3GPP 在 LTE Release 13 中采用二进制指数退避算法来避免在数据传输过程中产生冲突, 该算法能够有效减小 WiFi 和 LAA 网络在传输过程中的碰撞概率。当数据在传输过程中产生碰撞时, CW 以指数形式增大, 即 $W_i^{\mathrm{L}} = 2^i W^{\mathrm{L}}$。结合式（2-85）和式（2-86）, 可以推导得到

$$
\begin{cases}
b_{0,k} = \dfrac{1}{1-B} \dfrac{W^{\mathrm{L}} - k}{W^{\mathrm{L}}} b_{0,0}, \quad k \in (0, W^{\mathrm{L}} - 1] \\[3mm]
b_{i,k} = \dfrac{1}{1-B} \dfrac{W_i^{\mathrm{L}} - k}{W_i^{\mathrm{L}}} b_{i,0}, \quad i \in [1, m_{\mathrm{L}} - 1], \quad k \in (0, W_i^{\mathrm{L}} - 1] \\[3mm]
b_{m_{\mathrm{L}},k} = \dfrac{1}{1-B} \dfrac{W_{m_{\mathrm{L}}}^{\mathrm{L}} - k}{W_{m_{\mathrm{L}}}^{\mathrm{L}}} b_{m_{\mathrm{L}},0}, \quad k \in (0, W_{m_{\mathrm{L}}}^{\mathrm{L}} - 1]
\end{cases}
\tag{2-87}
$$

根据式（2-87），整理得到

$$b_{i,k} = \frac{1}{1-B} \frac{W_i^L - k}{W_i^L} b_{i,0}, \ i \in [0, m_L], k \in [1, W_i^L - 1] \tag{2-88}$$

基于上述模型，根据式（2-88）可知，$b_{i,k}$ 是关于 $b_{0,0}$ 和条件碰撞概率 P_L 的函数。$b_{0,0}$ 可以通过状态归一化条件来确定，即

$$d_{\text{defer}} + \sum_{i=0}^{m_L} b_{i,0} + \frac{1}{1-B} \sum_{i=0}^{m_L} \sum_{k=1}^{W_i^L - 1} \frac{W_i^L - k}{W_i^L} b_{i,0} + \sum_{i=0}^{m_L} \sum_{k=1}^{W_i^L - 1} d_{i,k} = 1 \tag{2-89}$$

根据式（2-89），联立式（2-85）和式（2-88），解方程可以得到

$$b_{0,0} = \frac{2(1-B)(1-D)(1-P_L)(1-2P_L)}{H_1 + (1-D+B)\{(1-2P_L)(W^L - 1) + P_L W^L [1 - (2P_L)^{m_L}]\}} \tag{2-90}$$

式中，$H_1 = 2(1-B)(1-2P_L)(2-D-P_L)$。

结合二维离散时间马尔可夫链模型可知，只有当退避计数器的值减小到 0 时，设备才会传输数据。根据式（2-90）可以确定，当蜂窝设备出现不完美频谱探测的情况时，采用二进制指数退避算法，则 LAA 设备在时隙内的传输概率表达式为

$$\tau_L^{BI} = \sum_{i=0}^{m_L} b_{i,0} = \frac{2(1-B)(1-D)(1-2P_L)}{H_1 + (1-D+B)\{(1-2P_L)(W^L - 1) + P_L W^L [1 - (2P_L)^{m_L}]\}} \tag{2-91}$$

2）线性退避机制

当采用线性退避机制时，CW 的变化方式为 $W_i^L = (i+1)W^L$，结合式（2-89），采用与二进制指数退避机制相同的推导过程，可以得到线性退避机制下不完美频谱探测的 LAA 设备传输概率为

$$\tau_L^{LI} = \sum_{i=0}^{m_L} b_{i,0} = \frac{2(1-B)(1-D)(1-P_L)}{2(1-B)(1-P_L)^2 + (1-D+B)[W^L(1-P_L^{m_L+1}) - 1 + P_L]} \tag{2-92}$$

3）固定 CWS 机制

当采用固定 CWS 机制时，CW 的变化方式为 $W_i^L = W^L$，结合式（2-89），采用与二进制指数退避机制相同的推导过程，可以得到固定 CWS 机制下不完美频谱探测的 LAA 设备传输概率为

$$\tau_L^{FI} = \sum_{i=0}^{m_L} b_{i,0} = \frac{2(1-B)(1-D)}{2(1-B)(1-2P_L)+(2-D-P_L)+(1-D+B)(W^L-1)} \qquad (2-93)$$

3. 完美频谱探测性能研究

为了通过比较来深入分析不完美频谱探测下 LAA 方案的性能，需要考虑完美频谱探测的情况。参考不完美频谱探测的推导过程，可以得到完美频谱探测的 LAA 设备传输概率。

4. 系统参数分析

主要考虑 n_L 个 LAA SBS 和 n_W 个 WiFi AP 在下行链路上进行数据传输，LAA 网络中的传输冲突可能发生在 LAA SBS 和 WiFi AP 之间、不同 LAA SBS 之间及不同 WiFi AP 之间。LAA 碰撞概率表示在剩余的 n_W 个 WiFi AP 和 n_L-1 个 LAA SBS 中，至少有一个 WiFi AP 或 LAA SBS 发送数据。LAA 碰撞概率的表达式为

$$P_L = 1 - (1-\tau_L)^{n_L-1}(1-\tau_W)^{n_W} \qquad (2-94)$$

同样，WiFi 碰撞概率表示在剩余的 n_W-1 个 WiFi AP 和 n_L 个 LAA SBS 中，至少有一个 LAA SBS 或 WiFi AP 发送数据。WiFi 碰撞概率的表达式为

$$P_W = 1 - (1-\tau_W)^{n_W-1}(1-\tau_L)^{n_L} \qquad (2-95)$$

P_i 为免授权频段空闲的概率，表示当前时隙无设备进行数据传输，其表达式为

$$P_i = (1-\tau_W)^{n_W}(1-\tau_L)^{n_L} \qquad (2-96)$$

$P_{s,L}$ 表示 LAA SBS 成功传输数据的概率，其表达式为

$$P_{s,L} = n_L\tau_L(1-\tau_L)^{n_L-1}(1-\tau_W)^{n_W} \qquad (2-97)$$

$P_{s,W}$ 表示 WiFi AP 成功传输数据的概率，其表达式为

$$P_{s,W} = n_W\tau_W(1-\tau_W)^{n_W-1}(1-\tau_L)^{n_L} \qquad (2-98)$$

$P_{c,L}$ 为 LAA SBS 之间的碰撞概率，其表达式为

$$P_{c,L} = \{[1-(1-\tau_L)^{n_L}]-n_L\tau_L(1-\tau_L)^{n_L-1}\}(1-\tau_W)^{n_W} \qquad (2-99)$$

$P_{c,W}$ 为 WiFi AP 之间的碰撞概率，表示不同的 WiFi AP 在同一时隙内传输数据，其表达式为

$$P_{\mathrm{c,W}} = \{[1-(1-\tau_{\mathrm{W}})^{n_{\mathrm{W}}}] - n_{\mathrm{W}}\tau_{\mathrm{W}}(1-\tau_{\mathrm{W}})^{n_{\mathrm{W}}-1}\}(1-\tau_{\mathrm{L}})^{n_{\mathrm{L}}} \tag{2-100}$$

$P_{\mathrm{c,WL}}$ 为 LAA SBS 和 WiFi AP 之间的碰撞概率，表示至少有一个 LAA SBS 和 WiFi AP 在同一时隙内进行数据传输，其表达式为

$$P_{\mathrm{c,WL}} = [1-(1-\tau_{\mathrm{W}})^{n_{\mathrm{W}}}][1-(1-\tau_{\mathrm{L}})^{n_{\mathrm{L}}}] \tag{2-101}$$

$T_{\mathrm{s,L}}$ 和 $T_{\mathrm{s,W}}$ 分别表示 LAA SBS 和 WiFi AP 成功传输数据占用信道的平均时间，而 $T_{\mathrm{s,L}}$ 和 $T_{\mathrm{s,W}}$ 分别表示 LAA SBS 之间和 WiFi AP 之间存在数据碰撞而占用信道的平均时间。$T_{\mathrm{c,WL}}$ 表示 LAA SBS 和 WiFi AP 数据碰撞而占用信道的平均时间。具体表达式为

$$\begin{cases} T_{\mathrm{s,W}} = H + D_{\mathrm{W}} + \mathrm{SIFS} + \mathrm{ACK} + \mathrm{DIFS} \\ T_{\mathrm{c,W}} = H + D_{\mathrm{W}} + \delta + \mathrm{DIFS} \\ T_{\mathrm{s,L}} = H + D_{\mathrm{L}} + \delta + \tau_{\mathrm{d}} \\ T_{\mathrm{c,L}} = H + D_{\mathrm{L}} + \delta + \tau_{\mathrm{d}} \\ T_{\mathrm{c,WL}} = \max\{T_{\mathrm{c,W}}, T_{\mathrm{c,L}}\} \end{cases} \tag{2-102}$$

式中，$H = H_{\mathrm{m}} + H_{\mathrm{phy}}$ 是 MAC 报头和 PHY 报头的传输时间之和；D_{W} 和 D_{L} 分别为 WiFi 和 LAA 网络中数据包的长度；δ 是传播延时。其中 $T_{\mathrm{s,L}} = T_{\mathrm{c,L}}$，这是因为在 LAA 网络中，ACK 确认帧不在免授权频段上发送。根据式（2-102），设备接入信道花费的平均时间为

$$T_{\mathrm{average}} = \sigma P_{\mathrm{i}} + T_{\mathrm{s,L}} P_{\mathrm{s,L}} + T_{\mathrm{s,W}} P_{\mathrm{s,W}} + T_{\mathrm{c,L}} P_{\mathrm{c,L}} + T_{\mathrm{c,W}} P_{\mathrm{c,W}} + T_{\mathrm{c,WL}} P_{\mathrm{c,WL}} \tag{2-103}$$

因此，LAA 和 WiFi 的吞吐量表达式为

$$S_{\mathrm{L}} = \frac{n_{\mathrm{L}}\tau_{\mathrm{L}}(1-\tau_{\mathrm{L}})^{n_{\mathrm{L}}-1}(1-\tau_{\mathrm{W}})^{n_{\mathrm{W}}} D_{\mathrm{L}}}{T_{\mathrm{average}}} \tag{2-104}$$

$$S_{\mathrm{W}} = \frac{n_{\mathrm{W}}\tau_{\mathrm{W}}(1-\tau_{\mathrm{W}})^{n_{\mathrm{W}}-1}(1-\tau_{\mathrm{L}})^{n_{\mathrm{L}}} D_{\mathrm{W}}}{T_{\mathrm{average}}} \tag{2-105}$$

2.4.4　仿真结果与性能分析

1. 模型验证

本节先利用 NS3 平台验证所提出的二维离散时间马尔可夫链模型的有效性，再利用 Matlab 平台做大量的仿真实验，以评估不完美频谱探测下 LTE-LAA 共存

机制的性能。本节针对 3GPP 规定的室外场景进行评估且只考虑 LAA 和 WiFi（IEEE 802.11ac）在单免授权信道上共存，信道带宽为 20 MHz。此外，在部署共存系统时，先部署 LAA SBS 节点和 WiFi AP 节点，两者间的最小距离为 20 m，再部署 UE。不同 UE 之间的最小距离为 3 m，LAA SBS 或 WiFi AP 与 UE 之间的距离为 3 m。在 LAA 方案中，LBT 设备的最大传输机会 TXOP 为 8 ms，WiFi 节点采用的能量阈值为-72 dBm。仿真参数设置如表 2-4 所示。

表 2-4　仿真参数设置

参数	取值	参数	取值
PHY 首部	128 bits	ECCA 延时时间 τ_d	36 μs
MAC 首部	272 bits	ECCA 退避时间 σ	9 μs
分组负载	12000 bits	传播延时 δ	1 μs
WiFi 最大退避阶段 m1	4	ACK	240 bits
LAA 最大退避阶段 m2	4	LAA/WiFi 数据传输速率	100 Mbps
μ_b / μ_i	0.5 ms/0.5 ms	信道带宽	20 MHz
SIFS/DIFS	16 μs/34 μs	传输功率	18 dBm

不同虚警概率下的模拟结果和理论分析结果如图 2-37 所示。从图 2-37 中可以看出，在不同的虚警概率及不同的 LAA SBS 数量下，LAA 和 WiFi 的吞吐量模拟结果和理论分析结果能很好的匹配，因此可以证明模型的有效性。

2. 碰撞概率分析

当 SNR = −15 dB 时，不完美频谱探测下的 WiFi 碰撞概率比较如图 2-38 所示。从图 2-38 中可以看出，WiFi 碰撞概率总是随着 WiFi AP 数量的增加而增大。这是因为 WiFi AP 数量的增加意味着有更多的设备参与信道竞争。从图 2-38 中还可以看出，不完美频谱探测对 WiFi 碰撞概率有很大影响。当 $n_L = 3$ 或 6 时，$P_f(\sigma) = 0.1$ 下的 WiFi 碰撞概率大于完美频谱探测下的 WiFi 碰撞概率，而 $P_f(\sigma) = 0.5$ 下 WiFi 碰撞概率小于完美频谱探测下的 WiFi 碰撞概率，这是因为 $P_f(\sigma) = 0.1$ 下的漏检概率［包括 $P_m(\sigma)$ 和 $P_m(\tau_d)$］比 $P_f(\sigma) = 0.5$ 下的大得多，漏检概率越大，WiFi 碰撞概率越大，因此当 $P_f(\sigma) = 0.1$ 时，WiFi 碰撞概率较大。为了深入分析不完美频谱探测下 LAA 方案的性能，引入基准碰撞概率。基准碰撞概率等于将共存系统中所

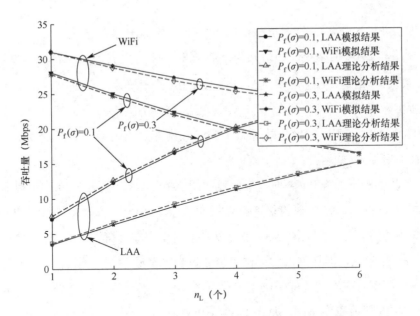

图 2-37　不同虚警概率下的模拟结果和理论分析结果

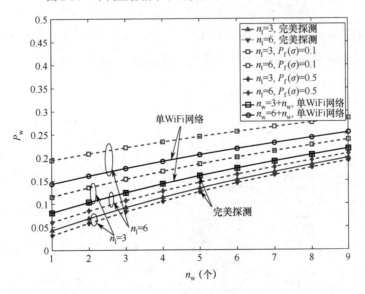

图 2-38　不完美频谱探测下的 WiFi 碰撞概率比较

有 LAA SBS 替换为 WiFi AP 时的碰撞概率,即单 WiFi 网络的碰撞概率,它表示 LAA 网络和 WiFi 网络是否能和谐共存。从图 2-38 中可以看出,完美频谱探测下 的 3GPP LAA 方案能够使 WiFi 网络和 LAA 网络和谐共存,因为其 WiFi 碰撞概

率低于基准碰撞概率。但在实际情况下，不完美频谱探测经常发生，可能导致
WiFi 网络和 LAA 网络不能和谐共存。从图 2-38 中可以看出，当 $P_f(\sigma)=0.1$ 时，
基于二进制指数退避机制的 LAA 方案的 WiFi 碰撞概率大于基准碰撞概率。因
此，在实际网络环境中，为了使 LAA 网络与 WiFi 网络和谐共存，除了采用基
于 LBT 的方案，还应考虑可能导致不完美频谱探测的因素，如能量阈值、SNR
和采样率等。

不同 SNR 下的 WiFi 碰撞概率比较如图 2-39 所示。从图 2-39 中可以看出，
在相同的 SNR 下，WiFi 碰撞概率存在很大差异，这是因为 SNR 只是影响不完美
频谱探测的因素之一。从图 2-39 中可以看出，相同虚警概率下的 WiFi 碰撞概率
不同。除了 SNR，能量阈值和采样率也会影响虚警概率。在不同的 SNR 下，相
同的虚警概率对应不同的能量阈值或采样率，这必然导致漏检概率不同，并进一
步导致 WiFi 碰撞概率不同。从图 2-39 中可以看出，不同 SNR 下的 WiFi 碰撞概
率差异远小于不同虚警概率下的 WiFi 碰撞概率差异。这表明虚警概率比 SNR 更
能直接影响 WiFi 碰撞概率。因此，在实际情况下，应基于固定的 SNR 和采样率，
通过设计动态能量阈值算法来适当调整虚警概率，以减小 WiFi 碰撞概率。

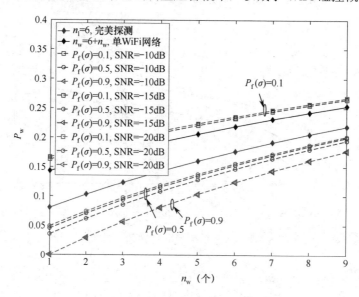

图 2-39　不同 SNR 下的 WiFi 碰撞概率比较

当 $n_L = 6$、$W^W = W^L = 32$、$SNR = -15 \text{ dB}$ 时，3 种退避机制下 WiFi 碰撞概率的比较如图 2-40 所示。从图 2-40 中可以看出，线性退避机制和固定 CWS 机制下 WiFi 碰撞概率的变化趋势与 3GPP 推荐的二进制指数退避机制相似。此外，当虚警概率相同时，固定 CWS 机制、线性退避机制和二进制指数退避机制下的 WiFi 碰撞概率依次减小。固定 CWS 机制在和谐共存方面表现最差，而二进制指数退避机制表现最好。此外，$P_f(\sigma) = 0.1$ 时的 WiFi 碰撞概率总是大于完美频谱探测下的 WiFi 碰撞概率及基准碰撞概率，而 $P_f(\sigma) = 0.5$ 和 $P_f(\sigma) = 0.9$ 时的 WiFi 碰撞概率小于完美频谱探测下的 WiFi 碰撞概率及基准碰撞概率。这表明在不完美频谱探测下，3 种退避机制不总是和谐共存的。相反，在完美频谱探测下，3 种退避机制始终是和谐共存的，因为它们对应的 WiFi 碰撞概率小于基准碰撞概率。

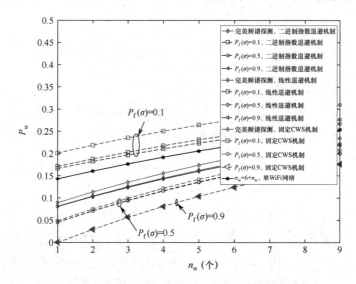

图 2-40　3 种退避机制下 WiFi 碰撞概率的比较

3 种退避机制下 WiFi 碰撞概率随虚警概率的变化如图 2-41 所示。因此，在实际情况中，可以通过调整能量阈值来改变虚警概率，并进一步减小 WiFi 碰撞概率，从而实现 LAA 与 WiFi 网络的和谐共存。此外，从图 2-41 中可以看出，当虚警概率很小时（在二进制指数退避机制下约为 0.16，在固定 CWS 机制下约为 0.18，在线性退避机制下约为 0.26），由于漏检概率很大，所以 WiFi 碰撞概率比基准碰撞概率大。这是因为受不完美频谱探测的影响，3 种退避机制下的 LAA 方案并不总是和谐的。

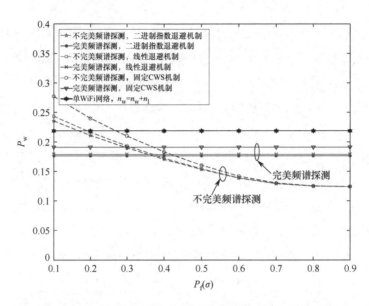

图 2-41　3 种退避机制下 WiFi 碰撞概率随虚警概率的变化

3. 系统吞吐量分析

不完美频谱探测下 LAA 和 WiFi 网络的吞吐量比较如图 2-42 所示。从图 2-42 中可以看出，随着 LAA SBS 数量的增加，WiFi 网络的吞吐量逐渐减小，LAA 网络的吞吐量逐渐增大。这是因为随着 LAA SBS 数量的增加，LAA SBS 的传输概率越来越大，而 WiFi AP 的传输概率越来越小，即 LAA SBS 占用信道的时间越来越长，而 WiFi AP 占用信道的时间越来越短。从图 2-42 中可以看出，当 $P_f(\sigma)=0.1$ 时，LAA 吞吐量甚至大于完美频谱探测下的吞吐量。$P_f(\sigma)=0.1$ 时对应的漏检概率 $P_m(\sigma)$ 非常大（约为 89%）。当漏检概率较大时［包括 $P_m(\sigma)$ 和 $P_m(\tau_d)$］，LAA SBS 在 ECCA 过程中可能占据属于 WiFi 的传输机会。这实际上减少了退避时隙，间接增大了 LAA SBS 的传输概率。因此，当 $P_f(\sigma)=0.1$ 时，LAA 吞吐量比完美频谱探测下的吞吐量大。但是，当 $P_f(\sigma)$ 继续增大时，LAA 在免授权信道上错过的空闲频段也会逐渐增加，而且，由于漏检概率减小，最初属于 WiFi 但被 LAA 利用的频段也会减少，导致不完美频谱探测下的 LAA 吞吐量随虚警概率的增大而减小，而 WiFi 吞吐量逐渐增大。考虑一种极端情况，当 $P_f(\sigma)=0.9$ 时，免授权频段上的大多数空闲频段都被探测为忙，而最初属于 WiFi 但被 LAA 利用的频段很少，这会导致 LAA 吞吐量更小，甚至为 0 Mbps。

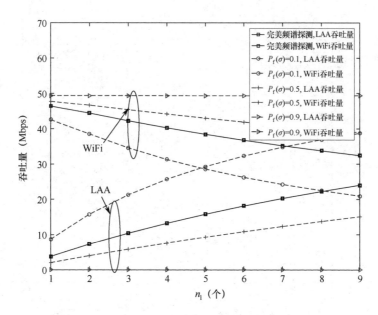

图 2-42　不完美频谱探测下 LAA 和 WiFi 网络的吞吐量比较

不同 SNR 和虚警概率下共存系统的总吞吐量比较如图 2-43 所示。从图 2-43 中可以看出，$P_f(\sigma) = 0.1$、$P_f(\sigma) = 0.5$ 和 $P_f(\sigma) = 0.9$ 时的总吞吐量依次减小。此外，$P_f(\sigma) = 0.1$ 时的总吞吐量大于完美频谱探测下的吞吐量，$P_f(\sigma) = 0.5$ 和 $P_f(\sigma) = 0.9$ 时的总吞吐量小于完美频谱探测下的吞吐量。如图 2-43 所示，在固定 SNR 和不同虚警概率的情况下，总吞吐量的差异大于在不同 SNR 和固定虚警概率的情况下的总吞吐量差异。此外，当虚警概率固定时，不同 SNR 下的总吞吐量几乎相同。这是因为不同 SNR 对应的漏检概率几乎不会影响总吞吐量，只会影响 LAA 吞吐量和 WiFi 吞吐量。

3 种退避机制下的 LAA 吞吐量和 WiFi 吞吐量比较及共存系统总吞吐量比较分别如图 2-44 和图 2-45 所示。从图 2-44 中可以看出，当虚警概率固定时，固定 CWS 机制下的总吞吐量是最大的，即其信道利用率最高。这是因为与其他机制相比，固定 CWS 机制更激进。但是，这同样会导致出现最大碰撞概率。从图 2-45 中可以看出，当 $P_f(\sigma) = 0.1$ 时，总吞吐量最大，甚至比完美频谱探测下的总吞吐量大。这是因为 $P_f(\sigma) = 0.1$ 对应的漏检概率非常大，接近 90%。在这种情况下，很小的虚警概率和非常大的漏检概率会导致共存系统总吞吐量增大。但是，$P_f(\sigma) = 0.1$ 对应的碰撞概率同样很大。

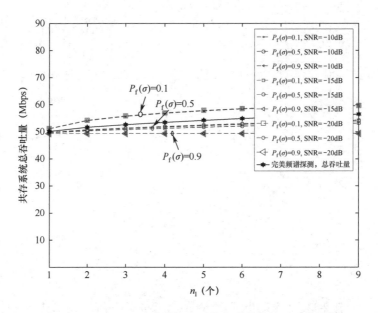

图 2-43　不同 SNR 和虚警概率下共存系统的总吞吐量比较

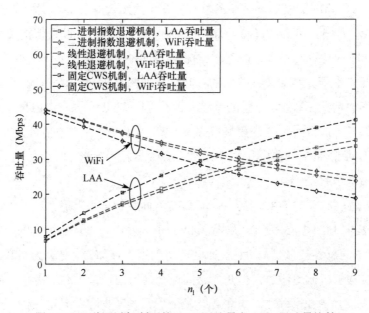

图 2-44　3 种退避机制下的 LAA 吞吐量和 WiFi 吞吐量比较

3 种退避机制下的 LAA 吞吐量和 WiFi 吞吐量随虚警概率的变化分别如图 2-46 和图 2-47 所示。可以看出，当虚警概率增大时，LAA 吞吐量减小，WiFi

吞吐量增大，它们总是随虚警概率的变化而波动，吞吐量可能大于或小于完美频谱探测下的吞吐量。

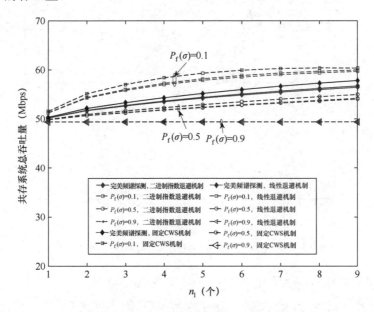

图 2-45　3 种退避机制下的共存系统总吞吐量比较

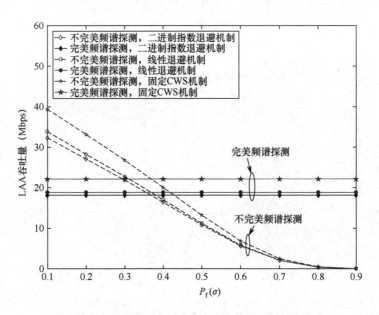

图 2-46　3 种退避机制下的 LAA 吞吐量随虚警概率的变化

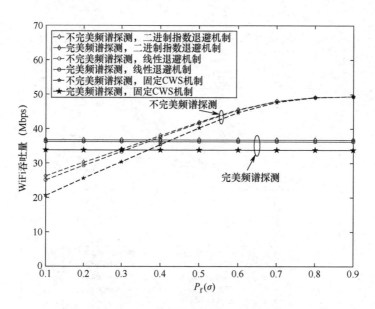

图 2-47　3 种退避机制下的 WiFi 吞吐量随虚警概率的变化

3 种退避机制下共存系统的总吞吐量比较如图 2-48 所示，可以看出，总吞吐量总是随虚警概率的增大而减小。这是因为 WiFi 网络可能无法完全利用因 LAA 存在不完美频谱探测而错过的空闲频段，从而导致总吞吐量减小。

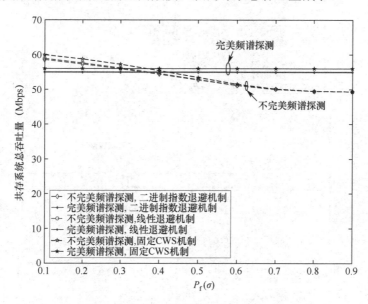

图 2-48　3 种退避机制下共存系统的总吞吐量比较

2.4.5　本节小结

本节通过分析 LTE-LAA 方案中 LBT 机制可能导致的不完美频谱探测情况，建立了新的二维离散时间马尔可夫链模型。根据所提出的模型推导了 LAA 和 WiFi 网络的碰撞概率及共存系统总吞吐量。为了证明模型的有效性，采用 NS3 进行系统级仿真验证，仿真结果证明了模型的有效性。此外，大量的数值仿真结果显示，不同退避机制对共存系统性能的影响不同，与线性退避机制和二进制指数退避机制相比，固定 CWS 机制更具侵略性。当采用固定 CWS 机制时，共存系统总吞吐量最大，但是会产生更多的碰撞，这意味着网络延时更长。此外，仿真结果显示，当 LAA 网络出现不完美频谱探测时，LAA 和 WiFi 的碰撞概率和吞吐量会受较大的影响，共存系统的公平性较差。因此，在实际网络环境中，应考虑引起不完美频谱探测的因素，尽量避免不完美频谱探测的发生。

2.5　本章总结

本章从学术界对 LTE-LAA 方案的争议出发，对 3GPP 推荐的捕获效应下及不完美频谱探测下的 LTE-LAA 方案进行了数学建模和性能分析。

（1）在 LTE-LAA 方案的性能分析中，基于 LAA 方案与 IEEE 802.11 DCF 机制和其他 LAA 方案不同的特性，本章将 LTE-LAA 方案建模为新的二维离散时间马尔可夫链模型，并基于所提模型从理论上推导了 LAA 和 WiFi 用户的碰撞概率和信道占用率。为了便于分析和比较，本章也从理论上推导和分析了固定和线性 LAA 共存方案的性能指标。通过对模拟结果和理论分析结果进行讨论，发现两者完全吻合，证明了该模型的有效性。模拟结果还表明，与线性和固定 LAA 共存方案相比，LTE-LAA 方案具有最佳友好性和相等的总信道占用率，而固定 LAA 方案比其他 LAA 方案更具攻击性，有利于 LAA 网络，而不利于 WiFi 网络。

（2）在捕获效应下的 LTE-LAA 性能分析中，将捕获效应考虑进 LAA 与 WiFi 共存系统，建立了共存场景下的捕获模型，并根据 3GPP 提出的两种 LBT 信道接入方案（Cat-3 和 Cat-4 方案）的特点，构建了一种具有捕获效应的二维离散时间马尔可夫链模型。基于所提模型，通过理论和模拟分析讨论了捕获效应对共存系统性能的影响。由实验结果可知，在两种接入方案下，捕获效应都可以显著提高共存系统性能，即捕获效应能够增大系统吞吐量，减小碰撞概率，还可以提高信道利用率。

（3）在不完美频谱探测下的 LTE-LAA 性能分析中，考虑 LAA SBS 在信道探测过程中可能出现的不完美频谱探测情况，将 3GPP 推荐的 LTE-LAA 方案建成新的二维离散时间马尔可夫链模型，并根据该模型推导了吞吐量和碰撞概率的表达式。大量数值仿真结果显示，当 LAA 网络中出现不完美频谱探测时，LAA 和 WiFi 的碰撞概率和吞吐量会受较大影响，共存系统的公平性较差。

参 考 文 献

[1] LI B, ZHANG T, ZENG Z. LBT with Adaptive Threshold for Coexistence of Cellular and WLAN in Unlicensed Spectrum[C]//2016 8th International Conference on Wireless Communications & Signal Processing (WCSP), Yangzhou, China, 2016:1-6.

[2] NEELAKANTAM H, MAKALA B, KOMMOJU P, et al. Co-Existence of LTE Communication with WLAN in Unlicensed Bands: A Review[C]//2023 Second International Conference on Electronics and Renewable Systems, Tuticorin, India, 2023:459-463.

[3] PEI E, HUANG Y, ZHANG L, et al. Intelligent Access to Unlicensed Spectrum: A Mean Field Based Deep Reinforcement Learning Approach[J]. IEEE Transactions on Wireless Communications, 2023, 22(4):2325-2337.

[4] ABDELFATTAH A, MALOUCH N. Modeling and Performance Analysis of WiFi Networks Coexisting with LTE-U[C]//IEEE INFOCOM 2017-IEEE Conference on Computer Communications, Atlanta, GA, USA, 2017:1-9.

[5] BIN TARIQ M, FAIZAN K, ALI M, et al. LTE-Unlicensed and WiFi: Sharing Unlicensed Spectrum in 5GHz Band[C]//2019 15th International Conference on Emerging Technologies (ICET), Peshawar, Pakistan, 2019:1-6.

[6] HU H, GAO Y, ZHANG J, CHU X, et al. On the Fairness of the Coexisting LTE-U and WiFi Networks Sharing Multiple Unlicensed Channels[J]. IEEE Transactions on Vehicular Technology, 2020:13890-13904.

[7] 3GPP TR 21.916 V1.0.0. NR-Based Access to Unlicensed Spectrum[S]. Nice: 3GPP Press, 2020.

[8] ZHANG L, LIANG Y C, XIAO M. Spectrum Sharing for Internet of Things: A Survey[J]. IEEE Wireless Communications, 2019, 26(3):132-139.

[9] BUDIYANTO S, AL HAKIM E. Feasibility Analysis the Implementation of the Dual Spectrum Licensed and Unlicensed Enhanced License Assisted Access (ELAA) on LTE Networks with the Techno-Economic Method[C]//2020 2nd International Conference on Broadband Communications, Wireless Sensors and Powering (BCWSP), Yogyakarta, Indonesia, 2020:129-134.

[10] MENDOZA O S. LTE in Unlicensed Spectrum: Harmonious Coexistence with WiFi[EB/OL]. 2014-06-14.

[11] CHEN Q, YU G, ZHI D. Optimizing Unlicensed Spectrum Sharing for LTE-U and WiFi Network Coexistence[J]. IEEE Journal on Selected Areas in Communications, 2016, 34(10): 2562-2574.

[12] 3GPP TR 38.889. Study on NR-Based Access to Unlicensed Spectrum[R/OL]. 2018-12-19.

[13] YUAN G, CHU X, JIE Z. Performance Analysis of LAA and WiFi Coexistence in Unlicensed Spectrum Based on Markov Chain[C]//GLOBECOM 2016 - 2016 IEEE Global Communications Conference, Washington, DC, USA, 2017:1-6.

[14] 3GPP TR 36.889. Study on Licensed Assisted Access to Unlicensed Spectrum[R/OL]. 2015-05-10.

[15] 3GPP TR 36.789. Multi-Node Tests for Licence-Assisted Access(LAA)[R/OL]. 2017-07-05.

[16] EKICI O, YONGACOGLU A. IEEE 802.11a Throughput Performance with Hidden Nodes[J]. IEEE Communications Letters, 2008, 12(6):465-467.

[17] BIANCHI G. Performance Analysis of the IEEE 802.11 Distributed Coordination Function[J]. IEEE Journal on Selected Areas in Communications, 2000, 18(3):535-547.

[18] KO H, LEE J, PACK S. A Fair Listen Before Talk Algorithm for Coexistence of LTE-U and WLAN[J]. IEEE Transactions on Vehicular Technology, 2016, 65(12):10116-10120.

[19] FU ZHUORAN, XU WENJUN, FENG ZHIYONG, et al. Throughput Analysis of LTE Licensed Assisted Access Networks with Imperfect Spectrum Sensing[C]//2017 IEEE Wireless Communications and Networking Conference (WCNC). San Francisco: IEEE Press, 2017:1-6.

[20] LIANG Y, ZENG Y, EDWARD C, et al. Sensing Throughput Tradeoff for Cognitive Radio Networks[J]. IEEE Transactions on Wireless Communications, 2008, 7(4):1326-1337.

第 3 章　LTE-LAA 方案的智能优化

3.1　引言

频谱短缺是提高蜂窝系统性能的主要瓶颈，利用丰富的免授权频谱资源是一个很有前途的选择。WiFi 是在免授权频段上提供无线服务的最广泛和最成功的技术[1-5]。由于成本低和数据传输速率高，目前 WiFi 系统在 2.4 GHz 和 5 GHz 的免授权频段中占主导地位。然而，WiFi 系统的频谱利用率较低，特别是在过载条件下。而 LTE 具有更有效的资源管理和错误控制技术。因为 LTE 最初被设计为在授权频段运行，所以它可以基于集中式媒体访问控制（Media Access Control，MAC）协议优化物理（频率和时间）资源分配[6-10]。然而，LTE 没有提供任何共存机制。因此，在免授权频段直接部署 LTE 会导致 WiFi 系统的性能显著下降。Release 13 中 LAA 规范的重点就是设计一个通过竞争访问免授权频段的共存机制。根据第 2 章对基于 LBT 机制的 LAA 方案的性能评估，虽然现有的静态退避策略（如二进制指数退避机制、线性退避机制、固定 CWS 机制等）在一定程度上可以减小共存系统中用户的碰撞概率，进而提高信道接入率，但是无法根据共存系统的实际情况自适应地选择 LAA 参数，如竞争窗口大小（Contention Window Size，CWS）和能量阈值等，进而获得更好的网络性能。因此，本章提出基于混沌 Q 学习的 CWS 智能选择算法及能量阈值优化算法。这些算法能够使得 LAA 节点可以根据当前环境智能选择 CWS 和能量阈值，进而获得更好的共存性能。

3.2　Q 学习算法

3.2.1　Q 学习算法理论

Q 学习算法是一种可以确定最优决策策略的强化学习应用算法[11-12]，也是一种异步动态规划方法，无须使用环境模型。Q 学习算法包含智能体和环境两个实体，其在马尔可夫环境中为智能体提供一种学习能力（利用训练后收敛的 $\boldsymbol{Q}$ 矩阵执行最优动作的能力）。两个实体的交互方式如下：首先，处于某种状态的智能体基于当前的环境执行某个动作，然后观察环境并根据当前的 Q 函数值确定下一个状态的动作，Q 学习模型如图 3-1 所示。根据马尔可夫决策过程（Markov Decision Process，MDP）的特性（由状态集合、动作集合、状态转移矩阵、奖励函数及折扣因子组成的五元组），MDP 是一种基于马尔可夫链理论的随机动态系统最优决策过程，它是可尔可夫过程与动态规划的结合。从图 3-1 中可以看出，Q 学习模型中智能体与环境的交互过程与 MDP 类似，实际上是一种变化形式的 MDP。

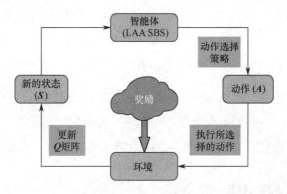

图 3-1　Q 学习模型

在 Q 学习算法的迭代过程中，本节将有限状态集合定义为 $\boldsymbol{S}$，若决策时间为 t，则 $s_t \in \boldsymbol{S}$ 表示 t 时刻智能体的状态为 s_t。同时，本节将智能体可能执行的有限动作集合定义为 $\boldsymbol{A}$，则 $a_t \in \boldsymbol{A}$ 表示 t 时刻智能体的动作。奖励函数 $r(s_t, a_t)$ 表示智能体基于所处的状态 s_t 执行动作 a_t 后从环境中获得的奖励值，然后从状态 s_t 转移到 s_{t+1}，在 $t+1$ 时刻对 Q 函数进行更新。基于策略 π，智能体按式（3-1）在 t 时刻以递归的方式对动作 Q 值函数进行计算[13]。

$$Q^{\pi}(s_t, a_t) = r(s_t, a_t) + \gamma \sum_{s_{t+1} \in S} p(s_{t+1} | s_t, a_t) V(s_{t+1}) \tag{3-1}$$

式中，γ 表示折扣因子，且 $0 \leqslant \gamma < 1$。$p(s_{t+1} | s_t, a_t)$ 表示当智能体选择动作 a_t 时从状态 s_t 到 s_{t+1} 的转移概率，$V(s_t) = r(s_t, a_t) + \gamma \sum_{s_{t+1} \in S} p(s_{t+1} | s_t, a_t) V(s_{t+1})$，即 $V(s_t)$ 表示状态值函数。

显然，动作 Q 值函数表示当智能体处于状态 s_t 时遵循策略 π 执行动作 a_t 所获得的期望折扣奖励。因此，智能体的目标是评估最优策略 π^* 下的动作 Q 值。文献 [13]中描述了状态值函数和动作 Q 值函数的关系，即

$$V^*(s_t) = \max_{a_t \in A} Q^*(s_t, a_t) \tag{3-2}$$

然而，当智能体处于非确定性环境中时，式（3-1）只在最优策略下成立，即上述动作 Q 值函数在非最优策略下不能通过 Q 学习算法迭代达到收敛状态。因此，在智能体学习阶段，式（3-1）两边存在误差，即

$$\Delta Q = r(s_t, a_t) + \gamma \max_{a \in A} Q(s_{t+1}, a) - Q(s_t, a_t) \tag{3-3}$$

因此，在 Q 学习算法中，智能体的动作 Q 值函数是当前动作 Q 值和校正后的加权平均值之和，那么动作 Q 值函数的迭代计算可以表示为[13]

$$Q(s_t, a_t) \leftarrow Q(s_t, a_t) + \alpha[r(s_t, a_t) + \gamma \max_{a \in A} Q(s_{t+1}, a) - Q(s_t, a_t)] \tag{3-4}$$

式中，α 表示学习率，且 $0 < \alpha < 1$，学习率越高，保留之前学习的效果就越差。如果智能体在学习中能够多次重复每个状态－动作对，那么学习率会根据合适方案下降，对于任意有限 MDP 过程，Q 学习算法能收敛至最优策略[14]。

3.2.2　智能体动作选择策略

在 Q 学习算法中，当智能体处于某种状态时，需要按照一定的策略选择合适的动作，从而进行状态迭代更新。在学习过程中，智能体的目标总是获得更高的奖励值，因此最直接的策略是采用贪婪算法，即智能体总是选取效用值最大的动作。然而，这种贪婪选择策略很容易导致智能体陷入局部最优，进而无法获取期望的目标值。一种极端策略是随机选择策略，即智能体总是随机选择一个动作，

理论上可以避免陷入局部最优，但是，随机选择策略可能会因训练的工作量大而导致 $\boldsymbol{Q}$ 矩阵收敛速度变慢。因此，动作选择策略需要考虑探索和利用的平衡。在现有文献中，Q 学习算法的动作选择策略有随机选择策略、ε-贪婪选择策略和Boltzmann 选择策略等。

（1）随机选择策略。

随机选择策略总是在当前有限的动作集合中任意选择某个动作，即 $a = \arg \text{random}[Q(a)]$。

（2）ε-贪婪选择策略。

ε-贪婪选择策略是一种简单的多臂老虎机（Multi-Armed Bandit，MAB）算法[15]。与贪婪算法相比，基于 ε-贪婪选择策略的智能体在平衡探索和利用的过程中以概率 ε 进行随机选择，而以概率 $1-\varepsilon$ 选择效用值最大的动作。具体表达式为

$$\begin{cases} \arg \max Q(a), & 1-\varepsilon \\ \text{随机选择动作}, & \varepsilon \end{cases} \tag{3-5}$$

（3）Boltzmann 选择策略。

Boltzmann 分布是一种覆盖系统中各种状态的概率分布和概率测量。Boltzmann 选择策略也是一种常见的用于平衡探索和利用的策略，智能体在状态 s 下选择动作 a 的概率可以表示为

$$\text{pr}(a \mid s) = \frac{\text{e}^{\frac{Q(s,a)}{T}}}{\displaystyle\sum_{a' \in A} \text{e}^{\frac{Q(s,a')}{T}}} \tag{3-6}$$

式中，T 表示某一时刻系统的温度，能够得到

$$T = \frac{T_0}{1 + \ln N} \tag{3-7}$$

式中，T_0 和 N 分别表示初始温度和智能体选择某个动作的次数。显然，基于模拟退火机制的 Boltzmann 选择策略随动作选择次数 N 的增加，从初始温度 T_0 开始衰减，直至达到目标温度。

3.3 基于混沌 Q 学习的 CWS 选择算法

在实际网络环境中，不同节点间的负载可能存在差异并实时变化。现有的静态退避策略在一定程度上可以减小共存系统中用户的碰撞概率进而提高信道接入率，但是不能根据实际网络环境自适应地选择 CWS。因此，本节提出了一种基于混沌 Q 学习的 CWS 选择算法。该算法使得 LAA 节点能够根据当前环境智能选择CWS，进而增大吞吐量。

3.3.1 系统模型

在本节考虑的共存场景中存在多个 LAA SBS 和多个 WiFi AP，系统模型如图 3-2 所示。LAA SBS 可以同时使用授权频段和免授权频段，以支持在其覆盖区域内的所有 LAA 用户进行下行链路数据传输,而 WiFi AP 只能使用免授权频段来覆盖相同的区域。众所周知，不同的免授权信道可以被自动或手动分配给不同的WiFi AP，也可以通过空间距离来隔离在同一信道上工作的 WiFi AP。虽然 LAASBS 可以在多个免授权信道上工作，但本节主要关注 LAA 与 WiFi 网络在某个免

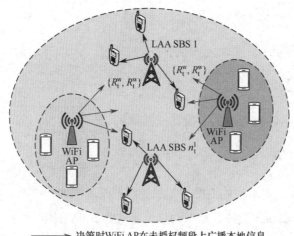

——→ 决策时WiFi AP在未授权频段上广播本地信息

图 3-2　系统模型

授权信道上的共存性能（多个不同的 WiFi AP 同时在此免授权信道上工作）。因此，假设在所考虑的运行在某个特定信道上的共存环境中，存在 n_t^l 个 LAA 系统和一个具有 n_t^w 个用户的 WiFi 系统。为了更有效地利用免授权频谱资源，3GPP 组织和 IEEE 组织已经开始就免授权信道的使用进行了合作[16]。因此，本节假设 WiFi AP 能够在每个决策时间 t 将其本地信息（包括即时吞吐量和服务的 UE 数量等）广播到附近的 LAA SBS，这使得 LTE 和 WiFi 网络信息的智能体可以训练 $\boldsymbol{Q}$ 矩阵，然后基于收敛的 $\boldsymbol{Q}$ 矩阵选择最佳动作（选择不同的 CWS）。

3.3.2 算法设计

1. 基于 ε-混沌贪婪选择策略设计

如 3.2 节所述，ε-贪婪选择策略用于平衡动作选择过程中的探索和利用，智能体以概率 ε 随机选择并执行动作。然而，该策略可能导致收敛速度变慢，因为智能体只在遍历所有动作时才能获得稳定的 $\boldsymbol{Q}$ 矩阵。为了克服上述缺点，本节将混沌运动作为动作选取的优化策略并将其引入 Q 学习框架。具有遍历性、规律性和随机性的混沌运动[17]，被广泛应用于许多工程优化领域。大量仿真数据表明，将混沌运动引入优化算法可以显著增强系统的全局搜索能力[17-18]。在混沌系统中，主要有 3 种映射，分别是 Logistic 映射、Chebyshev 映射和 Henon 映射，本节选用 Logistic 映射系统，其表达式为

$$z_{k+1} = \mu z_k(1 - z_k) \tag{3-8}$$

式中，μ 表示控制参数，且 $0 \leqslant \mu \leqslant 4$，$k$ 表示迭代次数，z 表示混沌变量，且 $z \in (0,1)$。在 Matlab 仿真中，根据 μ 的范围逐步取值，控制参数对混沌序列值 (z_k) 的影响如图 3-3 所示。当 $\mu \in [3.5699456, 4]$ 时，Logistic 映射工作于混沌态。换言之，混沌系统在 Logistic 映射的作用下产生的序列是非周期且不收敛的。混沌系统呈现的混沌运动状态看似随机复杂，但实际上在混沌系统内部存在某种规律。正是这种特殊的"内部规律"，使得混沌运动能够遍历所有动作。

基于 ε-贪婪选择策略，本节设计一种 ε-混沌贪婪选择策略。在 Q 学习框架下，智能体在每次平衡探索和利用的过程中根据该策略以概率 $1-\varepsilon$ 选择最大效用值动作，同时以概率 ε 进行混沌动作选择。换言之，智能体根据混沌运动产生的

混沌序列进行动作选择，这区别于 ε-贪婪选择策略中的随机选择方式。混沌优化算法则借助混沌变量具有的遍历性、随机性和规律性对所有可能的动作进行选择。这里将 CWS 作为智能体选择并执行的动作。因此，ε-混沌贪婪选择策略可以表示为

$$\begin{cases} \arg\max Q(a), & 1-\varepsilon \\ w_{\min} + z(w_{\max} - w_{\min}), & \varepsilon \end{cases} \tag{3-9}$$

式中，$w_{\max}$ 和 $w_{\min}$ 分别表示最大和最小 CWS。

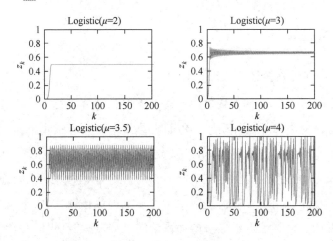

图 3-3　控制参数对混沌序列值的影响

2. Q 学习框架

在 LTE 和 WiFi 共存系统中，LAA SBS 代表智能体，CWS 代表动作。本节通过定义智能体的状态集合、动作集合及奖励函数来描述有关 Q 学习算法的详细信息。

（1）状态集合。

LAA SBS 有限状态集合中的元素可以表示为

$$s_t = \{R_t, F_t\} \tag{3-10}$$

式中，R_t 表示在决策时刻 t，共存系统在免授权频段上获得的总吞吐量；F_t 表示公平因子，用于反映 LAA 和 WiFi 网络共享免授权频段的公平性。$R_t^{s,l}$ 和 $R_t^{s,w}$ 分别表示 LAA 和 WiFi 用户的吞吐量，因此可以得到以下关系

$$R_t = R_t^{s,l} + R_t^{s,w} \tag{3-11}$$

如上所述，由于 3GPP 在免授权频段的频谱资源开发中已经与 IEEE 组织展开了合作，所以本节假设每个 WiFi AP 在所有决策时刻 t 广播其本地信息（包括即时吞吐量和服务的 UE 数量）。因此，基于来自附近共存的 WiFi AP 所广播的即时信息，LAA SBS 总能在一定的选择策略下做出合理决定。

在双方合作的情况下，LAA 和 WiFi 共存系统中的所有用户在访问免授权频段时具有相同的优先级，从而可以获得相同的吞吐量。然而，考虑到 LAA 与 WiFi 网络采用的传输技术的差异性，我们将公平因子 F_t 定义为

$$F_t = \frac{R_t^{s,l} / n_t^1}{R_t^{s,w} / n_t^w} \tag{3-12}$$

从公平因子的定义中可以看出，当 $F_t = 1$ 时，LAA 和 WiFi 共存系统达到最佳公平状态。预定义 $\overline{R}$ 为吞吐量阈值，$\overline{F_1}$ 和 $\overline{F_2}$ 为两个公平性阈值，且 $\overline{F_1} < \overline{F_2}$。如果 $F_t \in (\overline{F_1}, \overline{F_2})$，那么 LAA SBS 的状态被视为高公平性，否则，LAA SBS 的状态被视为低公平性。因此，LAA SBS 有 6 种状态，分别是低吞吐量和低公平性（$F_t > \overline{F_2}$）、低吞吐量和低公平性（$F_t < \overline{F_1}$）、低吞吐量和高公平性、高吞吐量和低公平性（$F_t > \overline{F_2}$）、高吞吐量和低公平性（$F_t < \overline{F_1}$）、高吞吐量和高公平性，那么 LAA SBS 的有限状态集合 $\boldsymbol{S}$ 可以表示为

$$\boldsymbol{S} = \begin{cases} s_1, & R_t \leqslant \overline{R} \text{ and } F_t > \overline{F_2} \\ s_2, & R_t \leqslant \overline{R} \text{ and } F_t < \overline{F_1} \\ s_3, & R_t \leqslant \overline{R} \text{ and } \overline{F_1} \leqslant F_t \leqslant \overline{F_2} \\ s_4, & R_t > \overline{R} \text{ and } F_t > \overline{F_2} \\ s_5, & R_t > \overline{R} \text{ and } F_t < \overline{F_1} \\ s_6, & R_t > \overline{R} \text{ and } \overline{F_1} \leqslant F_t \leqslant \overline{F_2} \end{cases} \tag{3-13}$$

值得注意的是，低公平性包含两种情况，即 $F_t < \overline{F_1}$ 和 $F_t > \overline{F_2}$。在这两种情况下，智能体的动作选择策略完全不同或相反，因此本节将低公平性分为两种情况。

（2）动作集合。

LAA SBS 的行为是智能选择合适的 CWS（单位为时隙数）。根据有限动作集合的马尔可夫过程，动作集合可以表示为 $\boldsymbol{A} = \{a_t(k), a_t(k) \in [w_{\min}, w_{\max}]\}$。

（3）奖励函数。

在每次迭代过程中，LAA SBS 总是根据特定的动作选择策略执行动作选择，最终达到高吞吐量和高公平性的状态，并根据式（3-4）更新 $\boldsymbol{Q}$ 矩阵。将奖励函数定义为

$$r_t = \begin{cases} \psi \mathrm{e}^{-R^0/R_t} + (1-\psi)\mathrm{e}^{-|1-F_t|}, & \text{other} \\ 0, & R_t < R^0 \\ 0, & F_t < F_1^0 \text{ or } F_t > F_2^0 (F_1^0 < F_2^0) \end{cases} \tag{3-14}$$

式中，ψ 表示权重因子，且 $0 < \psi < 1$，ψ 越小表明 LAA SBS 从公平性因素中获得的奖励越多。R^0 表示共存系统中吞吐量的最低要求阈值，F_1^0 和 F_2^0 表示共存系统中公平性的最低要求阈值。

从奖励函数的定义中可以看出，r_t 是一个有界函数。根据瓦特金斯收敛定理可知，上述 Q 学习迭代过程可以收敛至稳定状态。从式（3-14）中可以看出，当共存系统总吞吐量或公平因子不满足预定义的最低要求阈值时，LAA SBS 无法从环境中获取任何奖励值。当满足最低要求时，LAA SBS 总是选择奖励最大的动作。奖励函数模型如图 3-4 所示，奖励函数是关于吞吐量和公平性（相较于 $|1-F_t|$）的单调递增函数。此外，来自吞吐量的奖励值曲线斜率低于来自公平性的斜率。这意味着当 $\psi = 0.5$ 时，公平性在所提算法中对奖励值的影响比吞吐量大。考虑整个共存系统的吞吐量性能和网络公平性因素，从式（3-14）中可以发现，在系统总吞吐量大于吞吐量最低要求阈值的条件下，只有公平因子尽可能接近 1，LAA SBS 才能获得更大的奖励值。

3. 阈值的设定

从前面提出的框架中可以看出，LAA SBS 状态空间取决于吞吐量和公平性阈值的设定。基于所提框架，可以将吞吐量和公平性阈值定义为

$$\begin{cases} \overline{R} = \Gamma R_{\max}, & R_{\max} = \max_{t \in \Phi_n} R_t, & \Phi_n = \{-nt, \cdots, t\} \\ |\overline{F_2} - \overline{F_1}| = \eta \end{cases} \tag{3-15}$$

其中，Γ、η 和 n 是预定义的阈值，分别为 $\Gamma = 0.92$，$\eta = 0.2$，$n = 5$。

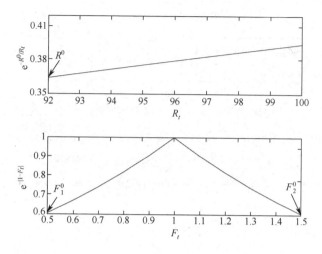

图 3-4　奖励函数模型

根据式（3-15）对吞吐量阈值的定义，本节可以观察到该阈值与前 n 个决策期间的最大吞吐量相关。因此，该值是动态变化的，且时刻影响着状态空间的划分。这意味着所提出的基于混沌 Q 学习的 CWS 选择算法在动作训练中不限于某些固定业务模型的共存场景，因此所提算法可以适应业务变化。换言之，该算法始终能够使 LAA SBS 在不同流量下达到目标状态。值得注意的是，虽然业务载荷的变化会影响系统状态空间的划分，但不会影响 LAA SBS 收敛 **Q** 矩阵时所做的动作决策。基于混沌 Q 学习的 CWS 选择算法如算法 3-1 所示。

算法 3-1　基于混沌 Q 学习的 CWS 选择算法

步骤 1：定义智能体动作集合，即 $A \in [w_{\min}, w_{\max}]$；

步骤 2：初始化 $Q(s,a)$，Γ，η，$w_{\min}$，$w_{\max}$，α，γ，ψ，R_t^0，F_1^0，F_2^0；

repeat:

for each episode

步骤 3：根据式（3-15）设置吞吐量和公平性阈值；

步骤 4：根据式（3-13）定义智能体状态集合，即 $S = \{s_1, s_2, s_3, s_4, s_5, s_6\}$；

repeat:

步骤 4.1：智能体根据式（3-9）以概率 $1 - \varepsilon$ 选择最大 Q 值所对应的动作，以概率 ε 混沌地选择一个动作；

步骤 4.2：在执行所选择的动作后，智能体根据式（3-14）从环境中获取该动作对应的奖励值，然后根据式（3-4）更新动作 Q 值函数；

步骤 4.3：智能体进入下一个状态；

until s 达到目标状态（高吞吐量和高公平性）；	
until $\forall |Q_t - Q_{t+1}| \leqslant 0.0001$	

在算法 3-1 中，动作选择策略基于式（3-9）进行选择。这主要是因为与其他动作选择方案相比，智能体可以在所考虑的方案中选择更多的行为。当智能体探索未知动作时，它可以混沌地选择一个动作。与随机策略相比，该方案具有更好的遍历性和规律性。因此，该方案具有更快的收敛速度（或训练速度）。

3.3.3　仿真结果与性能分析

1．仿真场景设置

本节基于 Matlab 仿真平台对所提算法进行仿真。在仿真中，为了获得 LAA 和 WiFi 网络的即时吞吐量并进一步执行混沌 Q 学习算法，假设所考虑的场景为饱和流量场景。实际上，WiFi 网络的即时吞吐量可以广播到 LAA SBS，而 LAA 的吞吐量可以由 LAA SBS 统计。因此，所提算法可以应用于饱和流量或非饱和流量场景。仿真参数如表 3-1 所示。

表 3-1　仿真参数

参数	值	参数	值
ICCA 时隙长度 L 时隙	4 个	吞吐量最低阈值 R^0	92.5 Mbps
ECCA 延时阶段 T_d 时隙	4 个	公平性最低阈值 F_1^0	0.5
WiFi 最大退避阶段 m1	5	公平性最低阈值 F_2^0	1.5
LAA 最大退避阶段 m2	5	信道数据率	100 Mbps
时隙大小 σ	9 μs	初始温度 T_0	0.2
LAA 帧长度	4 ms	折扣因子 γ	0.8
WiFi 数据包长度	4 ms	贪婪因子 ε	0.1
学习率 α	0.5		

为了便于比较所提算法和现有算法的性能，本节模拟饱和流量场景，并获得仿真结果。根据文献[19]，共存系统总吞吐量可以表示为

$$R_t^{s,i} = [n_t^i \tau_i (1-\tau_i)^{n_t^i-1}(1-p_{t,i})Q_i]/T_s \tag{3-16}$$

式中，$i \in \{l, w\}$，T_s 表示系统总传输时间，τ_i 表示 LAA 或 WiFi 用户的传输概率（τ_l 和 τ_w）。值得注意的是，用于训练或学习的吞吐量是固定 CWS 下的数据。

2．动作选择策略分析

不同动作选择策略下 LAA 系统所需平均迭代次数的比较如图 3-5 所示。从图 3-5 中可以看出，ε-混沌贪婪选择策略的性能最优，ε-贪婪选择策略、Boltzmann 选择策略及随机选择策略分别排在第二、第三和第四。这表明具有遍历性、规律性和随机性的混沌运动机制可以有效加快系统的收敛速度，而其他动作选择策略虽然也可以使系统达到收敛状态，但是收敛速度较慢，尤其是随机选择策略。

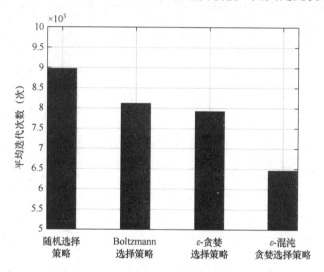

图 3-5　不同动作选择策略下 LAA 系统所需平均迭代次数的比较

3．不同 LAA 方案分析

为了深入分析和比较所提算法的性能，本节除了与 LTE-LAA 方案对比，还与线性和固定 LAA 方案对比。在线性 LAA 方案中，当数据包发生重传时，CWS 线性增大，即 $W_i = i2W$，$i \in [0, m2]$。在固定 LAA 方案中，无论数据包重传多少次，其 CWS 都保持恒定，即 $W_i = W$。

不同 LAA SBS 数量下的 WiFi 碰撞概率如图 3-6 所示。从图 3-6 中可以看出，当 WiFi 用户数量保持恒定时，各方案下的 WiFi 碰撞概率随 LAA SBS 数量的增加而增大。这是因为 LAA SBS 数量的增加意味着更多的 LAA SBS 会参与 WiFi 用户的免授权频段竞争，从而增大 WiFi 碰撞概率。从图 3-6 中还可以看出，基于混沌 Q 学习的 LAA 方案（用混沌表示）的 WiFi 碰撞概率是 4 种 LAA 方案中最小的，LTE-LAA 方案、线性 LAA 方案和固定 LAA 方案（分别用 LTE-LAA、线性 LAA、固定 LAA 表示）分别排在第二至第四，这是因为基于混沌 Q 学习的 LAA 方案具有环境动态学习能力。因此，在基于混沌 Q 学习的 LAA 方案中，LAA SBS 可以根据当前环境智能选择 CWS，这会大大减小系统的碰撞概率。而当采用 LTE-LAA 方案和线性 LAA 方案时，如果数据包发生碰撞，系统只能执行二进制指数退避机制和线性退避机制，采用固定 LAA 方案的系统只能保持 CWS 恒定。

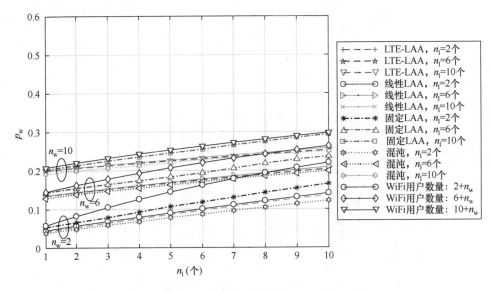

图 3-6　不同 LAA SBS 数量下的 WiFi 碰撞概率

为了验证 4 种 LAA 方案是否能友好共存，图 3-6 中绘制了存在与 LAA SBS 数量相同的 WiFi AP 情况下的 WiFi 碰撞概率。从图 3-6 中可以看出，在具有 n_1 个 LAA SBS 和 n_w 个 WiFi 用户情况下的 WiFi 碰撞概率小于具有 $n_1 + n_w$ 个 WiFi 用户情况下的 WiFi 碰撞概率。值得注意的是，在比较中，n_1 个 WiFi 用户可以被视为 n_1 个 WiFi AP，每个 WiFi AP 只有一个用户，这种情况是可以导致碰撞概率最小的最佳情况。此外，在共存场景中，虽然 LAA SBS 可以服务于多个 LAA 用户，但实际上它可以被视为在免授权信道上操作的设备，因此在数值模拟中用 n_1 个 WiFi 用户替换 n_1 个 LAA SBS 是合理的。分析表明，4 种 LAA 方案都是友好共存的。

此外，从图 3-6 中可以看出，在友好性方面，基于混沌 Q 学习的 LAA 方案表现最好，LTE-LAA 方案、线性 LAA 方案和固定 LAA 方案分别排在第二、第三和第四。不同 WiFi 用户数量下的 WiFi 碰撞概率如图 3-7 所示。比较图 3-6 和图 3-7 可以发现，虽然曲线的斜率不同，但两个图中的曲线具有相同的变化趋势。

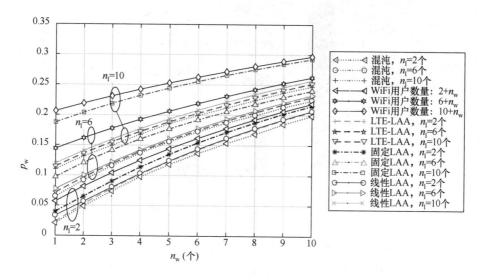

图 3-7　不同 WiFi 用户数量下的 WiFi 碰撞概率

不同 LAA 方案的公平性比较（$n_1 = 4$，$n_w = 2$）如图 3-8 所示。根据公平因子的定义，公平因子越接近 1，LTE 和 WiFi 共存系统就越公平。为了直观地显示不同方案的公平性，纵轴表示 $1/|1 - F_t|$，这意味着更公平的方案能够在纵轴上显示更大的值。从图 3-8 中可以清楚地看出，基于混沌 Q 学习的 LAA 方案是 4 种方案中最公平的，而 LTE-LAA 方案、线性 LAA 方案和固定 LAA 方案分别排在第二、第三和第四。

不同 LAA 方案的平均吞吐量比较（$n_1 = 4$，$n_w = 2$）如图 3-9 所示。从图 3-9 中可以看出，基于混沌 Q 学习的 LAA 方案的总吞吐量最大，而 LTE-LAA 方案、线性 LAA 方案和固定 LAA 方案分别排在第二、第三和第四。在基于混沌 Q 学习的 LAA 方案中，LAA SBS 可以根据免授权信道环境智能选择 CWS，从而获得适合当前环境的最佳值。因此，与 LTE-LAA 方案和线性 LAA 方案中的二进制指数退避机制和线性退避机制相比，基于混沌 Q 学习的 LAA 方案中的优化机制可以减小系统的碰撞概率，有效提高共存系统的信道利用率。由于固定 LAA 方案中的 CWS 保持不变，所以其吞吐量最小。

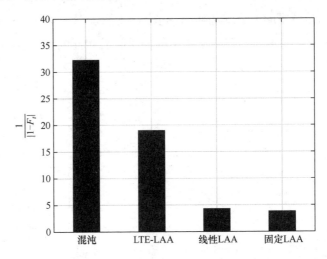

图 3-8 不同 LAA 方案的公平性比较

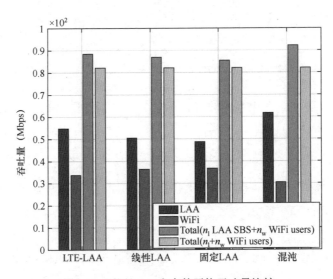

图 3-9 不同 LAA 方案的平均吞吐量比较

为了深入理解基于混沌 Q 学习的 LAA 方案的性能，本节模拟 n_1 个 LAA SBS 被 n_1 个 WiFi 用户替换时共存系统的总吞吐量。从图 3-9 中可以看出，上述 4 种方案下的总吞吐量都大于具有 $n_1 + n_w$ 个 WiFi 用户场景下的总吞吐量。从图 3-9 中还可以看出，在基于混沌 Q 学习的 LAA 方案下，LAA 用户的平均吞吐量是 WiFi 用户平均吞吐量的两倍，这是因为 LAA SBS 数量是 WiFi 用户数量的两倍，因此，根据公平因子的定义，这意味着所提方案更具公平性。

　　考虑文献[20]提出的一种自适应接入的 LAA 方案，在该方案中，LAA SBS 的 CWS 可以根据可用授权频谱带宽和 WiFi 流量负载进行自适应调整，从而满足小区用户的 QoS 要求并最小化 WiFi 用户的碰撞概率。为了证明基于混沌 Q 学习的 LAA 方案的优越性，对这两种方案的性能进行比较。两种方案下的 WiFi 碰撞概率比较和 WiFi 用户吞吐量比较分别如图 3-10 和图 3-11 所示。从图 3-10 中可以看出，基于混沌 Q 学习的 LAA 方案在 WiFi 碰撞概率方面明显优于自适应接入的 LAA 方案，这意味着所提算法在 LTE 与 WiFi 共存系统中有更高的公平性。从图 3-11 中可以看出，基于混沌 Q 学习的 LAA 方案在 WiFi 用户吞吐量方面优于自适应接入的 LAA 方案。从图 3-11 中还可以看出，随着 WiFi 用户数量的增加，吞吐量逐渐减小，这也反映了 WiFi 用户在免授权频段上的频谱利用率较低。不同方案的 LAA 分组延时比较如图 3-12 所示。从图 3-12 中可以观察到基于混沌 Q 学习的 LAA 方案的 LAA 分组延时最短，而 LTE-LAA 方案、自适应接入的 LAA 方案、线性 LAA 方案和固定 LAA 方案的分组延时依次排在第二、第三、第四和第五。

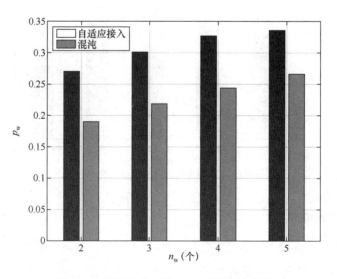

图 3-10　两种方案下的 WiFi 碰撞概率比较

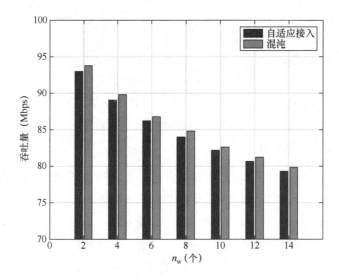

图 3-11　两种方案下的 WiFi 用户吞吐量比较

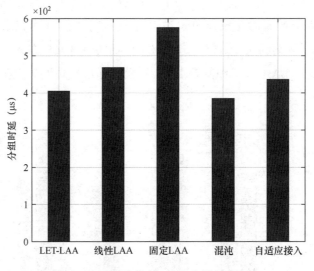

图 3-12　不同方案的 LAA 分组延时比较

4．状态阈值分析

智能体（LAA SBS）的最终目标是达到高吞吐量和高公平性状态，且在迭代过程中总是期望获得最高的吞吐量和公平性。由于最终状态是根据吞吐量阈值和公平性阈值来确定的，所以阈值的设定可以极大地影响所提算法的性能。不同吞吐量阈值和公平性阈值下系统性能的比较分别如图 3-13 和图 3-14 所示，它们描述了阈值对所提方案性能的影响。

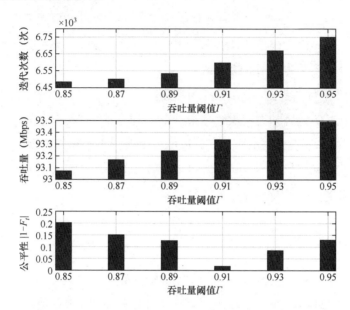

图 3-13　不同吞吐量阈值下系统性能的比较

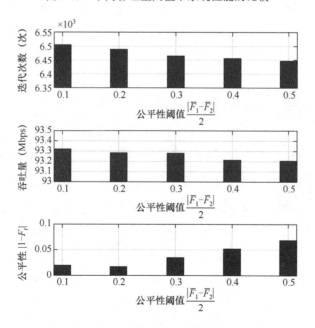

图 3-14　不同公平性阈值下系统性能的比较

从图 3-13 中可以看出，随着吞吐量阈值的增大（这意味着吞吐量条件越来越严格），Q 矩阵达到稳定状态所需要的迭代次数越来越多，且吞吐量越来越大。这是因为在每次迭代过程中，由于吞吐量阈值增大，LAA SBS 可能需要尝试多次才能达到最终状态。由于公平性阈值保持不变，所以当吞吐量阈值变化时，公平因子始终不超过预定义的公平性阈值。

从图 3-14 中可以看出，随着公平性阈值的增大（这表明公平性条件越来越宽松），获得稳定 Q 矩阵的迭代次数越来越少，而且公平性越来越差（相应的奖励值越来越大）。这是因为在每次迭代过程中，随着公平性阈值的增大，LAA SBS 达到最终状态所需要尝试的时间可能越来越短。由于吞吐量阈值保持不变，所以当公平性阈值变化时，吞吐量几乎不变。

3.3.4　本节小结

本节提出了一种基于混沌 Q 学习的 CWS 选择算法，LAA SBS 可以基于当前环境根据历史经验智能地选择最优 CWS。仿真结果表明，根据现有大部分文献对公平性或公平因子的定义，所提出的基于混沌 Q 学习的 LAA 方案可以为 LTE 和 WiFi 用户提供最佳公平性。同时，该方案能够在保证 LAA 和 WiFi 网络在公平共存的前提下，还可以使共存系统获得最大吞吐量。

3.4　基于 Q 学习的能量阈值优化算法

LAA 基站采用能量探测技术探测信道。然而，信道探测的准确度受能量阈值和探测时间等因素的影响。合适的能量阈值能够减小信道探测过程中出现不完美频谱探测总概率。根据不完美频谱探测下的共存性能研究可知，能量阈值能够影响共存系统总吞吐量和公平性。在实际情况中，能量阈值都被设置为固定的值。例如，3GPP 推荐采用固定的能量阈值接近-73 dBm。固定的能量阈值在多变的信道环境中的适应性较差。简单地降低能量阈值虽然能够提高空闲信道的探测准确率，进而减少传输冲突，但也会极大地降低信道利用率。因此，亟须一种能量阈值调整算法，以动态调整能量阈值，在保证公平性的前提下，尽可能增大 LTE 和

WiFi 的总吞吐量。因此，本节提出基于 Q 学习的能量阈值优化算法，在保证公平性的情况下，使 LTE 和 WiFi 的总吞吐量最大。

3.4.1　网络模型

本节主要考虑多个 LAA SBS 和多个 WiFi AP 在免授权频段上的共存且所有设备竞争同一个信道。此外，仅考虑下行链路的数据传输。网络模型如图 3-15 所示。假设每个 WiFi AP 在每个决策时刻都能够广播其吞吐量等信息且每个 LAA SBS 都能接收正确的广播信息。

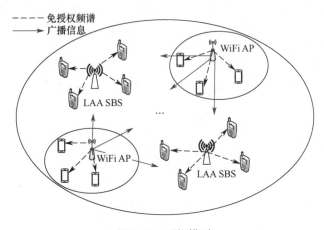

图 3-15　网络模型

3.4.2　算法设计

在 LTE 和 WiFi 共存系统中，采用基于 Q 学习的能量阈值优化算法动态优化 LAA 的能量阈值。将 LAA SBS 作为智能体，定义状态集合 S，智能体在决策时刻 t 的状态定义为

$$s_t = \{R_t, F_t\} \tag{3-17}$$

式中，R_t 表示共存系统总吞吐量，F_t 表示共存系统的公平性系数。本节将共存系统中的公平性定义为 LAA 网络和 WiFi 网络吞吐量的比值，即

$$F_t = \frac{R_t^l / n_t^l}{R_t^w / n_t^w} \tag{3-18}$$

式中，R_t^l 和 R_t^w 分别代表 LAA 网络吞吐量和 WiFi 网络吞吐量，n_t^l 和 n_t^w 分别代表 LAA SBS 和 WiFi AP 数量，当 $F_t = 1$ 时，系统公平性最好。根据状态的定义将状态分为低吞吐量和低公平性、低吞吐量和高公平性、高吞吐量和低公平性、高吞吐量和高公平性四种。其中高吞吐量高公平性为 LAA SBS 的目标状态。状态如下

$$S = \begin{cases} 1, & R_t \leqslant \overline{R_t} \text{ and } F_t < \overline{F_1} \text{ or } F_t > \overline{F_2} \\ 2, & R_t \leqslant \overline{R_t} \text{ and } \overline{F_1} \leqslant F_t \leqslant \overline{F_2} \\ 3, & R_t > \overline{R_t} \text{ and } F_t < \overline{F_1} \text{ or } F_t > \overline{F_2} \\ 4, & R_t > \overline{R_t} \text{ and } \overline{F_1} \leqslant F_t \leqslant \overline{F_2} \end{cases} \tag{3-19}$$

式中，$\overline{F_1}$ 和 $\overline{F_2}$ 分别表示最低公平性阈值和最高公平性阈值，当公平性小于 $\overline{F_1}$ 或大于 $\overline{F_2}$ 时，代表系统处于低公平性状态，$\overline{R_t}$ 表示总吞吐量阈值。

定义动作集合 A，集合中的每个元素代表不同的能量阈值，即

$$\begin{cases} A = \{a_t, a_t \in [\text{ET}_{\min}, \text{ET}_{\min} + \Delta, \text{ET}_{\min} + 2\Delta, \cdots, \text{ET}_{\max}]\} \\ \Delta = \dfrac{\text{ET}_{\max} - \text{ET}_{\min}}{100} \end{cases} \tag{3-20}$$

式中，a_t 表示智能体在决策时刻 t 的能量阈值，$\text{ET}_{\min}$ 和 $\text{ET}_{\max}$ 分别表示能量阈值的最小值和最大值。

在 Q 学习算法中，智能体根据动作选择策略选择动作。这里 LAA SBS 使用 ε-贪婪选择策略来选择动作。区别于随机选择策略和一般的贪婪选择策略，该策略既避免了随机选择策略中重复的动作选择导致的迭代次数过多的情况，又避免了一般的贪婪选择策略出现局部最优解的情况。ε-贪婪选择策略将两者结合，可以高效准确地进行动作选择。ε-贪婪选择策略定义为

$$a_t = \begin{cases} \text{随机选择动作}, & \varepsilon \\ \arg\ \max Q(a), & 1 - \varepsilon \end{cases} \tag{3-21}$$

式（3-21）表示以概率 ε 随机选择动作，以概率 $1 - \varepsilon$ 选择 Q 表中最大值对应的动作。智能体执行动作 a_t 获取的奖励函数为 $r(s_t, a_t)$。

奖励函数定义为

$$r(s_t, a_t) = \begin{cases} \left| R_t - R_t^0 \right| e^{-|1 - F_t|}, & \text{other} \\ 0, & R_t < R_t^0 \text{ or } F_t < F_1^0 \text{ or } F_t > F_2^0 \end{cases} \tag{3-22}$$

由式（3-22）可知，只有当动作 a_t 对应的 R_t^0、F_1^0 和 F_2^0 满足一定条件时，选择的动作才会有奖励。公平性曲线如图 3-16 所示。从图 3-16 中可以看出，奖励函数是有界的，由文献[13]可知，LAA SBS 在执行 Q 学习算法时，可以得到一个收敛的 Q 表。

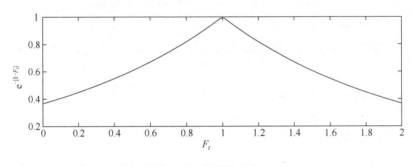

图 3-16　公平性曲线

3.4.3　算法流程

首先，当算法开始执行时，智能体使用 ε-贪婪选择策略选择一个动作，然后根据式（3-14）、式（3-18）和式（3-19）计算与当前的能量阈值对应的传输概率和吞吐量，再根据式（3-19）计算公平性，从而确认当前状态；其次，在确定吞吐量和公平性后，根据式（3-22）计算与当前的能量阈值对应的奖励值并确定下一个状态；最后，根据式（3-17）更新与当前状态对应的 Q 值。重复执行上述过程，直到选择的能量阈值对应的状态为高吞吐量和高公平性，则算法完成一次迭代。算法需要执行多次迭代，直到 Q 表收敛，即选择的能量阈值更新的 Q 值误差小于一个固定值。在算法执行过程中，单次内循环过程不算一次迭代，只有在选择的状态等于目标状态时才算一次迭代。算法的结束条件是更新的 Q 值与 Q 表中对应 Q 值之差的绝对值小于某个值。基于 Q 学习的能量阈值优化算法如算法 3-2 所示。

算法 3-2　基于 Q 学习的能量阈值优化算法

步骤 1：初始化 Q 表为零矩阵，初始化学习率 α 及折扣因子 γ；

步骤 2：根据式（3-18）定义状态集合，初始化 $\overline{F_1}$、$\overline{F_2}$、$\overline{R_t}$、F_1^0、F_2^0 和 R_t^0 等参数。根据式（3-20）定义动作集合，初始化能量阈值 $\mathrm{ET_{min}}$ 和 $\mathrm{ET_{max}}$；

Repeat:

    步骤 3：根据式（3-21）定义的动作选择策略进行动作选择；

    步骤 4：在智能体选择动作后，根据式（3-22）获取奖励并根据式（3-19）确认下一个状态；

    步骤 5：根据式（3-17）更新状态和动作对应的 Q 值并进入下一个状态；

  Until 下一个状态等于目标状态，结束本次迭代；

Until $\Delta Q \leqslant 0.000001$

3.4.4 仿真结果与性能分析

1．仿真环境设置

LAA 设备在进行数据传输之前需要利用能量探测技术判断信道的状态，只有当信道空闲时，设备才能发送数据。参考文献[21]给出了探测概率 P_d 和虚警概率 P_f 的表达式，即

$$\begin{cases} P_d = \Pr[D(Y) > \mathrm{ET} \mid H_1] = Q\left[\dfrac{\mathrm{ET} - (\gamma + \sigma_n^2)}{\sqrt{2/N}(\gamma + \sigma_n^2)}\right] \\ P_f = \Pr[D(Y) > \mathrm{ET} \mid H_0] = Q\left(\dfrac{\mathrm{ET} - \sigma_n^2}{\sqrt{2/N}\sigma_n^2}\right) \end{cases} \tag{3-23}$$

式中，$D(Y)$ 表示 N 次探测的平均能量，ET 表示设定的能量阈值，H_1 和 H_0 分别表示信道处于占用状态和空闲状态。γ、N、σ_n 分别表示探测过程中的信噪比，抽取样本数和噪声功率。当信道处于占用状态时，平均能量大于设定的能量阈值，此时的概率称为探测概率；当信道处于空闲状态时，平均能量大于设定的能量阈值，此时的概率称为虚警概率。在信道探测过程中，探测概率 P_d 过小或虚警概率 P_f 过大，都会导致信道探测结果不准确。当设备的信道探测结果有误时，设备的数据分组可能会延迟或提前发送，即设备在时隙间发送分组的概率会发生变化。根据式（3-24）和式（3-25），设备的传输概率与吞吐量正相关，吞吐量随设备传输概率的变化而变化。此外，根据式（3-19）中公平性的定义，吞吐量的变化会导致公平性变化。因此，LAA 方案的能量阈值会影响设备的传输概率，进而影响网络的吞吐量和公平性。

假设共存场景中的 LAA SBS 和 WiFi AP 都有完整的缓冲区且它们始终有要发送的数据，即共存系统处于饱和流量状态。共存系统中的所有 WiFi AP 在每个决策时刻都能广播其吞吐量等信息且每个 LAA SBS 都能正确接收广播的信息，LAA SBS 能够对接收的信息进行整合并计算。根据文献[22]，LAA 系统和 WiFi 系统的吞吐量分别定义为

$$R_t^1 = \frac{n_t^1 \tau_t^1 (1 - \tau_t^1)^{n_t^1 - 1}(1 - \tau_t^w) D_L}{T_{average}} \qquad (3\text{-}24)$$

$$R_t^w = \frac{n_t^w \tau_t^w (1 - \tau_t^w)^{n_t^w - 1}(1 - \tau_t^1) D_W}{T_{average}} \qquad (3\text{-}25)$$

式中，τ_t^1 和 τ_t^w 分别表示 LAA 和 WiFi 在决策时刻 t 的传输概率，n_t^1 和 n_t^w 分别表示共存系统中 LAA SBS 和 WiFi AP 的数量。D_L 和 D_W 分别表示 LAA 和 WiFi 数据包的长度，$T_{average}$ 表示设备的平均时间。共存系统总吞吐量 R_t 定义为

$$R_t = R_t^1 + R_t^w \qquad (3\text{-}26)$$

利用 Matlab 进行数值仿真，仿真参数如表 3-2 所示。

表 3-2　仿真参数

参数	值	参数	值
学习率 α	0.5	最大公平性阈值 $\overline{F_2}$	1.0
折扣因子 γ	0.8	最小吞吐量 R_t^0	48 Mbps
贪婪因子 ε	0.1	吞吐量阈值 $\overline{R_t}$	52.5 Mbps
最小公平性系数 F_1^0	0.5	最低能量阈值 ET_{min}	−74.0 dBm
最大公平性系数 F_2^0	1.5	最高能量阈值 ET_{max}	−73.0 dBm
最小公平性阈值 $\overline{F_1}$	0.9	LAA/WiFi 数据传输速率	100 Mbps

2. 碰撞概率和延时分析

当 $n_w = 3$ 或 6 时，不同能量阈值下的 WiFi 碰撞概率如图 3-17 所示。从图 3-17 中可以看出，当 LAA SBS 数量固定时，WiFi 碰撞概率随 LAA 能量阈值的增大而增大。这是因为随着能量阈值的增大，LAA SBS 的能量探测值小于设定的能量阈值，设备认为信道处于空闲状态，但是实际上信道可能处于占用状态，此时进行

数据传输会带来更多冲突。因此,WiFi 碰撞概率与 LAA 能量阈值是正相关的,能量阈值越小,WiFi 碰撞概率越小,反之也成立。此外,从图 3-17 中可以看出,当能量阈值不变时,WiFi 碰撞概率随 LAA SBS 数量的增加而增大。这是因为当共存系统中的设备数量增加时,更多的无线设备会同时竞争信道的使用权,所以 WiFi 碰撞概率逐渐增大。

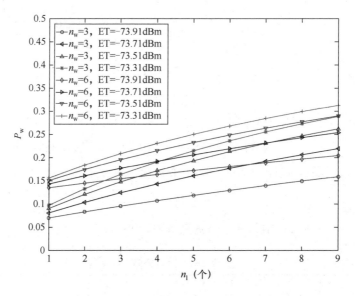

图 3-17 不同能量阈值下的 WiFi 碰撞概率

3 种退避机制下 Q 学习方案和固定能量阈值方案的 WiFi 碰撞概率比较如图 3-18 所示。从图 3-18 中可以看出,当 $n_1 = 4$、$n_w = 2$ 时,在 3 种退避机制下,Q 学习方案对应的 WiFi 碰撞概率始终小于固定能量阈值方案。在基于 Q 学习的能量阈值优化算法中,智能体能够通过不断地学习来选择当前环境中的最优能量阈值,该方案可以有效减小 WiFi 碰撞概率。此外,从图 3-18 中可以看出,无论是 Q 学习方案还是固定能量阈值方案,固定 CWS 机制的 WiFi 碰撞概率始终大于线性退避机制和二进制指数退避机制。这是因为与另外两种退避机制相比,固定 CWS 机制的 CWS 保持不变,不随网络负载的变化而变化。由于固定 CWS 机制的 WiFi 碰撞概率较大,因此网络延时会更高。

不同 LAA SBS 数量下 Q 学习方案和固定能量阈值方案的 WiFi 碰撞概率比较和分组传播延时比较分别如图 3-19 和图 3-20 所示。从图 3-19 中可以看出,Q 学习方案选择的能量阈值始终小于固定能量阈值方案对应的能量阈值，Q 学习方案能够显著降低冲突，保证 LTE 和 WiFi 的和谐共存。

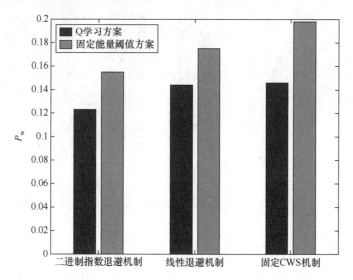

图 3-18　3 种退避机制下 Q 学习方案和固定能量阈值方案的 WiFi 碰撞概率比较

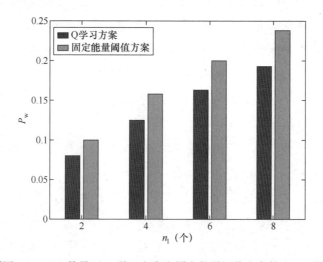

图 3-19　不同 LAA SBS 数量下 Q 学习方案和固定能量阈值方案的 WiFi 碰撞概率比较

从图 3-20 中可以看出，分组传播延时随设备数量的增加而提高，这是因为更多设备参与信道的竞争导致延时提高。此外，在图 3-20 中，Q 学习方案对应的分组传播延时低于固定能量阈值方案，这是因为 Q 学习方案的 WiFi 碰撞概率更小。

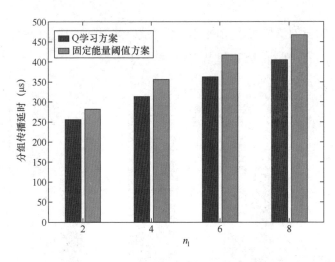

图 3-20　不同 LAA SBS 数量下 Q 学习方案和固定能量阈值方案的分组传播延时比较

3．吞吐量和公平性分析

当 $n^1 = 4$、$n^w = 2$ 时，采用 Q 学习方案，不同能量阈值下的 LAA 网络和 WiFi 网络吞吐量比较如图 3-21 所示。从图 3-21 中可以看出，LAA 网络的吞吐量逐渐增大，WiFi 网络的吞吐量逐渐减小。这是因为随着能量阈值的增大，更多的 LAA SBS 认为信道处于空闲状态，LAA SBS 接入信道的机会越来越大，所以 LAA 网络的吞吐量随能量阈值的增大而增大。但是随着 LAA SBS 接入信道机会的增加，WiFi 设备接入信道的机会逐渐减少，因此 WiFi 网络的吞吐量随能量阈值的增大而减小。假设一种极端的情况，当能量阈值不断增大时，WiFi 网络的吞吐量可能减小至 0。如上所述，能量阈值的变化能够影响共存系统的公平性，合适的能量阈值能够保证 LAA 和 WiFi 的和谐共存。

当 $n^1 = 4$、$n^w = 2$ 时，采用 Q 学习方案，不同动作的公平性比较如图 3-22 所示。根据公平性的定义，公平性系数越接近 1，表示共存系统越公平，为了方便对比，纵轴用 $e^{-|1-F_i|}$ 表示公平性系数。从图 3-22 中可以看出，当 LAA SBS 选择第 30 个动作时，共存系统的公平性最高（对应的能量阈值为 -73.71 dBm）。此外，从图 3-22 中可以看出，随着能量阈值的增大，当共存系统的公平性达到最高后开始下降。这是因为随着能量阈值的增大，LAA 网络吞吐量逐渐增大，WiFi 网络吞吐量逐渐减小，导致公平性降低。

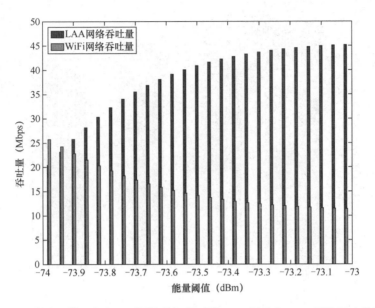

图 3-21　采用 Q 学习方案，不同能量阈值下的 LAA 网络和 WiFi 网络吞吐量比较

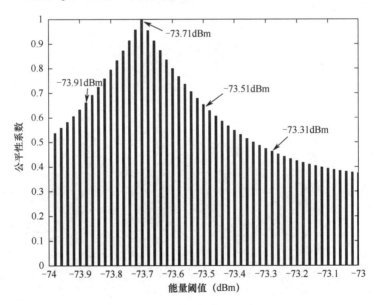

图 3-22　采用 Q 学习方案，不同动作的公平性比较

当 $n^w = 2$ 时，Q 学习方案和固定能量阈值方案下的共存系统总吞吐量比较和公平性比较分别如图 3-23 和图 3-24 所示。可以看出，在一定的 LAA SBS 数量下，虽然固定能量阈值方案下的共存系统总吞吐量大于 Q 学习方案下的共存系统总吞吐

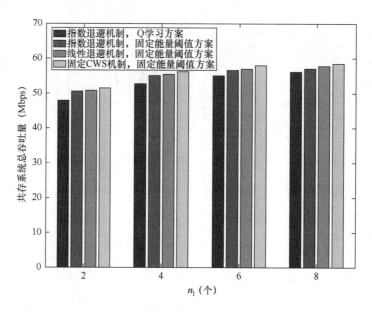

图 3-23　Q 学习方案和固定能量阈值方案下的共存系统总吞吐量比较

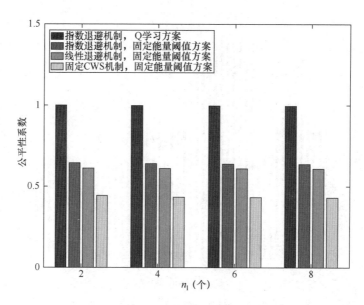

图 3-24　Q 学习方案和固定能量阈值方案下的共存系统公平性比较

量，但是固定能量阈值方案的公平性比 Q 学习方案低。此外，从图 3-23 中可以看出，随着 LAA SBS 数量的增加，共存系统总吞吐量逐渐增大，当设备数量一定时，共存系统总吞吐量逐渐稳定。由图 3-24 可知，在不同的 LAA SBS 数量下，Q

学习方案下的共存系统公平性始终高于固定能量阈值方案下的共存系统公平性。这是因为 Q 学习方案选择的能量阈值始终能够保证共存系统处于高公平性和高吞吐量状态，而固定能量阈值方案虽然可以保证共存系统处于高吞吐量状态，但是无法保证共存系统的公平性。

3.4.5　本节小结

本节通过分析能量阈值对共存系统的影响，提出了一种基于 Q 学习的能量阈值优化算法。算法规定智能体 LAA SBS 能够根据网络环境动态地选择最优的能量阈值，以保证共存系统总吞吐量和公平性。此外，为了评估所提算法的性能，将 Q 学习方案和固定能量阈值方案进行了比较。结果表明，Q 学习方案能够保证共存系统总吞吐量和公平性，优于固定能量阈值方案。因此，所提算法具有实际参考意义。

3.5　本章总结

LAA 机制作为 LTE 和 WiFi 网络在免授权频段共存的长远解决方案，3GPP 和 ETSI 等组织提供了大量仿真结果，以证明其友好性。根据现有文献和本书的性能分析可知，LAA 方案中的 CWS 和能量阈值对共存机制的性能有很大影响。因此，本章提出了基于混沌 Q 学习的 CWS 选择算法和基于 Q 学习的能量阈值优化算法。本章的主要研究内容如下。

（1）考虑 CWS 对共存机制性能的影响，本章提出了一种基于混沌 Q 学习的 CWS 选择算法，LAA SBS 可以基于当前环境根据历史经验智能地选择最优 CWS。仿真结果表明，基于大多数文献中对公平性（友好共存）的定义，所提方案可以为 LAA 和 WiFi 用户提供最佳公平性。同时，仿真结果还表明，该方案能够在保证 LAA 与 WiFi 网络公平共存的前提下，使共存系统获得最大吞吐量。

（2）考虑能量阈值对共存系统性能的影响，本章提出了一种基于 Q 学习的能量阈值优化算法。基于所定义的 Q 学习算法框架，LAA SBS 能够通过与环境的交互进行学习，得到最优的能量阈值，即能够保证共存系统始终处于高吞吐量和高公平性状态。基于 Q 学习的能量阈值优化算法能够在吞吐量一定的情况下，始终保证共存系统处于最公平的状态。与传统的固定能量阈值的算法相比，基于 Q 学习的能量阈值优化算法能够保证 LAA SBS 在大量的动作中学习到最优的动作。研究结果表明，在不同的设备数量下，基于 Q 学习的能量阈值优化算法的公平性始终接近 1，且共存系统保持在高吞吐量状态。

参 考 文 献

[1] NSN. Enhance Mobile Networks to Deliver 1000 Times More Capacity by 2020[R]. Huawei, White Paper, 2013.

[2] HUAWEI TECHNOLOGY. U-LTE: Unlicensed Spectrum Utilization of LTE[R]. Shenzhen, China, White Paper, 2014.

[3] ALMEIDA E, et al. Enabling LTE/WiFi Coexistence by LTE Blank Subframe Allocation[C]// IEEE International Conference on Communications, Budapest, 2013:5083-5088.

[4] SU B Y, DU X, HUANG L, et al. LTE-U and WiFi Coexistence Algorithm Based on Q-Learning in Multi-Channel[J]. IEEE Access, 2018, 6:13644-13652.

[5] KWON H, JEON J, YE Q, et al. Licensed-Assisted Access to Unlicensed Spectrum in LTE Release 13[J]. IEEE Communications Magazine, 2017, 55(2):201-207.

[6] PEI E, JIANG J. Performance Analysis of Licensed-Assisted Access to Unlicensed Spectrum in LTE Release 13[J]. IEEE Transactions on Vehicular Technology, 2019, 68(2):1446-1458.

[7] N JINDAL, D BRESLIN. LTE and WiFi in Unlicensed Spectrum: A Coexistence Study[J]. Google, Mountain View, CA, USA, 2013.

[8] CAVALCANTE A M, et al. Performance Evaluation of LTE and WiFi Coexistence in Unlicensed Bands[C]//2013 IEEE 77th Vehicular Technology Conference (VTC Spring), Dresden, Germany, 2013:1-6.

[9] ITU-T. LS/o on the Results of the 1st Meeting of the ITU-T Focus Group on Machine Learning for Future Networks Including 5G (FG ML5G)[EB/OL]. 2018.

[10] SU Y, DU X, HUANG L, et al. LTE-U and WiFi Coexistence Algorithm Based on QL in Multi-Channel[J]. IEEE Access, 2018, 6:13644-13652.

[11] SINGH S, JAAKKOLA T, LITTMAN M L, et al. Convergence Results for Single-Step On-Policy Reinforcement-Learning Algorithms[J]. Machine Learning, 2000, 38(3):287-308.

[12] EL SHAFIE A, KHATTAB T, SAAD H, et al. Optimal Cooperative Cognitive Relaying and

Spectrum Access for an Energy Harvesting Cognitive Radio: Reinforcement Learning Approach[C]. 2015 International Conference on Computing, Networking and Communications (ICNC), Garden Grove, 2015:221-226.

[13] WATKINS C J C H, DAYAN P. Technical Note: Q-Learning[J]. Machine Learning, 1992, 8(3):279-292.

[14] SCHWARTZ A. A Reinforcement Learning Method for Maximizing Undiscounted Rewards[J]. Machine Learning Proceedings, 1993:298-305.

[15] YUAN X, LIANG W, YUAN Y. Application of Enhanced PSO Approach to Optimal Scheduling of Hydro System[J]. Energy Conversion and Management, 2008, 49(11):2966-2972.

[16] D FLORE. LAA Standardization: Coexistence is the Key[EB/OL]. 3GPP, Sophia Antipolis Cedex, France, 2016.

[17] STROGATZ S H. Nonlinear Dynamics and Chaos: With Applications to Physics, Biology, Chemistry and Engineering[J]. Computers in Physics, 2015, 8(3):532-532.

[18] YUAN X, CAO B, YANG B, et al. Hydrothermal Scheduling Using Chaotic Hybrid Differential Evolution[J]. Energy Conversion and Management, 2008, 49(12):3627-3633.

[19] KO H, LEE J, PACK S. A Fair Listen-Before-Talk Algorithm for Coexistence of LTE-U and WLAN[J]. IEEE Transactions on Vehicular Technology, 2016, 65(12):10116-10120.

[20] SONG Y, SUNG K W, HAN Y. Coexistence of WiFi and Cellular with Listen-Before-Talk in Unlicensed Spectrum[J]. IEEE Communications Letters, 2016, 20(1):161-164.

[21] YU G, LONG C. Research on Energy Detection Algorithm in Cognitive Radio Systems[C]// 2011 International Conference on Computer Science and Service System (CSSS), Nanjing, 2011:3460-3463.

[22] WANG W, XU P, ZHANG Y, et al. Performance Analysis of LBT Cat4 Based Downlink LAA-WiFi Coexistence in Unlicensed Spectrum[C]//2017 9th International Conference on Wireless Communications and Signal Processing (WCSP), Nanjing, 2017:1-6.

第 4 章　D2D 通信下的免授权频谱共享方法

4.1　引言

D2D 通信作为一种频谱共享技术，具有通信距离短、发射功率低、易部署和易迁移等特点[1]，吸引了越来越多研究人员的关注。同时，D2D 通信作为一种邻近通信技术，D2D 发射端和接收端之间的路径损耗较小，在信道条件较好的情况下，D2D 发射端以较低的功率发送数据就能满足其 QoS 要求。因此，在当前授权频谱资源越来越紧张的情况下，D2D 设备可与蜂窝设备复用上行和下行信道，以提高授权频谱利用率。另外，D2D 通信的一个鲜明特点是 D2D 设备间的通信过程无须经过基站中转，大大降低了延时及减小了信令开销。将 D2D 通信技术与传统蜂窝网络融合无须对蜂窝网络中的硬件额外进行更新升级，既增大了蜂窝网络的覆盖范围，又增大了网络容量。对于运营商而言，D2D 通信技术不失为一种提升经济收益的有效手段。虽然 D2D 通信具有上述优点，但面对如此巨量的数据增长，仅将 D2D 通信部署在授权频段仍显乏力。因此，将 D2D 通信部署在免授权频段不失为一种非常有前景的方法。将 D2D 通信部署在免授权频段的优点是：工作在免授权频段的 D2D 设备与工作在授权频段的蜂窝设备之间没有干扰，基站更容易为蜂窝设备和 D2D 设备分配资源。除此之外，蜂窝通信与 D2D 通信可同时进行。将 D2D 通信部署在免授权频段的缺点是：工作在免授权频段的 D2D 设备与 WiFi 设备可能相互干扰。由于蜂窝系统与 WiFi 系统使用的通信协议不同，要实现两种网络的和谐共存，对 D2D 设备进行发射功率管理至关重要[2]。WiFi 网络作为免授权频段的主要使用者，其接入机制不同于蜂窝网络使用的基于调度的接入机制，而是使用基于竞争的随机接入机制。因此，如果基站控制 D2D 设备主动占用免授权信道，则 WiFi 系统的性能会明显下降。为使蜂窝网络与 WiFi 网络和谐共存，第三代合作伙伴计划（The 3rd Generation Partnership Project，3GPP）启动了对 LTE-LAA 的研究，并在此基础上提出了 LTE-U 技术[3]。LTE-U/LAA 技术使 D2D 设备能机会性地占用免授权频段，以进行数据传输，从而在很低的投入下实现通信系统网络容量的大幅增大，同时提高免授权频谱利用率[4]。

本章介绍基于多智能体深度强化学习的 D2D 通信资源联合分配算法和基于 DDQN 的 D2D 直接接入免授权频谱算法。

4.2　基于 MADRL 的 D2D 通信资源联合分配算法

为了进一步提高频谱利用率，本节考虑将 D2D 通信联合部署在授权频段和免授权频段。当 D2D 用户工作在授权频段时，需要考虑其对蜂窝用户的影响及其之间的相互影响；当 D2D 用户工作在免授权频段时，需要考虑其对现有用户即 WiFi 用户的影响，因此需要采用有效的 D2D 通信资源联合分配方法。在未来用户密集、场景变化迅速的无线网络中，资源分配主要面临两个挑战。一方面，随着用户数量的增加，获取信道状态信息需要巨大的信令开销，假设设备获取全局网络信息是不现实的；另一方面，资源分配问题往往被建立为非线性约束的组合优化问题，采用传统的优化方法难以进行有效的优化。考虑到现有的集中式资源分配方案需要全局信道信息，这必然导致出现巨大的信令开销，以及 RL（Reinforcement Learning）算法能够有效解决不确定性下的决策问题。因此，D2D 通信资源分配可以设计为分布式 RL 算法，D2D 用户根据学习到的策略自主选择通信资源，以进行传输。基于此，本节提出一种基于多智能体深度强化学习（Multi Agent Deep Reinforcement Learning，MADRL）的 D2D 通信资源联合分配算法。在这个算法中，将 D2D 发射端作为智能体，将智能体的动作设置为免授权信道和授权信道及其发射功率的不同组合，基于重新定义的新的奖励函数和状态函数，D2D 用户通过与环境交互进行自主学习，以得到最优的资源分配策略。

4.2.1　系统模型与问题描述

系统模型如图 4-1 所示，本节考虑多用户下 LTE 网络的单小区上行链路场景，其中包括一个坐落在中央的 LTE 基站和一个有 W 个用户的 WiFi 接入点，其中有

N 个蜂窝用户，表示为 CU_n，$n=1,\cdots,N$，以及 M 对 D2D 用户，表示为 (D_m^t, D_m^r)，$m=1,\cdots,M$，D_m^t 表示第 m 个 D2D 对的发射端，D_m^r 表示第 m 个 D2D 对的接收端，WU_i 表示第 i 个 WiFi 用户。蜂窝系统内的用户部署在授权频段，授权信道被分为 K 个带宽为 B_l 的子信道，子信道 $k=1,\cdots,K$。

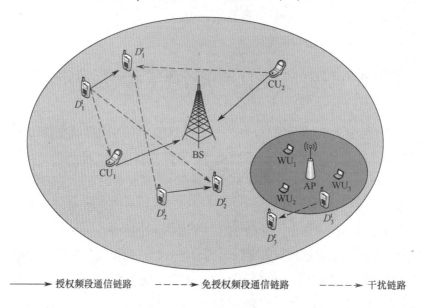

图 4-1　系统模型

假设 CU_n 和 BS 之间的信道增益 $h_{n,B}$ 表示为

$$h_{n,B} = g_{n,B}\beta_{n,B}AL_{n,B}^{-\gamma} \tag{4-1}$$

式中，$g_{n,B}$ 是呈指数分布的小尺度快衰落功率分量，A 表示路径损耗常数，$L_{n,B}^{-\gamma}$ 是 CU_n 到基站的距离，γ 是路径衰落指数，$\beta_{n,B}$ 是对数正态分布慢衰落指数。

假设所有的通信节点都是满负载的且通信场景中没有隐藏节点。考虑 D2D 用户采用 LBT 机制接入免授权频段。本节进一步假设 D2D 用户在授权频段和免授权频段传输，具体如下。

（1）如果 D2D 用户选择在授权频段传输，则其与现有的使用相同信道的蜂窝用户产生同信道干扰。为了提高信道利用率，考虑一个信道可以同时被多个 D2D 用户复用，但一个 D2D 用户只能复用一个信道，同时假设所有的蜂窝用户已提前分配好相互正交的子信道，则蜂窝用户之间不会有干扰。本节假设用户之间的信息是共享的，即 D2D 用户可以获取部分来自基站的 CSI 信息。

（2）如果 D2D 用户选择在免授权频段传输，即与 WiFi 用户采用相同的载波感知多址接入机制（LBT 机制），则随着接入免授权频段的 D2D 用户的增多，接入信道的碰撞概率会增大，从而使用户（包括 D2D 用户和 WiFi 用户）的平均吞吐量减小。

1. 授权频段蜂窝和 D2D 用户吞吐量

为了提高频谱利用率，允许授权频段的子信道被多个 D2D 用户使用。因此，D2D 用户在授权频段和免授权频段的分配矩阵可以表示为 $\boldsymbol{\Phi}_{1 \times m}=[\phi_m]$，其中 $\phi_m \in \{0,1\}$，$\phi_m = 0$ 表示第 m 个 D2D 对在免授权频段通信，$\phi_m = 1$ 表示第 m 个 D2D 对在授权频段通信。D2D 用户的子信道分配矩阵可以表示为 $\boldsymbol{\Theta}_{M \times K}=[\theta_{m,k}]$，$\theta_{m,k}=1$ 表示子信道 k 被第 m 个 D2D 对复用。

蜂窝用户工作在授权频段，子信道数量刚好与蜂窝用户数量相等，且每个蜂窝用户被分配到不同的正交子信道，因此蜂窝用户之间不存在信道干扰。使用第 k 个子信道的蜂窝用户 CU_n 的信干噪比为

$$\text{SINR}_{n,k}^{c}=\frac{P^{c}h_{n,\text{B}}^{c}}{\sum_{m=1}^{M}\phi_m\theta_{m,k}P_m^{d}h_{m,\text{B}}^{d}+B_1\sigma^2} \tag{4-2}$$

式中，p^{c}、p_m^{d} 分别为蜂窝用户和 D_m^{t} 的发射功率；$h_{n,\text{B}}^{c}$、$h_{m,\text{B}}^{d}$ 分别为 CU_n 和 D_m^{t} 到基站的信道增益；B_1 为子信道带宽。

由于授权频段的子信道可以被多个 D2D 用户复用，因此 D_m^{t} 会受相同信道的蜂窝用户和其他 D2D 用户发射端的信道干扰。复用子信道 k 的 D2D 用户 D_m^{t} 的信干噪比为

$$\text{SINR}_{m,k}^{d,l}=\frac{P^{d}h_{m,m}^{d}}{\sum_{j=1, j\neq m}^{M}\phi_j\theta_{j,k}P_j^{d}h_{j,m}^{d}+P^{c}h_{n,m}^{c}+B_1\sigma^2} \tag{4-3}$$

式中，$h_{m,m}^{d}$、$h_{j,m}^{d}$、$h_{n,m}^{c}$ 分别表示 D_m^{t}、D_j^{t}、CU_n 到 D_m^{r} 的信道增益。

由香农公式可以得到 CU_n 和 D_m^{r} 在授权频段子信道 k 的吞吐量分别为

$$R_{n,k}^{c}=B_1\log_2(1+\text{SINR}_{n,k}^{c}) \tag{4-4}$$

$$R_{m,k}^{d,l} = B_l \log_2(1 + \mathrm{SINR}_{m,k}^{d,l}) \tag{4-5}$$

2. D2D 接入免授权频段的平均吞吐量

当 D2D 接入免授权频段时，D2D 用户采用与 WiFi 系统相似的 LBT 机制机会性地竞争信道。假设 D2D 用户采用的 LBT 机制中的参数与 WiFi 系统采用的参数完全一致，则 WiFi 网络中的平均吞吐量可以表示为

$$S_{\mathrm{avg}}^{W} = \frac{\sum\limits_{m \in M_u} R_m^u}{M - \sum\limits_{m=1}^{M} \phi_m} \tag{4-6}$$

式中，R_m^u 表示第 m 个 D2D 用户对在接入免授权频段后获得的即时吞吐量，M_u 为选择接入免授权频段的 D2D 用户集合。

3. 问题描述

D2D 通信部署在授权频段会对蜂窝用户产生同频干扰，因此需要对授权频段的 D2D 用户进行信道分配和功率控制。由于免授权频段采用的是 LBT 机制，将 D2D 通信部署在免授权频段会增大 WiFi 用户的信道碰撞概率，因此会降低 WiFi 用户的通信质量。WiFi 用户的通信质量受接入免授权频段的用户的影响，因此需要控制接入免授权频段的 D2D 用户数量，以及确定将哪些 D2D 用户接入免授权频段。本节联合考虑 D2D 用户接入的频段、信道分配和功率控制，在对蜂窝用户和 WiFi 用户干扰有限的情况下，实现 D2D 用户总吞吐量最大的目标。鉴于此，D2D 通信的频段选择、信道分配和功率控制的目标函数及约束条件可以表示为

$$\max_{\{\phi_m, \theta_{m,k}, p_m^d\}} \left(\sum_{m \in M_l} R_{m,k}^{d,l} + \sum_{m \in M_u} R_m^u \right)$$

$$\mathrm{s.t.} \begin{cases} \mathrm{C1}: \phi_k, \theta_{m,k} \in \{0,1\}, \ \forall m,k \\ \mathrm{C2}: \mathrm{SINR}_{n,k}^c \geqslant \mathrm{SINR}_{\min}^c, \mathrm{SINR}_{m,k}^{d,l} \geqslant \mathrm{SINR}_{\min}^{d,l} \\ \mathrm{C3}: 0 \leqslant p_m \leqslant p_{m,\max}, \ \forall m \\ \mathrm{C4}: S_{\mathrm{avg}}^W \geqslant S_{\min}^W \\ \mathrm{C5}: \sum_k \theta_{m,k} \leqslant 1 \end{cases} \tag{4-7}$$

式中，M_l 和 M_u 分别表示部署在授权频段和免授权频段的 D2D 用户集合。C1 中的 ϕ_k 和 $\theta_{m,k}$ 分别表示 D2D 用户的授权频段或免授权频段的选择及信道分配；C2 表示蜂窝用户和 D2D 用户的最低信干噪比要求；C3 表示 D2D 用户的发射功率限制范围；C4 表示免授权频段用户的平均吞吐量应高于最小吞吐量；C5 表示一个 D2D 用户最多复用一个授权子信道。

分析式（4-7）可知，该优化问题是一个混合整数非线性规划问题，且是一个非凸问题，采用传统算法难以求解。考虑到强化学习能够有效解决不确定性下的决策问题，因此本节利用强化学习算法解决 D2D 通信中的频段选择、信道分配和功率控制的优化问题。

4.2.2　多智能体算法设计

当蜂窝系统中包含大量用户时，为了找到一种策略来最大化 D2D 系统吞吐量。考虑到一个小区有多对 D2D 用户，其中每个 D2D 发射端作为智能体，每个 D2D 设备都通过学习自主选择接入授权频段或免授权频段及选择发射功率和信道，D2D 用户的决策会对其他用户产生影响，因此可以将 D2D 网络视为一个多智能体系统。由于 D2D 发射端只能观测到环境的部分信息，缺乏对环境的了解，所以传统的马尔可夫决策过程（MDP）并不适用。这导致 MDP 模型变成部分可观察的马尔可夫决策过程（Partially Observable Markov Decision Process，POMDP）模型。POMDP 和 MDP 的主要区别在于，智能体只能获得对环境的部分信息，而不能获得用于做决策的全局信息。

多智能体 D2D 系统如图 4-2 所示，其中智能体（D2D 发射端）与环境交互，以增强网络性能。D2D 发射端智能选择动作，以增大自身期望回报。基于假设，D2D 发射端只知道自身的观测信息及部分基站通知的信息，几乎不知道全局的 CSI 信息。因此每个 D2D 设备的网络环境都可以看作一个 POMDP 模型。

存在多个 D2D 对的无线通信系统可以看作一个元组 $(S, A, r_t^1, \cdots, r_t^M, P, \gamma)$，其中 S 表示 D2D 发射端的状态空间，A 表示动作空间，r_t^i 表示第 i 个 D2D 发射端的奖励函数，P 是所有 D2D 发射端执行动作后的环境转移概率。在 t 时刻，所有 D2D

发射端同时根据自身的策略执行动作，D2D 用户与环境交互后获得下一个状态 o_{t+1}^i 及即时奖励 r_t^i。D2D 发射端在 t 时刻的状态价值定义为折扣后的累积回报，即

$$R_t^i = \sum_{n=0}^{T} \gamma^n r_{t+n}^i \qquad (4\text{-}8)$$

式中，T 表示时间步长；γ 为 0 到 1，是折扣因子。多智能体强化学习的目标是使每个智能体都能学习到最优策略，以最大化期望回报。因此，在多智能体 D2D 通信场景中，第 i 个 D2D 对的期望回报定义为期望累积折扣奖励，即

$$J_i = E\left[\sum_{n=0}^{\infty} \gamma^n r_n^i \right] \qquad (4\text{-}9)$$

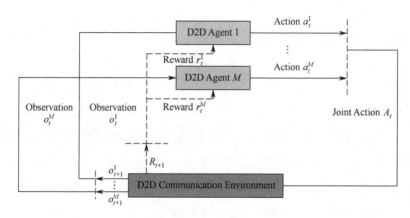

图 4-2 多智能体 D2D 系统

接下来，结合上述介绍的 POMDP 模型，D2D 发射端状态、动作及奖励函数的相关设置如下。

（1）状态空间：$o_t^i = [\gamma_i^{\mathrm{D},t}, \gamma_i^{\mathrm{C},t}, R_i^{t-1}, I_i^{t-1}, N^{t-1}]$，$\gamma_i^{\mathrm{D},t}$ 表示 t 时刻第 i 个 D2D 对的信干噪比，$\gamma_i^{\mathrm{C},t}$ 表示 t 时刻 D2D 复用的蜂窝用户信干噪比，R_i^{t-1} 表示上一时刻的信道选择，I_i^{t-1} 表示上一时刻的授权频段或免授权频段选择，N^{t-1} 表示环境中接入免授权频段的 D2D 用户数量。假设基站会将部分信息传给每个 D2D 对，则 D2D 发射端的状态是部分可观测的。

（2）动作空间：$a_t^i = [\mathcal{I}_i^t, \mathcal{P}_i^{t,\omega}, \mathcal{B}_i^t]$，$\mathcal{I}_i^t$ 表示 t 时刻第 i 个 D2D 对选择接入授权频段或免授权频段。其中，$\mathcal{I}_i^t = 0$ 表示第 i 个 D2D 对选择接入免授权频段，$\mathcal{I}_i^t = 1$

表示第 i 个 D2D 对选择接入授权频段，$\mathcal{B}_i^t$ 表示 t 时刻第 i 个 D2D 对接入授权频段的子信道选择，$\mathcal{P}_i^t$ 表示 t 时刻的功率选择。为了简化学习，将可能的功率选择限制为 L 个，使功率离散化，表示为

$$\mathcal{P}_i^{t,\omega} = \frac{p_{\max}}{L}\omega \tag{4-10}$$

式中，$\omega = 1, 2, \cdots, L$。当发射功率被离散为 L 个时，可选信道为 β 个，频段的选择有 2 种可能。因此，第 i 个 D2D 对的动作空间大小为 $2 \times L \times \beta$。

（3）奖励函数：RL 中的奖励函数驱动整个学习过程，因此合理的奖励函数是智能体学习到好策略的关键。这里智能体的奖励函数包含 3 个部分，分别为 D2D 发射端的频段选择、D2D 用户和蜂窝用户的吞吐量、蜂窝用户和 D2D 用户的信干噪比限制。当 D2D 发射端选择接入免授权频段（WiFi 频段）时，如果用户获得的平均吞吐量大于设定阈值，则将奖励设置为即时获得的平均吞吐量；当 D2D 接入免授权频段的数量过多导致 WiFi 用户的吞吐量不满足 QoS 要求时，则获得相应的负值作为惩罚；当 D2D 发射端选择接入授权频段，且采取的动作使蜂窝用户和自身的信干噪比同时大于设定的最小信干噪比阈值时，将其采取当前动作所获得的吞吐量作为奖励，反之，如果智能体采取的动作使蜂窝用户或 D2D 用户的信干噪比小于设定的阈值，则获得对应的负值作为惩罚。具体的奖励函数设置如下。

当 D2D 用户选择接入授权频段时，奖励函数设置为

$$r_i^t = \begin{cases} R_{i,k}^{\mathrm{d,l}}, & \mathrm{SINR}_{n,k}^{\mathrm{c}} \geqslant \mathrm{SINR}_{\min}^{\mathrm{c}} \quad \text{and} \quad \mathrm{SINR}_{i,k}^{\mathrm{d,l}} \geqslant \mathrm{SINR}_{\min}^{\mathrm{d,l}} \\ r_{i,\mathrm{neg}}^{\mathrm{l}}, & \mathrm{SINR}_{n,k}^{\mathrm{c}} < \mathrm{SINR}_{\min}^{\mathrm{c}} \quad \text{or} \quad \mathrm{SINR}_{i,k}^{\mathrm{d,l}} < \mathrm{SINR}_{\min}^{\mathrm{d,l}} \end{cases} \tag{4-11}$$

当 D2D 用户选择接入免授权频段时，奖励函数设置为

$$r_i^t = \begin{cases} S_{\mathrm{avg}}^{\mathrm{W}}, & S_{\mathrm{avg}}^{\mathrm{W}} \geqslant S_{\min}^{\mathrm{W}} \\ r_{i,\mathrm{neg}}^{\mathrm{u}}, & S_{\mathrm{avg}}^{\mathrm{W}} < S_{\min}^{\mathrm{W}} \end{cases} \tag{4-12}$$

式中，$r_{i,\mathrm{neg}}^{\mathrm{l}}$ 表示第 i 个 D2D 对选择接入授权频段，但功率和信道的选择未满足蜂窝用户或自身的信干噪比需求所得到的惩罚值；$r_{i,\mathrm{neg}}^{\mathrm{u}}$ 表示第 i 个 D2D 对选择接入免授权频段，但导致免授权频段的用户平均吞吐量未满足所设定的阈值要求所得到的惩罚值。

4.2.3 基于 A2C 算法的多智能体拓展

A2C（Advantage Actor Critic）算法是基于价值和基于策略的强化学习的结合，它仅近似状态价值函数 $V(s_t)$，而非同时近似动作价值函数 $Q(s_t, a_t)$ 和状态价值函数 $V(s_t)$，从而减少了参数并简化了学习过程。特别地，优势函数是演员—评论家算法最重要的函数，可以表示为

$$A(s_t, a_t) = Q(s_t, a_t) - V(s_t) \tag{4-13}$$

优势函数可以理解为：如果动作 a_t 超出平均表现，则优势函数为正；反之，则优势函数为负。由于优势函数引入了基线 $V(s_t)$，因此可以有效减小方差，收敛效果更好。基于演员和评论家网络的深度神经网络模型如图 4-3 所示。考虑到当网络中有大量 D2D 用户时，基于 A2C 算法（单智能体）的状态空间和动作空间会变得异常庞大，容易产生维度爆炸。因此，本节将 A2C 算法拓展为多智能体 A2C（Multi Agent Advantage Actor Critic，MAA2C）算法。在前面提出的多智能体 D2D 模型中，将每个 D2D 发射端看作智能体，因此每个 D2D 发射端都有一个演员网络和一个评论家网络，且每个 D2D 发射端都使用优势函数来评价当前采取的动作的好坏。

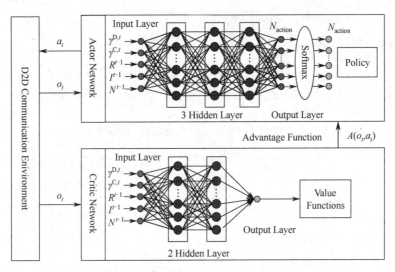

图 4-3 演员和评论家网络的深度神经网络模型

基于对 A2C 算法的拓展，在多智能体 D2D 网络中，第 i 个 D2D 发射端的优势函数定义为

$$A^i(o_t^i, a_t^i) = Q^i(o_t^i, a_t^i) - V^i(o_t^i)$$
$$\approx r_t^i + \gamma V^i(o_{t+1}^i) - V^i(o_t^i)$$

（4-14）

式中，$A^i(o_t^i, a_t^i)$、$Q^i(o_t^i, a_t^i)$、$V^i(o_t^i)$ 和 $V^i(o_{t+1}^i)$ 分别表示第 i 个 D2D 发射端 t 时刻的优势函数、动作价值函数、状态价值函数和 $t+1$ 时刻的状态价值函数。

由前面的介绍可知，D2D 用户的发射端能够获取自身的局部信息和基站通知的部分信息。因此，D2D 发射端只能根据对环境的局部观测进行学习，每个 D2D 用户都有各自的策略函数 $\pi_\theta^i(a^i | o^i)$ 和状态函数 $V^i(o^i)$，其中状态函数用于学习 TD error，第 i 个 D2D 发射端的 TD error 定义为

$$\delta^i(o_t^i) = r_t^i + \gamma V^i(o_{t+1}^i) - V^i(o_t^i)$$

（4-15）

比较式（4-14）和式（4-15）可以发现，优势函数可以通过 TD error 近似得到，虽然这种近似产生了误差，但可以忽略不计。使用 TD error 进行梯度更新减小了误差，因为 TD error 计算只需要对状态价值函数进行近似。D2D 用户的策略函数用于选择合适的动作。策略参数更新是基于梯度上升的 TD error 策略梯度执行的，即

$$\theta_{t+1}^i = \theta_t^i + \alpha_\theta \nabla_{\theta^i} J(\theta_t^i)$$

（4-16）

式中，α_θ 表示演员网络学习率，$\nabla_{\theta^i} J(\theta^i) = E\left[\nabla_{\theta^i} \log \pi_{\theta^i}(a_t^i | o_t^i) \delta^i(o_t^i)\right]$，$\theta^i$ 表示第 i 个 D2D 发射端的策略参数，$\pi_{\theta^i}(a_t^i | o_t^i)$ 是第 i 个 D2D 发射端在 t 时刻的策略。

第 i 个 D2D 发射端的评论家网络的损失函数定义为

$$L_{\text{critic}}^i = [r_t^i + \gamma V^i(o_{t+1}^i | o_t^i, a_t^i) - V^i(o_t^i)]^2$$

（4-17）

类似地，评论家网络使用梯度上升算法更新自身的参数，即

$$\omega_{t+1}^i = \omega_t^i + \alpha_\omega \nabla_\omega V^i(o_t^i) \delta^i(o_t^i)$$

（4-18）

α_ω 表示评论家网络的学习率。每个 D2D 发射端的策略函数使用 DNN 进行参数化。策略网络的输入是局部观测状态，输出是动作空间的概率分布，因此输出层的动作是所有动作的组合。策略网络输出层通过 Softmax 激活函数，得到每个

动作的概率，D2D 发射端根据这些概率选择合适的动作。评论家网络同样由 DNN 参数化，其作用是提供状态值估计，以便进行 TD error 计算。

4.2.4　算法流程

基于多智能体深度强化学习（MADRL）的 D2D 通信资源联合分配算法如算法 4-1 所示，在算法的每次迭代中，D2D 发射端将自身的部分信息和来自基站的部分信息作为当前状态，并将当前状态输入策略网络和评论家网络，分别获取所有动作的概率和状态价值函数。所有 D2D 发射端选择动作概率最大的动作，将其作为联合动作，然后所有 D2D 发射端执行联合动作，并根据式（4-11）和式（4-12）计算联合奖励，以及获取下一个联合状态。每个 D2D 发射端将状态 o_{t+1}^i 作为评论家网络的输入，计算状态 o_{t+1}^i 的价值函数。最后根据式（4-14）计算 TD error，并根据式（4-16）和式（4-18）更新评论家网络参数和演员网络参数。重复上述过程，所有 D2D 发射端不断与环境交互，以更新自身状态，直到完成总时间步长 T。

算法 4-1　基于 MADRL 的 D2D 通信资源联合分配算法

步骤 1：设置超参数：折扣因子 γ，演员网络的学习率 α_θ，评论家网络的学习率 α_ω；

步骤 2：随机初始化演员网络参数 $\theta^0, \theta^1, \cdots, \theta^M$ 和评论家网络参数 $\omega^0, \omega^1, \cdots, \omega^M$；

步骤 3：所有的智能体（D2D 发射端）根据当前环境获取初始状态 $S_0 = \{o_0^1, o_0^2, \cdots, o_0^M\}$；

for $t=1,2,\cdots,T$ do

　　for $t=1,2,\cdots,M$ do

　　　　步骤 4：第 i 个 D2D 对将 o_t^i 作为策略网络的输入，获得 a_t^i；

　　　　步骤 5：第 i 个 D2D 对将 o_t^i 作为评论家网络的输入，计算 $V^i(o_t^i)$；

　　end for

　　步骤 6：所有 D2D 发射端执行联合动作 A_t，获得联合奖励 R_t 及下一个状态 S_{t+1}；

　　for $t=1,2,\cdots,M$ do

　　　　步骤 7：第 i 个 D2D 对将 o_{t+1}^i 作为评论家网络的输入，计算 $V^i(o_{t+1}^i)$；

　　　　步骤 8：第 i 个 D2D 对根据式（4-14）计算 TD error；

　　　　步骤 9：第 i 个 D2D 对根据式（4-16）更新评论家网络参数；

　　　　步骤 10：第 i 个 D2D 对根据式（4-18）更新演员网络参数；

　　end for

　　步骤 11：所有 D2D 用户更新自身状态 $S_t = S_{t+1}$；

end for

4.2.5　仿真结果及性能分析

本节将 MAA2C 算法与以下 3 种算法进行比较。

Multi Agent Q Learning（MAQL）算法[4]：每个 D2D 用户通过查看 Q 表找到最优策略，以最大化累积奖励。

Multi Agent Deep Q Network（MADQN）算法[5]：每个 D2D 用户使用 DNN 估计 Q 值，而不是通过 Q 表来查看 Q 值，避免了状态空间较大时难以找到最优决策的情况。

Random Baseline 算法：D2D 发射端以随机方式选择频段、功率及信道。

1. 仿真参数设置

考虑一个半径为 500 m 的单小区网络，基站坐落在网络的中心。假设 D2D 的发射端和接收端是均匀分布的，后者的范围以前者为中心。每个蜂窝用户都刚好分配了一个子信道，且允许一个子信道可以分配给多个 D2D 对，将子信道数量设置为与蜂窝用户数量相同。WiFi 网络位于蜂窝覆盖的同一区域，在仿真中，采用了 5 GHz 的 IEEE 802.11n 协议。在所提出的强化学习框架中，演员网络由 3 个隐藏层组成，每个隐藏层有 64 个神经元和一个指数线性单元（Exponential Linear Unit，ELU）激活函数。演员网络输出层的神经元数量设置为 D2D 用户动作空间大小。演员网络的输出层结果在通过 Softmax 激活函数后可以获得动作的概率分布。评论家网络包含 2 个隐藏层，每个隐藏层有 64 个神经元和一个 ELU 激活函数。评论家网络的输出层只有一个神经元，用于提供对状态价值函数 $V(s)$ 的估计。演员网络和评论家网络的学习率分别设置为 0.0001 和 0.001，折扣因子 γ 设置为 0.95，$r_{i,\text{neg}}^{l} = -1 \times 10^{7}$，$r_{i,\text{neg}}^{u} = -1 \times 10^{7}$，迭代步长 $T = 10000$。仿真工具使用 Python 编译器，机器学习框架采用 Tensorflow，优化器采用 ADAM Optimizer，其作用是将损失和学习率作为输入并执行梯度上升操作，仿真参数如表 4-1 所示。

表 4-1　仿真参数

参数	值	参数	值
蜂窝半径	500 m	D2D 用户的最大发射功率	23 dBm

参数	值	参数	值
D2D 用户距离	$25 \sim 65$ m	蜂窝用户的发射功率	23 dBm
授权上行信道带宽	5 MHZ	蜂窝用户数量	5/10 个
免授权信道带宽	20 MHZ	D2D 用户数量	15 个
噪声功率谱密度	-174 dBm/Hz	WiFi 用户数量	$1 \sim 11$ 个
D2D 用户传输功率级别	10 级	蜂窝用户 QoS 的信干噪比阈值	6 dB
路径损耗因子	4	D2D 用户 QoS 的信干噪比阈值	6 dB
路径损耗常数	10^{-2}	$S_{\min}^{W}$	6 Mbps

2．性能分析

不同算法的总奖励收敛趋势对比如图 4-4 所示。从图 4-4 中可以看出，随着迭代次数的增加，MAA2C 算法、MADQN 算法和 MAQL 算法的总奖励逐渐提高，说明 D2D 用户的策略在不断优化。当训练次数达到约 5000 次时，总奖励逐渐收敛，说明 D2D 用户的策略变化趋于稳定，证明了所提算法的有效性。与 MADQN 算法和 MAQL 算法相比，MAA2C 算法能实现更好的总奖励性能，同时收敛最稳定（波动小）。MADQN 算法优于 MAQL 算法，因为 DQN 通过引入 DNN 来逼近状态空间和动作空间之间的复杂映射，从而解决了高维空间的映射问题。对于 MAQL 算法，当状态空间和动作空间很大时，每个智能体的 Q 表会变得非常庞大，D2D 用户难以找到更优的策略，因此收敛性和总奖励性能都比较差。显然，MAA2C 算法的总奖励性能最好，这是因为 MAA2C 算法通过结合策略学习和值学习过程来优化策略，并利用优势函数对 D2D 用户采取的动作的好坏程度进行评价，使得对策略梯度进行评估的偏差较小，因此具有较好的收敛性，同时总奖励表现较好。Random Baseline 算法的总奖励几乎稳定在其他 3 种算法的开始阶段，因为该算法没有配置任何学习策略。

接入免授权频段的 D2D 用户数量的收敛趋势如图 4-5 所示。从图 4-5 中可以看出，在迭代的初始阶段接入免授权频段的 D2D 用户数量波动很大，这是因为每个 D2D 用户都在与环境交互学习并调整自身的策略以确定接入授权频段或免授权频段，进而最大化累积期望收益。当迭代次数达到 5000 次时，选择免授权频段的 D2D 用户数量逐渐平稳，说明环境中的智能体学习到了较好的策略，但依然会发生波动，这是因为 D2D 用户依然需要对环境进行探索以获得更高的奖励。随着迭代次数继续增加，接入免授权频段的 D2D 用户数量稳定在 5 个左右，说明 D2D 用户的接入策略基本趋于稳定，此时每个 D2D 用户获得最佳的累积期望收益，因此是最佳接入数量。

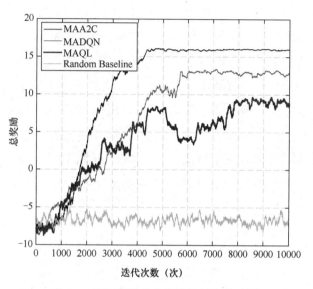

图 4-4　不同算法的总奖励收敛趋势对比

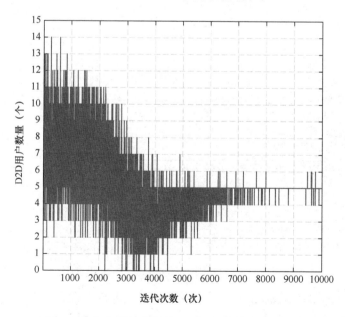

图 4-5　接入免授权频段的 D2D 用户数量的收敛趋势

D2D 用户和蜂窝用户的吞吐量收敛趋势如图 4-6 所示。由于将 D2D 作为智能体，所以每个 D2D 用户的目标是最大化自身的吞吐量收益，从图 4-6 中可以看出 D2D 用户的吞吐量有增大的趋势，说明 D2D 用户能够学习到更好的策略。其中，接入授权频段的 D2D 用户吞吐量明显有增大的趋势，是因为所设置的奖励函数使 D2D 用户能够选择更好的子信道及对应的功率；而接入免授权频段 D2D 用户吞吐量随迭代次数的增加有所减小，是因为更多 D2D 用户接入免授权频段会导致采用 LBT 机制的用户信道碰撞概率增大，进而不能满足所设置的 WiFi 用户的 QoS 要求，部分 D2D 用户不得不接入授权频段，以满足 WiFi 用户的 QoS。可以看出，蜂窝用户的吞吐量有减小的趋势，这是因为优化的目标是最大化 D2D 用户的吞吐量，所以 D2D 用户会在不影响蜂窝用户的 QoS 的情况下尽可能调整自身发射功率以增大自身的吞吐量，因此蜂窝用户受到的干扰会变大，导致蜂窝用户的吞吐量减小。

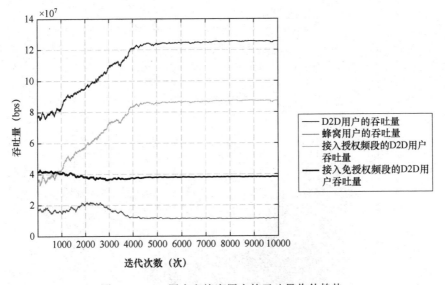

图 4-6　D2D 用户和蜂窝用户的吞吐量收敛趋势

蜂窝用户和 WiFi 用户的平均吞吐量收敛趋势如图 4-7 所示，从图 4-7 中可以看出，在迭代的前 1000 次，WiFi 用户的平均吞吐量小于所设定的阈值，这是因为此时接入免授权频段的 D2D 用户过多，导致碰撞概率很大。随着迭代次数的继续增加，所有 D2D 用户受设定的奖励函数驱使，不断与环境交互并更新自身策略，选择接入免授权频段的用户减少，因此 WiFi 用户的平均吞吐量继续增大，并最终收敛到所设定的 QoS 阈值上方。同样，虽然蜂窝用户的平均吞吐量会随迭代次数的增加而有所减小，但依然收敛在设定的阈值上方，能够满足 QoS 要求。

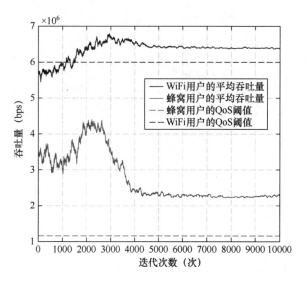

图 4-7　蜂窝用户和 WiFi 用户的平均吞吐量收敛趋势

　　D2D 用户数量对 D2D 用户吞吐量的影响如图 4-8 所示。可以看出，D2D 用户吞吐量随 D2D 用户数量的增加而增大，这是因为系统中更多的 D2D 用户可以带来更高的容量增益，但随着 D2D 用户数量的增加，D2D 用户吞吐量的增大逐渐变缓，这是因为更多的 D2D 用户带来了更大的用户间干扰。从图 4-8 中可以看出，MAA2C 算法在总吞吐量方面表现最佳，这是因为在 MAA2C 算法中，每个 D2D 用户通过结合策略学习和值学习来优化自身的策略，从而能够学习到更佳的接入频段及功率和子信道。MADQN 算法明显优于 MAQL 算法，这是因为 MADQN 算法利用 DNN 解决高维状态空间的映射。由于 D2D 用户的状态空间和动作空间较大，MAQL 算法难以维护自身庞大的 Q 表，所以吞吐量表现不佳。由于 Random Baseline 算法没有采用任何策略去提升性能，所以性能表现最差。

　　WiFi 用户数量对 D2D 用户吞吐量的影响如图 4-9 所示。从图 4-9 中可以看出，随着 WiFi 用户数量的增加，D2D 用户吞吐量逐渐减小，这是因为 WiFi 用户数量增加导致采用 LBT 机制接入免授权频段的用户之间的碰撞概率增大，为了保护

WiFi 用户和部署在免授权频段的 D2D 用户的 QoS,部分原本在免授权频段的 D2D 用户会选择接入授权频段,这增大了接入授权频段的用户之间的干扰,因此吞吐量呈减小趋势。可以看出,本节提出的 MAA2C 算法明显优于 MADQN 算法、MAQL 算法和 Random Baseline 算法。

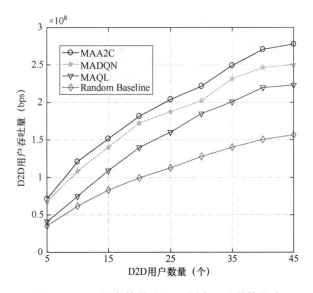

图 4-8　D2D 用户数量对 D2D 用户吞吐量的影响

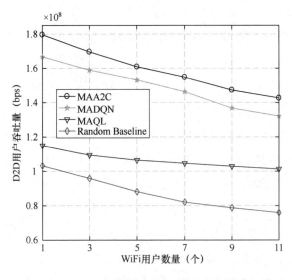

图 4-9　WiFi 用户数量对 D2D 用户吞吐量的影响

D2D 发射端到接收端的距离对 D2D 用户吞吐量的影响如图 4-10 所示。可以看到，随着距离的增大，D2D 用户吞吐量明显减小，这是因为距离变大导致的路径衰落变大，接收端接收到的信号功率小，所以吞吐量性能下降。可以看出，本节提出的 MAA2C 算法实现了最好的吞吐量性能。D2D 最大发射功率限制对 D2D 用户吞吐量的影响如图 4-11 所示。可以看出，随着最大发射功率限制的提升，可

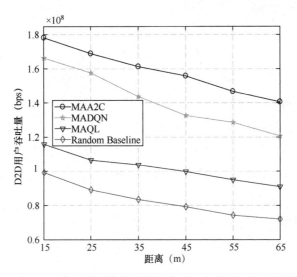

图 4-10　D2D 发射端到接收端的距离对 D2D 用户吞吐量的影响

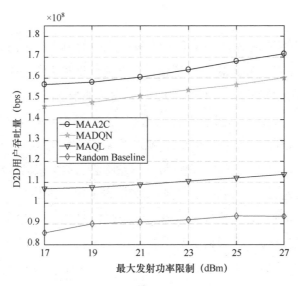

图 4-11　D2D 最大发射功率限制对 D2D 用户吞吐量的影响

以实现更大的吞吐量。可以解释为当发射功率变大时，智能体动作可选的功率范围变大，智能体在与环境的交互中能学习得更好，以提升自身性能。从图 4-11 中可以看到，与 MADQN 算法和 MAQL 算法相比，MAA2C 算法的吞吐量分别提高了约 7%和 46%。

4.2.6　本节小结

本节提出了一种基于 MAA2C 算法的 D2D 通信资源联合分配方法，将每个 D2D 发射端作为智能体，将智能体的动作定义为免授权频段、授权频段的信道和发射功率的不同组合。基于重新定义的新的奖励函数和状态函数，D2D 发射端通过学习来确定接入授权频段或免授权频段，其中确定接入免授权频段的用户使用 LBT 机制与 WiFi 用户共存，而确定接入授权频段的 D2D 用户通过学习选择最优的信道和发射功率，与其他 D2D 用户和蜂窝用户共存。为了验证所提方法的性能，分别对比了 MADQN 算法、MAQL 算法和 Random Baseline 算法。并分别从收敛性和吞吐量方面进行了验证，仿真结果表明，所提算法具有更好的性能。

4.3　基于 DDQN 的 D2D 直接接入免授权频谱算法

LTE-LAA 技术中的 LBT 方案和 LTE-U 技术中的 DC 方案是蜂窝网络和 WiFi 网络共存的主流方案，关于将 D2D 通信部署在免授权频段的共存方案已有诸多研究。然而，大多数工作只在 LBT 和 DC 的共存框架中研究 D2D 通信资源分配，很少考虑其他方案下的接入机制研究。LBT 共存机制类似 CSMA/CA，因而基于 LBT 的 D2D 设备和基于 CSMA/CA 的 WiFi 设备接入免授权频段具有随机性。当设备监测到信道忙时，会暂缓发送信号，这意味着当免授权信道被占用时，其他设备无法共享信道。对于 DC 共存机制，D2D 设备通常在 DC 周期的部分时间内进行传输，在剩余时间内暂停使用信道（因而 WiFi 设备可以使用该免授权信道）。因此，LBT 与 DC 本质上是以时分复用的方式与 WiFi 共享免授权频谱的。考虑到 D2D 通信距离短、发射功率低且随机分布于基站四周，本节提出基于 DDQN 的 D2D 直接接入免授权频谱算法，该算法无须 CCA 并由基站控制 D2D 通信对 WiFi

网络的干扰，以进一步提高免授权频谱利用率，减小授权频谱的需求压力。在该算法中，基站需要选择合适的 D2D 对，并控制其发射功率。针对由 D2D 设备位置的随机性导致的大状态空间及功率分配导致的大动作空间，本节提出一种基于 DDQN 的 D2D 对选择及功率分配优化算法。

4.3.1　系统模型与问题描述

D2D/WiFi 共存场景如图 4-12 所示，本节考虑单基站和单 WAP 的共存场景。在基站的覆盖范围内，随机分布有 N 对 D2D 设备，第 n 对 D2D 表示为 D_n，D_n 发射端表示为 D_n^t，D_n 接收端表示为 D_n^r，$n \in \{1,2,\cdots,N\}$。先进行预筛选，选择 N_u 对 D2D 设备，$N_u \leqslant N$，预筛选的方法详见后续内容，再基于所提算法进行二次筛选。免授权频谱 B 被划分为 N_u 个带宽相等的子信道，以支持 D2D 正交频分复用，因此 D2D 设备间没有信道干扰，子信道带宽 $B_u = B / N_u$。在 WiFi 覆盖范围内，WAP 服务 M 个 WiFi 设备，表示为 WU_m，$m \in \{1,2,\cdots,M\}$，WiFi 设备基于 CSMA/CA 协议随机接入免授权频谱。本节采用具有瑞利衰落的自由空间传播损耗模型对共存系统中的信道增益进行建模。对于设备 a，其发射信号经信道传播至设备 b 的功率 $p_{a,b}$ 可以表示为

$$p_{a,b} = p_a \mid h_{a,b} \mid^2 = p_a G d_{a,b}^{-\delta} \mid h_0 \mid^2 \tag{4-19}$$

式中，p_a 表示设备 a 的发射功率；G 是由放大器和天线引入的恒定功率增益因子；$d_{a,b}$ 表示设备 a 与设备 b 的距离；δ 是路径损耗因子；h_0 表示瑞利衰落的复高斯变量。

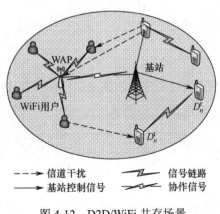

图 4-12　D2D/WiFi 共存场景

4.3.2　D2D 吞吐量模型

$\vartheta=[\phi_1,\phi_1,\cdots,\phi_n]$ 为 D2D 在免授权频谱的部署矩阵，$\phi_n\in\{0,1\}$，$\phi_n=1$ 表示 D_n 部署在免授权频段，$\phi_n=0$ 表示 D_n 部署在授权频段。当 D2D 直接接入免授权频谱时，受到的干扰来自正在通信的 WiFi 设备 WU_m。因此，D_n^r 的信干噪比 $SINR_{m,nr}$ 见式（4-20），WU_m 对 D_n^r 的干扰 I_w^m 见式（4-21）。

$$SINR_{m,nr}=\frac{\phi_n p_n |h_{nt,nr}|^2}{B_u\sigma^2+I_w^m} \tag{4-20}$$

$$I_w^m=\frac{p_w |h_{m,nr}|^2}{N_u} \tag{4-21}$$

式中，p_n 表示 D_n^t 的发射功率；$h_{nt,nr}$ 表示 D_n^t 到 D_n^r 的信道增益；σ^2 为高斯白噪声的功率谱密度；p_w 为 WiFi 设备的固定发射功率；$h_{m,nr}$ 表示 WU_m 到 D_n^r 的信道增益。根据香农公式，D_n 的吞吐量 R_n 可由式（4-22）计算得到。

$$R_n=B_u\log_2(1+SINR_{m,nr}) \tag{4-22}$$

4.3.3　WiFi 吞吐量模型

当 D2D 直接接入免授权频谱时，会对 WiFi 设备及 WAP 产生干扰，WiFi 设备 WU_m 的信干噪比 $SINR_w^m$ 可由式（4-23）计算得到。

$$SINR_w^m=\frac{p_w |h_{AP,m}|^2}{B\sigma^2+I_D^m}=\frac{p_w |h_{AP,m}|^2}{B\sigma^2+\sum_{n=1}^{N}\phi_n p_n |h_{nt,m}|^2} \tag{4-23}$$

式中，$h_{AP,m}$ 表示 WAP 到 WU_m 的信道增益；$h_{nt,m}$ 表示 D_n^t 到 WU_m 的信道增益。相应地，WAP 的信干噪比可由式（4-24）计算得到。

$$SINR_w^{AP}=\frac{p_w |h_{m,AP}|^2}{B\sigma^2+I_D^{AP}}=\frac{p_w |h_{m,AP}|^2}{B\sigma^2+\sum_{n=1}^{N}\phi_n p_n |h_{nt,AP}|^2} \tag{4-24}$$

式中，$h_{m,AP}$ 表示 WU_m 到 WAP 的信道增益；$h_{nt,AP}$ 表示 D_n^t 到 WAP 的信道增益。

值得注意的是，I_D^m 不仅表示在 WU_m 处受到的 D2D 网络的干扰总和，还表示 WU_m 检测到的信道能量，I_D^{AP} 同理。

本节考虑 WiFi 系统始终处于饱和状态，即 WAP 与 WiFi 设备始终有数据等待发送。将 WiFi 系统的信干噪比阈值设置为 $SINR_w$，I_{th} 为 WiFi 系统的空闲信道能量检测阈值，前者保证 WiFi 节点能正确接收信号，后者保证 WiFi 节点能正常发送信号。

在共存场景中，WiFi 节点能根据信道状态信息自适应地改变其调制和编码方案（Modulation and Coding Schemes，MCS），而不同的 MCS 对应不同的传输速率。如果链路质量好，WiFi 节点处的信干噪比很高，这代表节点能以更高的速率传输数据；相反，如果链路质量差，选择更高的传输速率会提高由弱信号导致的丢包率，从而导致额外的重传。为使 WiFi 系统达到最大吞吐量，即选择最高速率对应的 MCS，应设置合理的 WiFi 系统信干噪比阈值 $SINR_w$，而 802.11n 协议中最高速率对应的 MCS 信干噪比要求应不低于 20 dB [6]。对于 WiFi 来说，常见的速率控制技术包括信道状态信息（Channel State Information，CSI）、多速率重传（Multi Rate Retry，MMR）、速率适应期（Rate Adaptation Period，RWAP）、环视速率（Lookaround Rate，LR）和帧聚合（Frame aggregation，FA）等[7]。对于 MMR，芯片组的驱动程序可指定 4 个重传速率 (S_0, S_1, S_2, S_3) 和相应的最大重传次数 (c_0, c_1, c_2, c_3)。如果以速率 S_0 传输数据失败，且重传 c_0 次，则依次降级，直至传输成功。由此可知，对于 WiFi 下行链路，当 D2D 直接接入免授权频谱时，会导致 WiFi 设备的 $SINR_w^m$ 低于最高传输速率对应的信干噪比阈值 $SINR_w$，并引发重传，此时 WU_m 会被 WAP 视为受到了干扰。对于 WiFi 上行链路，当 $I_D^m < I_{th}$ 时，WU_m 对信道中的信号进行 MAC 层的虚拟载波监听，如果信号来自 D2D 设备，则 WU_m 可判断自身受到了干扰，并将干扰结果告知 WAP。

综上所述，当且仅当 $I_D^m < I_{th}$、$I_D^{AP} < I_{th}$、$SINR_w^m > SINR_w$、$SINR_w^{AP} > SINR_w$ 同时满足时，WiFi 系统不受 D2D 通信的影响。WiFi 系统的饱和吞吐量 R_W 可由式（4-25）计算得到。

$$R_W = \frac{P_{tr}P_s E[PA]}{(1-P_{tr})T_{slot} + P_{tr}P_s T_s + P_{tr}(1-P_s)T_c} \tag{4-25}$$

式中，P_{tr} 表示信道中至少有一个设备在传输数据的概率；P_s 表示传输成功的概率；

$E[PA]$ 表示平均数据包大小；T_{slot} 表示时隙大小；T_s 表示数据传输成功时 WiFi 设备感知到的信道繁忙时间；T_c 表示传输冲突时 WiFi 设备感知到的信道繁忙时间。

4.3.4　问题描述

在本节描述的场景中，D2D 设备与 WiFi 设备同时同频共享免授权频谱。当 D2D 设备占用信道时，会对 WiFi 系统产生极大的干扰，因此需要对接入免授权频谱的 D2D 设备进行筛选并优化其发射功率。本节联合考虑 D2D 设备筛选和功率分配，将 D2D 通信对 WiFi 的干扰限制在设置的范围内并保证 D2D 设备的通信质量，以实现使共存系统总吞吐量最大的目标。鉴于此，D2D 设备的筛选及功率分配的目标函数和约束条件为

$$(\text{P1}): \max_{\{\boldsymbol{P},\boldsymbol{\vartheta}\}} \left(\sum_{n=1}^{N_u} R_n + R_W \right) \tag{4-26}$$

$$\text{s.t.} \begin{cases} C1: P_{\min} \leqslant p_n \leqslant P_{\max}, \forall n \\ C2: \varphi_n \in \{0,1\}, \forall n \\ C3: \text{SINR}_{m,nr} \geqslant \text{SINR}_D^{\text{th}}, \forall m, \forall n \\ C4: I_D^m < I_{\text{th}}, I_D^{\text{AP}} < I_{\text{th}}, \forall m \\ C5: \text{SINR}_w^m \geqslant \text{SINR}_w, \text{SINR}_w^{\text{AP}} \geqslant \text{SINR}_w, \forall m \end{cases}$$

式中，$\boldsymbol{P} = [p_1, p_2, \cdots, p_N]$ 为 D2D 设备的发射功率向量；$P_{\min}$ 和 $P_{\max}$ 分别为 D2D 设备的最小和最大发射功率；$\text{SINR}_D^{\text{th}}$ 是 D2D 设备的信干噪比阈值。C1 表示 D2D 设备的发射功率应满足限制条件，设置最小发射功率是为了保证 D2D 设备的通信质量，设置最大发射功率是为了限制 D2D 通信对 WiFi 的干扰；C2 表示筛选出能接入免授权频谱的 D2D 设备；C3 表示 D2D 设备的功率分配应满足其最低信干噪比要求；C4 和 C5 分别从信道能量和信干噪比的角度限制 D2D 通信对 WiFi 的干扰，WiFi 设备和 WAP 检测的信道能量应小于阈值且两者的最高速率对应的 MCS 信干噪比要求应得到满足。

由分析可知，式（4-26）为混合整数非线性规划问题，且为 NP 难问题，无法直接利用传统算法或凸优化算法解决。因此，本节考虑将目标问题纳入强化学习框架，以进行求解，强化学习的目的是找到一个动作与环境交互的最优策略 π^*。

为此，需要将目标问题重新设计为适用于强化学习框架的形式，包括状态定义、智能体动作设计与奖励设计等，下面介绍具体的算法设计。

4.3.5　算法设计

本节介绍基于 DDQN 的 D2D 直接接入免授权频谱算法。在智能体的每个决策时刻，WAP 广播其吞吐量及受扰情况，协作设备对 WAP 的广播信号进行解码分析并转发给基站。

1. D2D 设备预筛选

为筛选 D2D 设备并减小训练难度，在智能体训练之前，对接入免授权频谱的 D2D 设备进行预筛选。每个 D2D 设备使用探测参考信号（Sounding Reference Signals，SRS）或解调参考信号（Demodulation Reference Signals，DMRS）周期性地发送收集的 CSI，并使用物理上行链路控制信道（Physical Uplink Control Channel，PUCCH）将其传给基站，即基站能完全知晓 CSI。根据 4.3.3 节，为使 WAP 以最高速率发送数据，应满足 $I_{\mathrm{D}}^{\mathrm{AP}} < I_{\mathrm{th}}$ 且 $\mathrm{SINR}_{\mathrm{w}}^{\mathrm{AP}} > \mathrm{SINR}_{\mathrm{w}}$。基站遍历 D2D 对，并控制其以最低发射功率发送数据，当 D_n 使得 $I_{\mathrm{D}}^{\mathrm{AP}} > I_{\mathrm{th}}$ 或 $\mathrm{SINR}_{\mathrm{w}}^{\mathrm{AP}} < \mathrm{SINR}_{\mathrm{w}}$ 时，D_n 不能使用免授权频谱。

2. 状态定义

状态的定义取决于方案要实现的目标，即基站选择距 WAP 较远的 D2D 设备接入免授权频谱并控制 D2D 的发射功率，使 D2D 通信对 WiFi 网络的干扰被限制在设定的范围内，以实现使共存系统总吞吐量最大的目标。定义 K 为 WiFi 系统中受到 D2D 通信干扰的 WiFi 设备数量，$K \leqslant M$，$K \in \{0,1,2,\cdots,M\}$，K 的确定依据见 4.3.3 节。定义 κ 为 WiFi 系统的干扰阈值，表示 WiFi 网络中受 D2D 通信干扰的最大 WiFi 设备数量。因此，状态 s_t 可表示为式（4-27），该式为 K、D2D 系统总吞吐量 R_{D} 及 WiFi 系统总吞吐量 R_{W} 的组合，即

$$s_t = \{K, R_{\mathrm{D}}, R_{\mathrm{W}}\} \tag{4-27}$$

式中，D2D 系统总吞吐量 R_D 为

$$R_\mathrm{D} = \sum_{n=1}^{N_\mathrm{u}} R_n(p_n) \tag{4-28}$$

式中，$R_n(p_n)$ 表示 D_n 以功率 p_n 发送数据时的吞吐量，$p_n \in \{0, P_\mathrm{min}, P_\mathrm{min} + \Delta, P_\mathrm{min} + 2\Delta, \cdots, P_\mathrm{min} + \theta\Delta - 2\Delta, P_\mathrm{max}\}$；$\theta$ 为 D2D 发射功率的细化因子，表示将 D2D 的发射功率细化为 θ 个等级，θ 越大表明基站对 D2D 发射功率的控制越精确；$\Delta = (P_\mathrm{max} - P_\mathrm{min}) / (\theta - 1)$；$R_\mathrm{W}^\iota$ 为当受到干扰的 WiFi 设备数量为 ι 时的 WiFi 吞吐量，$\iota \in \{0, 1, 2, \cdots, M\}$。$K$ 表明 D2D 通信对 WiFi 网络的干扰程度，K 越大则 WiFi 网络中受到干扰的 WiFi 设备越多，受扰程度越高。

3. 智能体动作设计

进行动作设计的目的有两个：一是筛选 D2D 设备；二是对选中的 D2D 设备进行功率分配。在完成 D2D 设备预筛选后，为进一步筛选 D2D 设备并降低智能体动作复杂度，将动作 a_t 设计为

$$a_t = [p_1, p_2, p_3, \cdots, p_{N_\mathrm{u}}] \tag{4-29}$$

式中，当 $p_n = 0$ 时，表明在智能体当前选择的动作中，D_n 禁止接入免授权频谱；当 $p_n \neq 0$ 时，表明在智能体当前选择的动作中，D_n 以功率 p_n 接入免授权频谱。由动作的定义可知，动作空间的大小为 θ^{N_u}，它随着 D2D 设备数量和 θ 的增大而增大。

本节使用 ε-贪婪选择策略来选择动作 a_t，即智能体以概率 ε 随机选择一个动作与环境交互，以概率 $1 - \varepsilon$ 选择通过最优动作价值函数 $Q(s, a; \omega)$ 估计的具有最大价值的动作 $a^* = \arg\max\limits_a Q(s_t, a_t; \omega)$ 与环境交互，可以表示为

$$a_t = \begin{cases} 随机选择动作, & \varepsilon \\ \arg\max\limits_a Q(s_t, a_t; \omega), & 1 - \varepsilon \end{cases} \tag{4-30}$$

在训练开始时，将 ε 的初始值设为 1，随着训练步数的增加，ε 以指数规律减小，直到等于设置的最小值，这能保证智能体在训练初期能探索到更优的动作，防止智能体陷入局部最优，这表明随着学习的进行，智能体逐渐使用学到的知识执行更优的操作。

4. 智能体奖励设计

基站基于 WiFi 网络吞吐量及 WiFi 网络受 D2D 通信干扰的情况进行学习，以获得共存系统最大吞吐量，同时保证满足 WiFi 设备的最高速率传输要求和 D2D 的最低信干噪比要求，因此奖励函数 $r(s_t, a_t)$ 为

$$r(s_t, a_t) = \begin{cases} \xi R_t, & \text{other} \\ 0, & K > \kappa \text{ or } \varphi = 1 \text{ or } \text{SINR}_{m,nr} < \text{SINR}_{\text{D}}^{\text{th}} \end{cases} \quad (4\text{-}31)$$

式中，R_t 是共存系统的总吞吐量，为 D2D 系统吞吐量 R_D 与 WiFi 系统吞吐量 R_W 之和，即 $R_t = R_D + R_W$。当 WAP 受到 D2D 通信干扰时，记为 $\varphi = 1$，反之 $\varphi = 0$。为避免智能体一味追求最大奖励而忽略 D2D 系统或 WiFi 系统各自的吞吐量，引入了"公平性"约束因子 ξ，即

$$\xi = (R_D + R_W)^2 / 2(R_D^2 + R_W^2) \quad (4\text{-}32)$$

ξ 意味着最大奖励的实现应兼顾 D2D 系统和 WiFi 系统吞吐量，只有"公平性"和共存系统总吞吐量同时增大，才能获得最大回报。$K \leqslant \kappa$ 和 $\varphi = 0$ 能保证 WiFi 节点以最高速率传输数据，$\text{SINR}_{m,nr} > \text{SINR}_{\text{D}}^{\text{th}}$ 能保证 D2D 设备的通信质量。奖励函数说明只有在智能体采取的动作满足约束条件时，动作 a_t 才会有奖励。

5. 算法流程及复杂度分析

所提算法中的原 Q 网络和目标 Q 网络的结构都采用如图 4-13 所示的设计，包括 1 个输入层、3 个隐藏层和 1 个输出层，其中，隐藏层为全连接层。输入层神经元数量等于状态向量维度，3 个隐藏层的神经元数量分别为 512 个、768 个和 1024 个，输出层神经元数量等于动作空间大小 θ^{N_u}，输出层的输出值为每个动作的对应 Q 值。

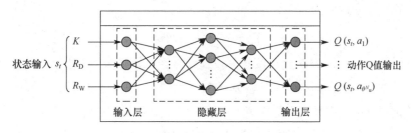

图 4-13　原 Q 网络和目标 Q 网络的结构

基于 DDQN 的 D2D 直接接入免授权频谱算法流程如图 4-14 所示，由于 WiFi 的协作，作为智能体的基站在执行动作后可以接收来自环境的反馈信息，该信息即状态 s_t 包含的信息。图 4-14 中的实线代表智能体与环境的交互过程，交互完成后会将当前交互采集的经验存储到经验回放空间中，虚线代表智能体的线下学习过程，包括抽取样本进行训练、计算 Loss 和更新 Q 网络权重 ω。

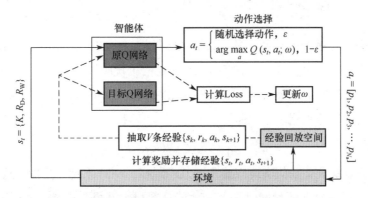

图 4-14 基于 DDQN 的 D2D 直接接入免授权频谱算法流程

在计算 Loss 并进行梯度下降前，智能体随机抽取 V 个样本 $\{s_k, r_k, a_k, s_{k+1}\}$，为解决过度估计的问题，智能体先找到使 $Q(s_k, a_k; \omega_k)$ 达到最大值的动作 a_k，再找到动作 a_k 对应的 $Q(s_k, a_k; \omega_k^-)$ 网络的输出值，因此目标值 y_k 为

$$y_k = r_k + \gamma Q[s_{k+1}, \arg\max_a Q(s_{k+1}, a; \omega_k); \omega_k^-] \tag{4-33}$$

随后，通过式（4-34）计算 Loss 并关于 ω 进行梯度下降。

$$\text{Loss}(\omega_t) = (1/V)[Q(s_k, a_k; \omega_k) - y_k]^2 \tag{4-34}$$

由于目标 Q 网络的权重由原 Q 网络周期性更新，所以本节采用软更新的方式进行更新，更新规则为

$$\omega^- = \tau\omega + (1 - \tau)\omega^- \tag{4-35}$$

基于 DDQN 的 D2D 直接接入免授权频谱算法如算法 4-2 所示。在算法迭代之前，基站会根据前面描述的方法对 D2D 设备进行预筛选（步骤 1 和步骤 2）。在初始化训练网络参数及各超参数后，智能体开始训练。在算法的每次迭代中（步骤 6～步骤 10），根据 ε- 贪婪选择策略从动作空间中选择动作 a_t 与环境交互，ε 随迭代次数的增加按指数规律下降，直至最低值。智能体根据 WAP 反馈的信息利

用式（4-31）计算动作的即时奖励 r_t，此时状态 s_t 更新为 s_{t+1}，随后将执行此次动作获得的经验 $\{s_t, a_t, r_t, s_{t+1}\}$ 存入经验回放空间。为加快训练，算法每迭代 q 次执行一次训练网络的权重更新：首先，智能体从经验回放空间中随机抽取 V 条经验；其次，利用抽取的经验通过式（4-33）计算目标值 y_t；最后，对损失函数，即式（4-34）关于 w 执行梯度下降，并更新训练网络的权重 ω。在每次迭代的最后，利用式（4-35）更新目标网络的权重 ω^-。重复步骤 6～步骤 10，直到训练结束。

算法 4-2　基于 DDQN 的 D2D 直接接入免授权频谱算法

---

for $i = 1, 2, \cdots, N$ do

　　步骤 1：基站控制第 i 对 D2D 以最小功率发送数据；

　　步骤 2：if $I_w^{AP} > I_w$ or $SINR_w^{AP} < SINR_w$：第 i 对 D2D 不能接入免授权频谱；

end for

步骤 3：初始化训练网络的权重参数 ω，使目标网络权重参数 $\omega^- = \omega$；

步骤 4：初始化经验回放空间大小；

步骤 5：初始化学习率 v、折扣率 γ，初始化状态 $s_t = s_1$；

Repeat：

　　步骤 6：智能体根据式（4-30）选择动作 a_t，ε 降低；

　　步骤 7：智能体执行动作 a_t，利用式（4-31）计算奖励 r_t，状态 s_t 更新为 s_{t+1}；

　　步骤 8：智能体将 $\{s_t, r_t, a_t, s_{t+1}\}$ 存入经验回放空间；

　　步骤 9：（每迭代 q 次执行一次）

　　　　智能体从经验回放空间中抽取 V 条经验；

　　　　智能体通过式（4-33）计算目标值；

　　　　智能体对损失函数，即式（4-34）关于 ω 执行梯度下降，更新训练网络的权重 ω；

　　步骤 10：利用式（4-35）更新目标网络的权重 ω^-；

Until 训练次数达到 EPOCH（EPOCH 代表 WiFi 与基站交互协作信息的周期）

基于 DDQN 的 D2D 直接接入免授权频谱算法的复杂度包括两部分：D2D 设备预筛选算法复杂度和 DDQN 算法复杂度。由算法 4-2 可知，D2D 的预筛选算法复杂度由循环次数 N 决定，因此该预筛选算法的复杂度为 $O(N)$。本节简化了算法结构，将原来的两层循环简化为一层循环。设 DDQN 的神经网络层数为 F，第 f 层的神经元数量为 n_f，$f \in \{1, 2, \cdots, F\}$。DDQN 的神经网络在

每个 EPOCH 的操作时间内可以表示为 $\sum_{f=0}^{F-1} n_f n_{f+1}$。综上所述，所提算法的复杂

度为 $O(N + H \sum_{f=0}^{F-1} n_f n_{f+1})$，其中 H 等于 EPOCH 的次数。

4.3.6 仿真结果与性能分析

1. 仿真参数设置

在仿真中，本节考虑半径为 200 m 的单蜂窝网络，D2D 设备随机分布且 D2D 发射端和接收端之间的距离不能超过 D2D 最大通信距离。WiFi 网络位于蜂窝网络的覆盖区域内，WAP 服务半径为 50 m，根据 5 GHz 的 802.11n 协议设置仿真参数，免授权频谱带宽为 20 MHz。在 DDQN 的神经网络设置中，神经网络由三个全连接层和两个激活函数组成，前两层的神经元数量分别为 400 个和 600 个，最后一层的神经元数量等于动作空间的大小。学习率 ν 设置为 3×10^{-5}，折扣率 γ 设置为 0.7，智能体随机选择动作的概率 ε 从 1 开始按指数规律下降到 0.001，训练步数为 6000 步，经验回放空间的大小为 2500，抽样数据设置为 128 个，训练网络权重的更新周期为 5。其余主要参数如表 4-2 所示。

表 4-2 其余主要参数

参数	取值	参数	取值
噪声功率谱密度 σ^2	−174 dBm/Hz	D2D 信干噪比阈值 SINR_D^{th}	3 dB
D2D 通信距离	10~40 m	WiFi 信干噪比阈值	22 dB
D2D 发射功率 p_n	7~19 dBm	$E[PA]$	12000 bits
干扰阈值 κ	0	PHY	192 bits
WiFi 节点发射功率 p_w	23 dBm	MAC	224 bits
路径损耗因子 δ	3.1	ACK	112 bits
功率增益 G	−33.58 dB	SIFS	16 μs
WiFi 设备数量 M	5~10 个	DIFS	50 μs
D2D 对数量 N	6 对	I_{th}	−62 dBm

为评估 WiFi 设备位置对共存系统总吞吐量的影响，本节考虑 4 种 WiFi 设备的位置分布，将 WiFi 设备最多设置为 10 个，最少设置为 5 个，仿真中各 WiFi 设备的位置分布如图 4-15 所示。对于位置分布一，所有 WiFi 设备随机生成位置。

对于后 3 种位置分布，当 WiFi 数量增加时，新增的 WiFi 设备在位置分布一中已经生成的 5 个 WiFi 设备位置的基础上，按照不同的规律生成位置。在位置分布二中，新增的 WiFi 设备按照距 WAP 越来越远的规律生成，第 6 个 WiFi 设备的角度为 π，后序依次增加 $2\pi/5$。在位置分布三中，新增的 WiFi 设备按照距 D2D 设备越来越近的规律生成。在位置分布四中，新增的 WiFi 设备按照距 D2D 设备越来越远的规律生成。由于直接接入的目的是选择距 WiFi 网络较远的 D2D 设备并将其直接接入免授权频谱，所以在仿真中先确定 D2D 发射端相对 WAP 的角度，并增大 D2D 与 WAP 的平均距离，以体现 D2D 设备位置对共存系统总吞吐量的影响。

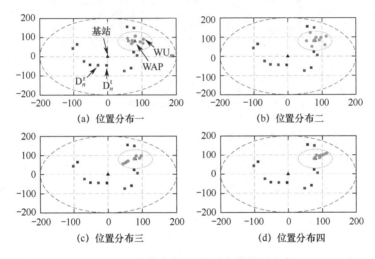

图 4-15　仿真中各 WiFi 设备的位置分布

2．算法性能分析

原奖励的收敛性比较如图 4-16 所示，图 4-16 显示了在不同 WiFi 设备数量和不同位置分布下，当 D2D 设备与 WAP 之间的平均距离为 100 m、D2D 发射端和接收端之间的通信距离为 25 m 时的奖励曲线。由图 4-16 可知，随着训练次数的增加，奖励缓慢增长，最终趋于稳定，在经过约 3000 次迭代后，奖励曲线逐渐收敛为稳定的直线，存在少许波动的原因是智能体有极小的概率会随机选择动作来探索环境，以获得更大的奖励。收敛表明在当前状态下，作为智能体的基站已找到最优策略，即已确定接入免授权频谱的 D2D 设备及其发射功率，实现了共存系统总吞吐量的最大化，并满足了 WiFi 的干扰阈值约束和 D2D 的信干噪比要求。

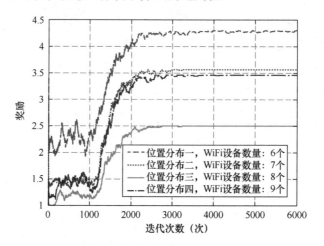

另外，当 WiFi 设备数量或位置变化时，即在环境发生变化后，智能体仍然能在经过一定训练后达到收敛状态，体现了算法的适用性。

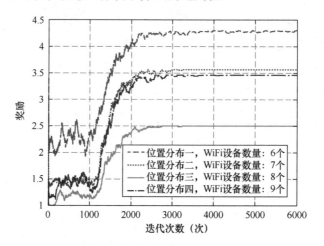

图 4-16　原奖励的收敛性比较

　　当 D2D 设备与 WAP 之间的平均距离为 100 m、D2D 发射端和接收端之间的通信距离为 25 m 时，在 4 种 WiFi 设备位置分布下，WiFi 设备数量对共存系统总吞吐量的影响如图 4-17 所示。结合图 4-17，由于 WiFi 设备的位置完全随机，为消除随机性，本节对位置分布一曲线的每个数据点进行 5000 次的蒙特卡罗仿真。一方面，随着 WiFi 设备数量的增加，WiFi 接入免授权信道的碰撞概率增大，WiFi 系统吞吐量随之减小；另一方面，更多的 WiFi 设备代表 WiFi 系统可承受的干扰裕度越小，这使得接入免授权频谱的 D2D 设备减少和功率降低，从而导致 D2D 系统吞吐量减小。对于后三种位置分布，相同之处在于，新增的 WiFi 设备距 WAP 越来越远，WiFi 设备的信干噪比随之下降，为保证 WiFi 设备的正常通信，基站会降低 D2D 设备的发射功率或减小接入免授权频谱的 D2D 设备数量，以减小干扰，D2D 系统的吞吐量减小，共存系统总吞吐量随之减小。不同之处在于，位置分布二中新增的 WiFi 设备既存在距 D2D 设备近的情况又存在距 D2D 设备远的情况，距 D2D 设备较远的 WiFi 设备受到的干扰更小，其具有更高的信干噪比，WiFi 网络允许更多的 D2D 设备接入免授权频谱或 D2D 设备以更高的功率发送数据，从而获得更大的共存系统总吞吐量，反之同理。因此，从整体上看，位置分布四对应的共存系统总吞吐量最大，位置分布二和位置分布三对应的共存系统总吞吐量依次减小。

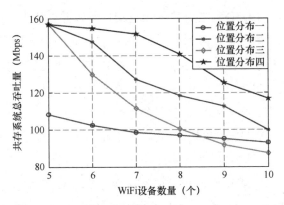

图 4-17　在 4 种 WiFi 设备位置分布下，WiFi 设备数量对共存系统总吞吐量的影响

在位置分布三，当 D2D 设备与 WAP 之间的平均距离为 100 m、D2D 发射端和接收端之间的通信距离为 25 m 时，接入免授权频谱的 D2D 设备数量及其平均发射功率随迭代次数的变化趋势如图 4-18 所示。与图 4-16 中的收敛性一致，当迭代次数约为 3000 次时，接入免授权频谱的 D2D 设备数量和发射功率基本不再发生变化，收敛状态表明接入免授权频谱的 D2D 设备数量和发射功率已达到最优。在图 4-18（a）中，由于经过预筛选，已有一个 D2D 对被筛选掉，因此接入免授权频谱的 D2D 设备最多为 5 个。在图 4-18（b）中，随着 WiFi 设备数量的增加，为保证 WiFi 系统的正常通信，基站需减少接入免授权频谱的 D2D 设备和降低 D2D 设备的发射功率，以减小干扰，验证了图 4-17 中对共存系统总吞吐量的分析。

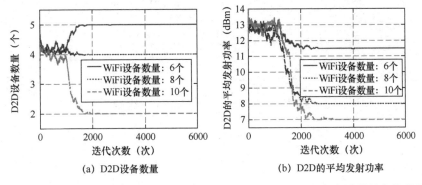

图 4-18　接入免授权频谱的 D2D 设备数量及其平均发射功率随迭代次数的变化趋势

3．与传统方案性能的对比

本节将所提的 DA-DDQN 方案与 LBT 方案和 DC 方案进行比较，对于 LBT 方案和 DC 方案，所有 D2D 设备都能使用免授权频谱并以最大发射功率发送数据，每个 D2D 对频分复用免授权频谱，因此 D2D 设备之间无同信道干扰，子信道数量与 D2D 设备数量相同。在 DC 方案中，将 D2D 系统占用免授权频谱的时间与 DC 周期 T 的比值 χ 设为 0.2 和 0.25。在 LBT 方案中，本节采用 Cat-4 方案，将最大退避窗口 Q 设置为 16 和 20。

当 D2D 设备与 WAP 之间的平均距离为 100 m、D2D 发射端与接收端之间的通信距离为 25 m 时，不同共存方案下的 WiFi 系统吞吐量如图 4-19 所示。从图 4-19 中可以看出，DA-DDQN 方案下的 WiFi 系统吞吐量与 WiFi 系统饱和吞吐量几乎相同，与 LBT 方案和 DC 方案相比，DA-DDQN 方案对 WiFi 系统吞吐量的干扰较小。使用 LBT 方案的 D2D 设备与 WiFi 设备随机争用信道，必然会导致 WiFi 的碰撞概率增加，当 WiFi 设备数量增加时，会增大整个 WiFi 系统使用免授权频谱的概率，同时会增大 WiFi 设备间的碰撞概率，因此在 LBT 方案下，WiFi 系统吞吐量变化趋势为先增大后减小。再者，使用 DC 方案的 D2D 设备，本质上缩短了 WiFi 系统整体的通信传输时间，因此随着 WiFi 设备数量的增加，WiFi 系统吞吐量会逐渐减小。对于 DA-DDQN 方案，在干扰阈值 κ 的限制下，D2D 通信对 WiFi 系统的干扰被限制，以保证 WiFi 能采用具有最高传输速率的调制方式，表明 DA-DDQN 方案能在实现 WiFi 系统以最大吞吐量通信的同时共享免授权频谱，提高了频谱利用率。

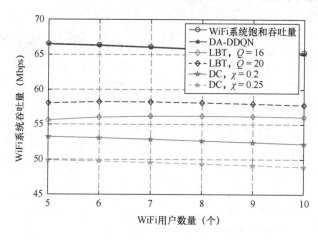

图 4-19　不同共存方案下的 WiFi 系统吞吐量

当 D2D 设备与 WAP 之间的平均距离为 160 m 且有 10 个 WiFi 设备时，不同共存方案下 D2D 设备的通信距离对共存系统总吞吐量的影响如图 4-20 所示，图 4-20 中的各点为进行 5000 次蒙特卡罗仿真的结果。由图 4-20 可知，增大 D2D 设备的通信距离，会增大信号的路径损耗，导致 D2D 接收端的接收功率减小，D2D 系统的吞吐量减小，从而减小共存系统总吞吐量。在 LBT 方案和 DC 方案下，D2D 设备均以最大功率发送数据，D2D 接收端的接收功率更大。而在 DA-DDQN 方案下，需要控制 D2D 设备的发射功率，以限制 D2D 设备对 WiFi 系统的干扰，因此当 D2D 接收端与发射端的距离较远时，DA-DDQN 方案下的共存系统总吞吐量小于 LBT 方案和 DC 方案。

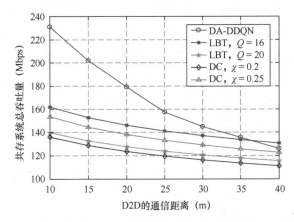

图 4-20　不同共存方案下 D2D 的通信距离对共存系统总吞吐量的影响

在位置分布一，当 D2D 设备的通信距离为 20 m 且有 10 个 WiFi 设备时，D2D 发射端与 WAP 的平均距离对共存系统总吞吐量的影响如图 4-21 所示，图 4-21 中的各点为进行 5000 次蒙特卡罗仿真的结果。由图 4-21 可知，随着 D2D 发射端与 WAP 的距离逐渐增大，DA-DDQN 方案下的共存系统总吞吐量逐渐增大，且优于 LBT 方案和 DC 方案。在 LBT 方案和 DC 方案中，所有 D2D 设备以最大发射功率发送数据且无功率控制，因此在仿真范围内无法实现与 WiFi 设备同时使用免授权频谱且不干扰 WiFi 设备正常通信。再者，在 4.3.6 节的仿真参数设置中，LBT 方案和 DC 方案下的 D2D 设备数量是固定的，因此 LBT 方案下 D2D 设备接入免授权频谱的概率是稳定的，DC 方案下 D2D 设备使用免授权频谱的时间占比是固定的，因此两者的曲线为直线。由于 DA-DDQN 方案采用直接接入方式使 D2D

设备与 WiFi 设备共享免授权信道,可实现 D2D 设备与 WiFi 设备同时同频使用免授权频谱且不干扰 WiFi 设备正常通信。当 D2D 发射端距 WAP 较近时,D2D 通信会对 WiFi 系统造成严重干扰,WiFi 设备要实现最高传输速率的条件更为苛刻,因此基站将减少接入免授权频谱的 D2D 设备并减小发射功率,此时 DA-DDQN 方案下的共存系统总吞吐量小于 LBT 方案和 DC 方案。当 D2D 发射端距 WAP 较远时,WiFi 设备受 D2D 通信的干扰裕度增大,更多的 D2D 设备能以更大的发射功率接入免授权频谱,使得共存系统总吞吐量增大。

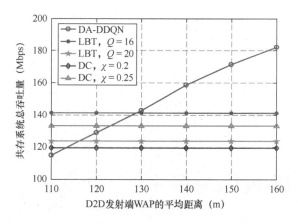

图 4-21 D2D 发射端与 WAP 的平均距离对共存系统总吞吐量的影响

结合图 4-19 和图 4-21 可知,DC 方案中 D2D 系统占用免授权频谱的时间与 DC 周期 T 的比值 χ 越大或 LBT 方案中最大退避窗口 Q 越小,则 WiFi 系统吞吐量越小,共存系统总吞吐量越大。可以推出,当 χ 变小或 Q 变大时,DC 方案和 LBT 方案对 WiFi 系统的干扰会减小并接近 DA-DDQN 方案对 WiFi 系统的干扰,但对 D2D 系统的通信质量影响很大。因此在 D2D 设备距 WiFi 网络较近的情况下,从 WiFi 网络受扰程度来看,DA-DDQN 方案明显优于 LBT 方案和 DC 方案,但从共存系统的角度来看,LBT 方案和 DC 方案更优。在 D2D 设备距 WiFi 网络较远的情况下,从上述两个角度来看,DA-DDQN 方案优于 LBT 方案和 DC 方案。

4. 与其他智能算法的对比

将基于 DDQN 的 D2D 直接接入免授权频谱(DA-DDQN)算法与以下 4 种算法进行比较:①DA-DQN(Direct Access Based on DQN)算法:将直接接入机制

与 DQN 结合，与 DDQN 相同，DQN 使用神经网络寻找最优策略 π^*；②DA-QL（Direct Access Based on Q Learning）算法：将直接接入机制与 QL 结合，QL 通过 Q 表寻找最优策略 π^*；③DA-G（Direct Access Based on Greedy）算法：将直接接入机制与贪婪选择策略结合，在贪婪选择策略中，智能体只关注当前环境下的最优动作而忽略未来奖励；④随机（Random）算法：智能体随机从动作空间中选择动作。在算法对比中，除了随机算法，所有算法与 DA-DDQN 算法有相同的问题限制条件。

在位置分布二，当 D2D 设备与 WAP 的平均距离为 140 m、D2D 发射端与接收端的通信距离为 25 m 时，不同算法的各指标对比如图 4-22 所示。从共存系统总吞吐量的角度来看，如图 4-22（a）所示，DA-DDQN 算法优于其他算法，并与穷举算法相差无几，其余算法的性能从优到劣依次为 DA-DQN、DA-QL 和 DA-G。结合功率细化因子 θ 和 D2D 设备数量，可知穷举算法对应的动作空间大小为 46656，这代表穷举算法需要执行 46656 次才能得出最优解，而 DA-DDQN 算法只需要迭代 3000 次左右便能收敛得到最优解。DA-DDQN 算法的共存系统总吞吐量曲线比穷举算法略低的原因在于，DA-DDQN 算法对应的吞吐量是收敛后的平均值，DA-DDQN 算法在收敛后仍有极小概率选择除最优动作外的其他动作，从而导致吞吐量较小。虽然 DA-DQN 算法的指标表现与 DA-DDQN 算法相差无几，但由图 4-22（b）、图 4-22（c）和图 4-22（d）可知，DA-DQN 算法的收敛速度慢于 DA-DDQN 算法，且收敛后的稳定性不如 DA-DDQN 算法。由于随机算法是智能体随机从动作空间中选择动作，其结果不满足 D2D 信干噪比和 WiFi 干扰阈值条件，在共存系统总吞吐量方面并无参考价值，所以在图 4-22（a）中未画出。

从智能体奖励的角度来看，如图 4-22（b）所示，由 4.3.5 节的奖励函数可知，奖励越大则共存系统总吞吐量越大，因此算法的性能优劣排名与图 4-22（a）一致。由于随机算法有概率选择奖励不为 0 的动作，但其大部分时间选择的动作不能使智能体获得奖励，所以它在智能体奖励方面表现最差。

从算法收敛的角度来看，如图 4-22（b）、图 4-22（c）和图 4-22（d）所示，随机算法不能收敛，DA-G 算法收敛得最快最稳定，但 DA-G 算法陷入局部最优解会导致其在共存系统总吞吐量方面表现最差。其余算法在收敛速度和收敛稳定性方面的性能优劣排名与图 4-21（a）一致。从算法对 WiFi 网络的干扰角度来看，

如图 4-22（c）所示，WiFi 网络受扰程度表示为 D2D 通信干扰导致不能通信的
WiFi 设备数量 K，DA-DDQN 算法、DA-DQN 算法、DA-QL 算法和 DA-G 算法
都能收敛至最小干扰，而随机算法因具有随机性，WiFi 网络始终受 D2D 通信干
扰。从 D2D 设备的信干噪比角度来看，如图 4-22（d）所示，随机算法对应的信
干噪比最高，这是由于它没有 WiFi 干扰阈值限制，随机算法并没有实现 D2D 网
络与 WiFi 网络的公平共存，而其余算法能在满足 WiFi 干扰阈值要求的前提下，
实现对 D2D 设备信干噪比的优化。其余算法在 D2D 设备信干噪比方面的性能优
劣排名与图 4-22（a）一致。

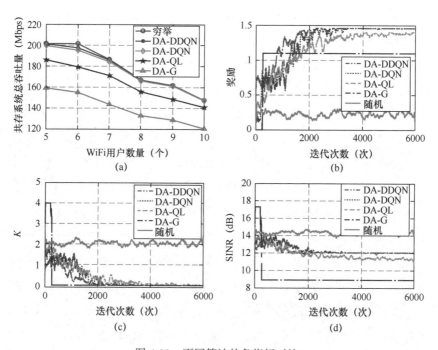

图 4-22　不同算法的各指标对比

4.3.7　本节小结

本节提出了一种基于 DDQN 的 D2D 直接接入免授权频谱算法。具体来说，
在 WiFi 系统协作的情况下，即 WiFi 系统在智能体决策时刻向协作设备广播其吞
吐量和受扰情况，基站通过接收和分析来自协作设备的信号，结合 DDQN 算法学
习到最优的 D2D 筛选策略及其功率分配，并确保满足 D2D 设备的最低信干噪比

要求，以及确保 D2D 通信对 WiFi 网络的干扰被限制在设定的阈值内。理论分析和数值仿真表明，当环境变化时，即当 WiFi 设备数量增加或位置变化时，智能体依然能在达到一定训练步数后收敛，证明了算法的适用性。在 WiFi 系统吞吐量方面，随着 WiFi 设备数量的增加，DA 方案中的 WiFi 系统吞吐量与无干扰时 WiFi 系统饱和吞吐量相差无几，验证了 DA 方案的可行性。在共存系统总吞吐量方面，当 D2D 设备处于距 WAP 较远的位置时，DA 方案比 LBT 方案和 DC 方案实现了更大的共存系统总吞吐量。除方案对比外，为验证 DA-DDQN 算法的性能，将其与 DA-DQN 算法、DA-QL 算法、DA-G 算法和随机算法在共存系统总吞吐量、智能体奖励、收敛性、WiFi 网络受扰程度及 D2D 设备的信干噪比等方面进行了对比，结果表明 DA-DDQN 算法具有更好的性能。

4.4　本章总结

本章对 D2D 通信下的免授权频谱共享方法展开研究，介绍了基于多智能体深度强化学习的 D2D 通信资源联合分配算法。该算法考虑了授权频谱和免授权频谱，通过智能体的学习确定 D2D 最优的频谱接入、信道选择和发射功率控制策略，实现了 D2D 用户、蜂窝用户和 WiFi 用户的公平共存。本章还提出了基于 DDQN 的 D2D 直接接入免授权频谱算法。这种方案解决了 D2D 用户接入免授权信道的筛选问题和功率分配问题，并能最大化共存系统总吞吐量。

参 考 文 献

[1] LE M, PHAM Q V, KIM H C, et al. Enhanced Resource Allocation in D2D Communications with NOMA and Unlicensed Spectrum[J]. IEEE Systems Journal, 2022, 16(2):2856-2866.

[2] JAMEEL F, HAMID Z, JABEEN F, et al. A Survey of Device-to-Device Communications: Research Issues and Challenges[J]. IEEE Communications Surveys & Tutorials, 2018, 20(3):133-2168.

[3] SAHA R K. Coexistence of Cellular and IEEE 802.11 Technologies in Unlicensed Spectrum Bands-A Survey[J]. IEEE Open Journal of the Communications Society, 2021, 2:1996-2028.

[4] QIU Y, JI Z, ZHU Y, et al. Joint Mode Selection and Power Adaptation for D2D Communication with Reinforcement Learning[C]//2018 15th International Symposium on Wireless Communication Systems (ISWCS), Lisbon: IEEE Press, 2018:1-6.

[5] NGUYEN K K, DUONG T Q, VIEN N A, et al. Non-Cooperative Energy Efficient Power Allocation Game in D2D Communication: A Multi-Agent Deep Reinforcement Learning Approach[J]. IEEE Access, 2019, 7:100480-100490.

[6] LEE O, KIM J, LIM J, et al. SIRA: SNR-Aware Intra-Frame Rate Adaptation[J]. IEEE Communications Letters, 2014, 19(1):90-93.

[7] YIN W, HU P, INDULSKA J, et al. MAC-Layer Rate Control for 802.11 Networks: A Survey[J]. Wireless Networks, 2020, 26:3793-3830.

第 5 章　基于无人机平台的免授权频谱共享方法

5.1　引言

过去十年，蜂窝网络承载了暴发性增长的数据流量，由于在城市区域存在地面通信链路的高损耗，地面通信基站（Base Station，BS）已不能满足边缘地区或热点区域内所有用户的高速率通信需求。随着第五代移动通信技术（The 5th Generation Mobile Communication Technology，5G）和移动边缘计算（Mobile Edge Computing，MEC）技术的迅速发展，在智能移动设备中出现了越来越多的计算密集型应用，如现场直播和虚拟现实等[1]。虽然 MEC 技术允许用户将计算任务卸载到 MEC 服务器上，但是 MEC 服务器的覆盖范围和计算能力通常有限。这使得 MEC 技术无法有效应对音乐会等场景下热点区域内计算需求激增的问题。对此最直接的解决方法是在地面部署更多的 MEC 服务器。然而，这种方法成本过高且不够灵活。无人机通信具有强视距通信链路和自适应高度，且灵活性较强，国内外对无人机的使用率正迅速提高。无人机携带的空中 BS 被认为是扩大未来无线网络覆盖范围和增大容量的一种有前景的方法[2]，无人机携带 MEC 服务器也成为应对日益增长的计算需求的解决方案[3]。因此，无人机能够同时携带 MEC 服务器和 BS 为热点中具有不同需求的用户提供服务。这在未来无线网络中被认为是一种能满足日益增长的计算和流量需求的有前景的方法。为了缓解授权频谱资源的利用压力，无人机通信也被建议使用免授权频谱。近年来，基于免授权频谱的无人机通信获得了越来越多的关注，如对缓存、虚拟现实和灾难恢复等方面的研究。无人机通信中的轨迹优化和资源分配对免授权频谱利用率有很大影响。因此，为了提高免授权频谱利用率，需要充分利用无人机的机动性，以服务更多具有不同需求的用户，同时确保无人机通信系统与免授权频谱现有用户（地面 WiFi 系统）的和谐共存。

5.2　基于混合频谱共享的轨迹优化和资源分配算法

现有免授权频谱共享方案（如 LBT 方案和 DCM 方案）主要面向地面固定 BS，不能有效应用于无人机通信，因此急需设计一种免授权频谱共享方案来尽可能地满足在不同的无人机通信中不同用户的需求，并提高免授权频谱利用率。虽然无人机协作的免授权 MEC 通信（UAV Assisted Unlicensed MEC Communication，UAUM）系统与传统 MEC 通信系统相比有许多优势，但是目前关于 UAUM 系统性能的研究很少。在 UAUM 系统中，无人机 BS 的移动性对免授权频谱共享方案的影响及对 WiFi 用户的干扰会使无人机系统资源分配和轨迹优化成为具有挑战性的问题。因此，本节面向 UAUM 系统提出一种混合频谱共享方案，并深入研究混合频谱共享下 UAUM 系统中的资源分配和轨迹优化问题。

5.2.1　场景描述与系统模型

1．场景描述

UAUM 系统模型如图 5-1 所示，旋翼无人机同时携带 BS 和 MEC 服务器，使用免授权频谱周期性地为热点中的地面用户提供服务，区域内存在一个 WAP。无人机在小范围内短时飞行[4]，并在每个任务周期结束后回到起始位置，同时无人机根据位置和用户的不同需求来优化轨迹和分配资源。假设在无人机覆盖区域内有 M 个实时下行用户（Realtime Downlink User，RDU）需要高速率的通信服务，而 V 个在 WAP 覆盖区域外的非实时下行用户（Non-Realtime Downlink User，NDU）需要低速率的通信服务。此外，区域内存在 K 个有计算密集型任务需求的上行计算用户（Uplink Computing User，UCU），这些用户的部分任务需要卸载到有更强计算能力的无人机 MEC 服务器进行计算，以节约时间和能量。无人机的飞行周期是一个任务周期，无人机以固定高度 H 飞行，飞行高度的最小值取决于

工作地形，即无人机不需要通过上升或下降来避开建筑物等障碍物。假设 WAP
在其覆盖区域内为 L 个 WiFi 用户提供服务。UCU 表示为 C_k（$k=1,\cdots,K$），RDU
和 NDU 分别表示为 D_m（$m=1,\cdots,M$）和 E_v（$v=1,\cdots,V$）WiFi 用户或 WiFi 设
备表示为 W_l（$l=1,\cdots,L$）。

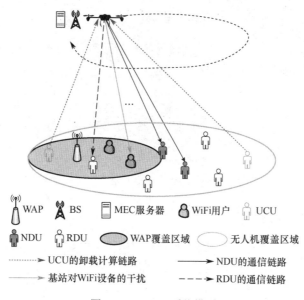

图 5-1　UAUM 系统模型

2．混合频谱共享方案

本节提出的混合频谱共享方案如图 5-2 所示。无人机的飞行周期被划分为 N
个相等的时隙。为了满足用户的不同需求和尽可能地提高免授权频谱利用率，将
无人机的每个时隙划分为功率无限制（Power Free，PF）阶段和功率控制（Power
Control，PC）阶段。在 PF 阶段，无人机能够忽略 WiFi 设备的存在，同时为具有
实时需求的 UCU 和 RDU 提供高速率通信服务，因此能够通过增大传输功率来满
足自身需求，但是传输功率仍然会被免授权频谱管理条例限制。此时，由于实时
用户会造成强干扰，WiFi 设备可能无法传输数据。在 PC 阶段，无人机被允许为
一些具有非实时需求的用户提供低速率通信服务，以提高频谱利用率，但对 WiFi
设备的干扰必须被控制在预设阈值以下（如 CSMA/CA 协议中的能量检测阈值，
这意味着 WiFi 设备的数据传输完全不受影响）。为了满足用户的不同需求并尽可

能提高频谱利用率，本节联合考虑 PF 阶段 UCU 和 RDU 之间的免授权带宽分配，以及各飞行时隙中 PF 阶段和 PC 阶段的占空比、无人机的飞行轨迹和 NDU 的传输功率分配。

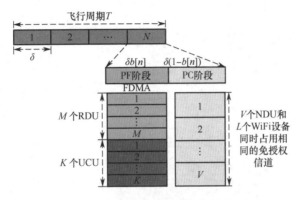

图 5-2　混合频谱共享方案

3．无人机飞行轨迹模型

本节将无人机的飞行周期 T 划分为 N 个相等的时隙，用 δ 表示时隙长度，则 $\delta = T / N$。在第 n 个时隙中，无人机的位置坐标可以表示为 $Q_u[n] = (x[n], y[n])$。用 $V_{\max}$ 表示无人机的最大飞行速度，则无人机的飞行轨迹应满足以下约束

$$\| Q_u[n+1] - Q_u[n] \| \leqslant V_{\max}\delta, \ \forall n \tag{5-1}$$

这里令无人机在完成一个短任务周期 T 后回到起始位置，因此应满足以下约束

$$Q_u[0] = Q_u[N] \tag{5-2}$$

4．PF 阶段的传输模型

据 3GPP 报道，在城市高密度区域，当无人机飞得足够高时，无人机与地面用户之间可以实现接近 1 的视距通信链路概率，此时距离是影响信道质量的主要因素。因此，这里认为无人机与地面用户之间的空对地通信链路主要是视距通信链路，可以采用自由空间路径损耗模型[5]。在第 n 个时隙内，从第 k 个 UCU 到无人机和从无人机到第 m 个 RDU 的信道功率增益可以分别表示为式（5-3）和式（5-4）[6-9]。

$$g_k[n] = w_0 / (\| Q_u[n] - L_{C_k} \|^2 + H^2), \ \forall k, n \tag{5-3}$$

式中，w_0 表示在 1 m 距离处的信道功率增益；L_{C_k} 表示 UCU 的位置坐标 (X_k, Y_k)；H 为无人机的固定飞行高度。

$$g_m[n] = w_0 / (\|\boldsymbol{Q}_u[n] - \boldsymbol{L}_{D_m}\|^2 + H^2), \ \forall m,n \tag{5-4}$$

式中，$\boldsymbol{L}_{D_m}$ 表示 RDU 的位置坐标 (X_m, Y_m)。

如图 5-2 所示，在 PF 阶段，无人机采用 FDMA 技术同时为地面的 M 个 RDU 和 K 个 UCU 提供通信服务。$B_m[n]$ 和 $B_k[n]$ 分别表示第 m 个 RDU 和第 k 个 UCU 在第 n 个时隙中分配到的带宽，带宽应满足以下约束

$$\sum_{m=1}^{M} B_m[n] + \sum_{k=1}^{K} B_k[n] \leqslant B_{\max}, \ \forall m,k,n \tag{5-5}$$

式中，$B_{\max}$ 表示免授权信道的总带宽。

在 PF 阶段，无人机能够为 RDU 提供高速率通信服务，以满足 RDU 的实时通信需求，因此应该满足以下约束

$$B_m[n]b[n]\delta \log_2\left(1 + \frac{p_m[n]g_m[n]}{N_0 B_m[n]}\right) \geqslant R_{\min}, \ \forall m,n \tag{5-6}$$

式中，$b[n]$ 表示在第 n 个时隙中 PF 阶段的时间占比，本节简称其为占空比；$p_m[n]$ 表示无人机在第 n 个时隙中分配给第 m 个 RDU 的功率；N_0 表示高斯白噪声功率谱密度；$R_{\min}$ 表示在每个时隙中 RDU 传输的最小吞吐量。

因此，占空比满足以下约束

$$F_{\min} \leqslant b[n] \leqslant F_{\max}, \ \forall n \tag{5-7}$$

式中，$F_{\min}$ 和 $F_{\max}$ 表示预设的占空比阈值。

相似地，在第 n 个时隙中，从第 k 个 UCU 到无人机 MEC 服务器的卸载计算比特为 $L_k^{\text{off}}[n]$，表示为

$$L_k^{\text{off}}[n] = B_k[n]b[n]\delta \log_2\left(1 + \frac{pg_k[n]}{N_0 B_k[n]}\right), \ \forall k,n \tag{5-8}$$

式中，p 表示每个 UCU 的卸载功率，本节假设其为常数。

假设 UCU 一直在进行本地计算，$f_k[n]$ 表示在第 n 个时隙中第 k 个 UCU 的本地计算能力（单位为 cycle/s），C_r 表示 UCU 计算 1 bit 任务所需要的 CPU 转数。因此，第 k 个 UCU 在第 n 个时隙中能够进行本地处理的任务量可以表示为

$$L_k^{\text{loc}}[n] = f_k[n]\delta/C_{\text{r}}, \quad \forall k,n \tag{5-9}$$

为了满足 UCU 的不同计算需求，应满足以下约束

$$\frac{1}{T}\sum_{n=1}^{N}(L_k^{\text{loc}}[n]+L_k^{\text{off}}[n]) \geqslant L_k, \quad \forall k \tag{5-10}$$

式中，L_k 表示第 k 个 UCU 的最小平均计算比特需求。

由于无人机的 MEC 服务器比 UCU 有更强的计算处理能力[10]，且计算结果非常小，所以本节忽略无人机 MEC 服务器的计算时间和计算结果返回时间[11]。

5. PC 阶段的干扰模型

在 PC 阶段，无人机需要考虑 WiFi 设备的存在，同时为选定的 NDU 提供低速率通信服务。也就是说，无人机与 NDU 之间的下行通信不会影响 WiFi 设备的正常通信，从而保证了 WiFi 用户的体验。假设带宽被平均分配给每个 NDU，即 $B_v[n]=B_{\max}/V(\forall v,n)$，$P_{\max}$ 表示无人机 BS 分配给每个 NDU 的最大平均传输功率，P_{uav} 表示无人机的最大发射功率，因此应该满足以下约束

$$\frac{1}{N}\sum_{n=1}^{N}p_v[n] \leqslant P_{\max}, \quad \forall v \tag{5-11}$$

$$\sum_{v=1}^{V}p_v[n] \leqslant P_{\text{uav}}, \quad \forall n \tag{5-12}$$

式中，$p_v[n]$ 表示无人机在第 n 个时隙中分配给第 v 个 NDU 的功率。

在实际场景中，几乎所有的智能手机都配备了 WiFi 模块。因此，智能设备可能同时与 WAP 和附近的通信 BS 关联。在本节中，WiFi 设备是与 WAP 关联的智能设备，应优先选择与 WAP 进行通信，但是这些设备也可能是蜂窝设备。因此，进一步假设 WiFi 设备可以主动或被动向无人机报告其位置。为了保证 WiFi 设备的通信过程不受 NDU 的影响，要求每个 WiFi 设备接收的平均干扰功率之和不超过其预设阈值。因此，应该满足以下约束

$$\frac{1}{N}\sum_{v=1}^{V}\sum_{n=1}^{N}\frac{w_0 p_v[n]}{H^2+\left\|\boldsymbol{Q}_{\text{u}}[n]-\boldsymbol{L}_{W_l}\right\|^2} \leqslant T_{\text{h}}, \quad \forall l \tag{5-13}$$

式中，$\boldsymbol{L}_{W_l}=(X_l,Y_l)$ 是第 l 个 WiFi 设备的位置坐标；T_{h} 是 WiFi 设备的预设阈值，应低于 LBT 机制中的能量检测阈值（用于确定信道是否空闲）。

此外，为了保证 NDU 的体验，在 PC 阶段也需要考虑 WiFi 设备对 NDU 的干扰。由于 WiFi 设备对 NDU 的干扰涉及城市区域的地面环境，所以考虑使用瑞利衰落信道模型。因此，信道功率增益可以表示为

$$g_{lv} = w_0 D_{lv}^{-\beta} \zeta_{lv}, \quad \forall l, v \tag{5-14}$$

式中，D_{lv} 表示第 l 个 WiFi 设备到第 v 个 NDU 的距离；β 是地面路径损耗指数；ζ_{lv} 表示一个服从单位均值指数分布的随机变量，用于描述小尺度瑞利衰落。

由于所有 WiFi 设备都基于 CSMA/CA 协议并使用相同的信道传输数据，它们以竞争的方式访问免授权信道，所以可以假设一个虚拟 WiFi 设备，在 PC 阶段用虚拟 WiFi 设备对 NDU 的干扰来表示所有 WiFi 设备对 NDU 的总干扰。因此，虚拟 WiFi 设备的位置可以表示为

$$\boldsymbol{L}_{\text{vir}} = (1/L) \sum_{l=1}^{L} \boldsymbol{L}_{W_l} \tag{5-15}$$

因此，WiFi 设备对第 v 个 NDU 的干扰可以表示为

$$I_{\text{avg},v} = p_{\text{WiFi}} w_0 \bar{W}_{\text{avg},v}^{-\beta} \zeta_v, \quad \forall v \tag{5-16}$$

式中，p_{WiFi} 表示 WiFi 设备的发射功率；$\bar{W}_{\text{avg},v}$ 表示虚拟 WiFi 设备到第 v 个 NDU 的距离；ζ_v 表示一个服从单位均值指数分布的随机变量，用于描述小尺度瑞利衰落。

因此，应该满足以下约束

$$\frac{1}{N} \sum_{n=1}^{N} (1 - b[n]) \log_2 \left(1 + \frac{p_v[n] g_v[n]}{N_n + I_{\text{avg},v}} \right) \geq \partial_v, \quad \forall v \tag{5-17}$$

式中，$g_v[n] = w_0 / (H^2 + \| \boldsymbol{Q}_{\text{u}}[n] - \boldsymbol{L}_{E_v} \|^2)$；$\boldsymbol{L}_{E_v} = (X_v, Y_v)$ 表示第 v 个 NDU 的位置坐标；N_n 表示高斯白噪声的值；∂_v 表示第 v 个 NDU 的最低平均通信速率（单位为 bits/s/Hz）。

令 $R_v[n] = \log_2 [1 + p_v[n] g_v[n] / (N_n + I_{\text{avg},v})]$，$R_v[n]$ 关于随机变量 ζ_v 是凸的，因此能够通过詹森不等式得到它的下界，然后得到以下不等式

$$
\begin{aligned}
R_v[n] &= E\left[\log_2 \left(1 + \frac{p_v[n] g_v[n]}{N_n + p_{\text{WiFi}} w_0 \bar{W}_{\text{avg},v}^{-\beta} \zeta_v} \right) \right] \\
&\geq \log_2 \left(1 + \frac{p_v[n] g_v[n]}{N_n + p_{\text{WiFi}} w_0 \bar{W}_{\text{avg},v}^{-\beta}} \right), \quad \forall v, n
\end{aligned}
\tag{5-18}
$$

因此，式（5-17）中的约束等价于以下约束

$$\frac{1}{N}\sum_{n=1}^{N}(1-b[n])\log_2\left(1+\frac{p_v[n]g_v[n]}{N_{\mathrm{n}}+p_{\mathrm{WiFi}}w_0\overline{W}_{\mathrm{avg},v}^{-\beta}}\right)\geqslant\partial_v,\ \forall v \tag{5-19}$$

NDU 的传输功率及 UCU 和 RDU 的带宽分配应满足以下约束

$$p_v[n]>0,\ \forall v,n \tag{5-20}$$

$$B_m[n]\geqslant 0, B_k[n]\geqslant 0,\ \forall m,k,n \tag{5-21}$$

6. 问题描述

本节通过联合优化 NDU 的传输功率及 UCU 和 RDU 的带宽分配，以及无人机飞行轨迹和飞行时隙的占空比，在保证多类用户体验的前提下，消除了多类用户之间的干扰，目标是最大化 UCU 的总卸载比特数。在本节中，令 $\boldsymbol{P}=\{p_v[n],\forall v,n\}$，$\boldsymbol{B}=\{B_m[n],B_k[n],\forall k,m,n\}$，$\boldsymbol{Q}=\{\boldsymbol{Q}_{\mathrm{u}}[n],\forall n\}$，$\boldsymbol{A}=\{b[n],\forall n\}$，则联合优化问题(P1)可以表示为

$$(\mathrm{P1}):\max_{\boldsymbol{P},\boldsymbol{B},\boldsymbol{Q},\boldsymbol{A}}\sum_{k=1}^{K}\sum_{n=1}^{N}B_k[n]b[n]\delta\log_2\left(1+\frac{pg_k[n]}{N_0B_k[n]}\right) \tag{5-22}$$

式（5-22）应满足式（5-1）、式（5-2）、式（5-5）、式（5-6）、式（5-7）、式（5-10）、式（5-11）、式（5-12）、式（5-13）、式（5-19）、式（5-20）、式（5-21）中的约束。其中，式（5-1）和式（5-2）是无人机飞行轨迹的相关约束；式（5-5）表示在每个飞行时隙中分配给 UCU 和 RDU 的带宽之和不能超过总带宽 B_{max}；式（5-6）保证了在每个飞行时隙中 RDU 传输的最小吞吐量 R_{min}；式（5-7）表示在每个飞行时隙中 PF 阶段的占空比约束；式（5-10）保证了 UCU 在飞行时隙中完成的最低平均任务量 L_k；式（5-11）表示无人机 BS 在每个时隙中分配给每个 NDU 的平均传输功率不超过 P_{max}；式（5-12）表示 NDU 在每个时隙中的总传输功率不超过无人机的最大发射功率；式（5-13）表示每个 WiFi 设备接收的平均干扰功率应低于每个飞行周期预设的干扰阈值 T_{h}；式（5-19）保证了在每个飞行周期内 NDU 的最低平均通信速率 ∂_v；式（5-20）和式（5-21）分别是 NDU 的传输功率及 UCU 和 RDU 的带宽分配应满足的约束。

5.2.2　算法设计

由于目标函数是非凹函数，且式（5-6）、式（5-10）、式（5-13）和式（5-19）中的多个优化变量耦合，优化问题(P1)是一个多变量耦合的非凸优化问题，所以本节基于 BCD 方法提出一种高效的迭代算法，以获取原问题的最终解，采用交替优化的方式将上述原问题分解为独立的 4 个子问题，在优化每个子问题的时候，固定其他子问题的优化变量，再使用 SCA 方法[12]将其中的非凸子问题进行非凸转凸，通过迭代 4 个子问题并进行交替优化来满足精度要求，从而找到原问题的最终解。

1.　占空比的优化

对于给定的无人机飞行轨迹 Q 及带宽分配 B、功率分配 P，该子问题通过优化占空比 A 来最大化总卸载比特数。因此，可以将优化问题(P1)改写为问题(P2)，即

$$(P2): \max_{A} \sum_{k=1}^{K} \sum_{n=1}^{N} B_k[n]b[n]\delta \log_2\left(1 + \frac{pg_k[n]}{N_0 B_k[n]}\right) \tag{5-23}$$

式（5-23）应满足式（5-6）、式（5-7）、式（5-10）、式（5-19）中的约束，由于约束都是凸的，且目标函数是凹函数，所以问题(P2)是凸优化问题，可直接使用标准凸优化工具 CVX[13-14]或 linprog 函数求解。

2.　飞行轨迹优化

对于给定的占空比分配及带宽分配、功率分配，该子问题通过优化轨迹来最大化总卸载比特数。因此，可以将优化问题(P1)改写为问题(P3)，即

$$(P3): \max_{Q} \sum_{k=1}^{K} \sum_{n=1}^{N} B_k[n]b[n]\delta \log_2\left(1 + \frac{pg_k[n]}{N_0 B_k[n]}\right) \tag{5-24}$$

式（5-24）应满足式（5-1）、式（5-2）、式（5-6）、式（5-10）、式（5-13）、式（5-19）中的约束，其中后 4 个约束为非凸约束，且目标函数是非凹的，因此问题(P3)是非凸优化问题。接下来使用 SCA 方法处理后 4 个约束。假设 $x_m[n]$ 作为式（5-6）左边的下界，令 $\gamma_m[n] = (w_0 p_m[n])/(N_0 B_m[n])$，则式（5-6）左边的下界 $x_m[n]$ 应满足以下约束

$$B_m[n]b[n]\delta \log_2 \left(1 + \frac{\gamma_m[n]}{\left\| \boldsymbol{Q}_u[n] - \boldsymbol{L}_{D_m} \right\|^2 + H^2} \right) \geqslant x_m[n] \qquad (5\text{-}25)$$

式（5-25）的左边关于 $\boldsymbol{Q}_u[n]$ 是非凸的，但关于 $\left\| \boldsymbol{Q}_u[n] - \boldsymbol{L}_{D_m} \right\|^2$ 是凸的。假设给定第 i 次迭代的局部值 $\boldsymbol{Q}_u^i[n]$，对 $\left\| \boldsymbol{Q}_u[n] - \boldsymbol{L}_{D_m} \right\|^2$ 进行一阶泰勒近似并将其作为凸函数的下界，则下界 $x_m[n]$ 为

$$x_m[n] = B_m[n]b[n]\delta \left[\log_2 \left(1 + \frac{\gamma_m[n]}{\left\| \boldsymbol{Q}_u^i[n] - \boldsymbol{L}_{D_m} \right\|^2 + H^2} \right) - \tilde{r}_m[n] \right] \qquad (5\text{-}26)$$

式 中 ， $\tilde{r}_m[n] = \gamma_m[n](\log_2 e)(\eta_m[n] - \eta_m^i[n]) / [(\eta_m^i[n] + H^2)(\eta_m^i[n] + H^2 + \gamma_m[n])]$ ； $\eta_m[n] = \left\| \boldsymbol{Q}_u[n] - \boldsymbol{L}_{D_m} \right\|^2$ ； $\eta_m^i[n] = \left\| \boldsymbol{Q}_u^i[n] - \boldsymbol{L}_{D_m} \right\|^2$ 。

因此，式（5-6）可被重写为以下约束

$$x_m[n] \geqslant R_{\min} \qquad (5\text{-}27)$$

式（5-27）左边关于 $\boldsymbol{Q}_u[n]$ 是凹函数，右边是常数，因此式（5-27）是凸约束。

接下来，令 $\gamma_k[n] = (pw_0)/(N_0 B_k[n])$，再引入非负松弛变量 $\boldsymbol{X}_k = \{x_k[n], \forall k, n\}$，$x_k[n]$ 表示目标函数和式（5-10）中 $L_k^{\text{off}}[n]$ 的下界。因此，能够得到以下约束

$$\log_2 \left(1 + \frac{\gamma_k[n]}{\left\| \boldsymbol{Q}_u^i[n] - \boldsymbol{L}_{C_k} \right\|^2 + H^2} \right) - \tilde{r}_k[n] \geqslant \frac{x_k[n]}{B_k[n]b[n]\delta} \qquad (5\text{-}28)$$

式 中 ， $\tilde{r}_k[n] = \gamma_k[n](\log_2 e)(\mu_k[n] - \mu_k^i[n]) / [(\mu_k^i[n] + H^2)(\mu_k^i[n] + H^2 + \gamma_k[n])]$ ； $\mu_k[n] = \left\| \boldsymbol{Q}_u[n] - \boldsymbol{L}_{C_k} \right\|^2$ ； $\mu_k^i[n] = \left\| \boldsymbol{Q}_u^i[n] - \boldsymbol{L}_{C_k} \right\|^2$ 。

因此，式（5-10）能够转化为以下约束

$$\frac{1}{T} \sum_{n=1}^{N} (L_k^{\text{loc}}[n] + x_k[n]) \geqslant L_k, \ \forall k \qquad (5\text{-}29)$$

式（5-10）中的非凸约束被转化为式（5-28）和式（5-29），两者均为凸约束。因此，目标函数可以表示为

$$\max_{\boldsymbol{Q}_u[n], x_k[n]} \sum_{k=1}^{K} \sum_{n=1}^{N} x_k[n] \qquad (5\text{-}30)$$

引入非负松弛变量 $\boldsymbol{t} = \{t_v[n], \forall v, n\}$ 对式（5-13）进行处理，$t_v[n]$ 为 $\left\| \boldsymbol{Q}_u[n] - \boldsymbol{L}_{W_l} \right\|^2$

的下界，即式（5-13）可以转化为以下约束

$$\left\| \boldsymbol{Q}_{\mathrm{u}}[n] - \boldsymbol{L}_{W_l} \right\|^2 \geqslant t_v[n], \quad \forall v, n \tag{5-31}$$

$$\frac{1}{N} \sum_{v=1}^{V} \sum_{n=1}^{N} \frac{w_0 p_v[n]}{H^2 + t_v[n]} \leqslant T_{\mathrm{h}}, \quad \forall l \tag{5-32}$$

式（5-32）是凸约束，式（5-31）是非凸约束，采用 SCA 方法对式（5-31）进行处理，可以转化为以下凸约束

$$\left\| \boldsymbol{Q}_{\mathrm{u}}[n] - \boldsymbol{L}_{W_l} \right\|^2 \geqslant \left\| \boldsymbol{Q}_{\mathrm{u}}^i[n] - \boldsymbol{L}_{W_l} \right\|^2 + 2\left(\left\| \boldsymbol{Q}_{\mathrm{u}}^i[n] - \boldsymbol{L}_{W_l} \right\| \right)^{\mathrm{T}} (\boldsymbol{Q}_{\mathrm{u}}[n] - \boldsymbol{Q}_{\mathrm{u}}^i[n]) \geqslant t_v[n] \tag{5-33}$$

因此，式（5-33）等价于式（5-32）和式（5-33）。

令 $\gamma_v[n] = (w_0 p_v[n]) / (N_{\mathrm{n}} + p_{\mathrm{WiFi}} w_0 \overline{W}_{\mathrm{avg},v}^{-\beta})$，式（5-19）可用 SCA 方法处理，假设 $R_v[n]$ 为 $\log_2[1 + \gamma_v[n] / (\left\| \boldsymbol{Q}_{\mathrm{u}}[n] - \boldsymbol{L}_{E_v} \right\|^2 + H^2)]$ 的下界，则 $R_v[n]$ 为

$$R_v[n] = \log_2\left(1 + \frac{\gamma_v[n]}{\rho_v^i[n] + H^2} \right) - \tilde{r}_v[n](\left\| \boldsymbol{Q}_{\mathrm{u}}[n] - \boldsymbol{L}_{E_v} \right\|^2 - \rho_v^i[n]) \tag{5-34}$$

式中，$\tilde{r}_v[n] = (\gamma_v[n] \log_2 \mathrm{e}) / [(\rho_v^i[n] + H^2)(\rho_v^i[n] + H^2 + \gamma_v[n])]$，$\rho_v^i[n] = \left\| \boldsymbol{Q}_{\mathrm{u}}^i[n] - \boldsymbol{L}_{E_v} \right\|^2$。

因此，基于 SCA 方法能将式（5-19）重写为以下凸约束

$$\frac{1}{N} \sum_{n=1}^{N} (1 - b[n]) R_v[n] \geqslant \partial_v, \quad \forall v \tag{5-35}$$

于是问题(P3)可转化为问题(P3.1)，即

$$(\text{P3.1}): \max_{\boldsymbol{Q}, X_k, t} \sum_{k=1}^{K} \sum_{n=1}^{N} x_k[n] \tag{5-36}$$

式（5-36）应满足式（5-1）、式（5-2）、式（5-27）、式（5-28）、式（5-29）、式（5-32）、式（5-33）、式（5-35）中的约束。通过一系列转换，上述关于轨迹优化的子问题(P3)被转化为标准的凸问题(P3.1)，可直接使用标准凸优化工具 CVX 求解。

3. 带宽分配

对于给定的无人机飞行轨迹 $\boldsymbol{Q}$ 及占空比分配 $\boldsymbol{A}$、功率分配 $\boldsymbol{P}$，该子问题通过优化带宽分配 $\boldsymbol{B}$ 来最大化总卸载比特数。因此，可以将优化问题(P1)改写为问题(P4)，即

$$(P4): \max_{\boldsymbol{B}} \sum_{k=1}^{K} \sum_{n=1}^{N} B_k[n]b[n]\delta \log_2\left(1 + \frac{pg_k[n]}{N_0 B_k[n]}\right) \tag{5-37}$$

式（5-37）应满足式（5-5）、式（5-6）、式（5-10）、式（5-21）中的约束。已知当 $x > 0$ 时，$x\log(1+A/x)$ 的二阶导数不大于 0，因此式（5-5）、式（5-6）和式（5-10）均为凸约束。上述关于带宽分配的子问题是凸优化问题，可直接使用标准凸优化工具 CVX 求解。

4. 功率分配

对于给定的无人机飞行轨迹 $\boldsymbol{Q}$ 及带宽分配 $\boldsymbol{B}$、占空比分配 $\boldsymbol{A}$，该子问题通过优化功率分配 $\boldsymbol{P}$ 来最大化总卸载比特数。因此，可以将优化问题(P1)改写为问题(P5)，即

$$(P5): \max_{\boldsymbol{P}} \sum_{k=1}^{K} \sum_{n=1}^{N} B_k[n]b[n]\delta \log_2\left(1 + \frac{pg_k[n]}{N_0 B_k[n]}\right) \tag{5-38}$$

式（5-38）应满足式（5-11）、式（5-12）、式（5-13）、式（5-19）、式（5-20）中的约束。上述关于功率分配的子问题(P5)是凸可行性优化问题，可直接使用标准凸优化工具 CVX 求解。

5. 算法收敛性和复杂度分析

在本节中，带宽分配和功率分配都是标准凸优化问题，而占空比分配是线性规划问题，因此它们都可以被精确求解。然而，对于轨迹优化问题，本章只能利用 SCA 方法将其转化为近似问题，进而得到最优解。基于混合频谱共享的轨迹优化和资源分配算法如算法 5-1 所示。在本节的推导过程及算法 5-1 中，令 $\boldsymbol{P}=\{p_n, \forall v, n\}$，$\boldsymbol{Q}=\{\boldsymbol{Q}_n, \forall n\}$，$\boldsymbol{B}=\{B_{mn}, B_{kn}, \forall k, m, n\}$，$\boldsymbol{A}=\{b_n, \forall n\}$。对算法 5-1 的收敛性的具体证明过程如下。

证明：UCU 的总卸载比特数可以表示为 $L(\boldsymbol{P}, \boldsymbol{B}, \boldsymbol{Q}, \boldsymbol{A})$，即

$$L(\boldsymbol{P}, \boldsymbol{B}, \boldsymbol{Q}, \boldsymbol{A}) = \max_{\boldsymbol{P}, \boldsymbol{B}, \boldsymbol{Q}, \boldsymbol{A}} \sum_{k=1}^{K} \sum_{n=1}^{N} B_k[n]b[n]\delta \log_2\left(1 + \frac{pg_k[n]}{N_0 B_k[n]}\right) \tag{5-39}$$

在算法 5-1 的步骤 3 中，因为凸优化问题在给定的 $\boldsymbol{Q}_n^i$、B_n^i 和 P_n^i 下能够求出最优解，因此可以得到

$$L(\boldsymbol{Q}_n^i, b_n^i, B_n^i, P_n^i) \overset{(P2)}{\leqslant} L(\boldsymbol{Q}_n^i, b_n^{i+1}, B_n^i, P_n^i) \tag{5-40}$$

式中，$L(\boldsymbol{Q}_n^i, b_n^i, B_n^i, P_n^i)$ 是优化问题(P1)的初始值，接下来在算法 5-1 的步骤 4 中，根据给定的 B_n^i、P_n^i 和 b_n^{i+1}，可以得到

$$L^{\mathrm{lb},i}(\boldsymbol{Q}_n^i, b_n^{i+1}, B_n^i, P_n^i) \overset{(\text{P3.1})}{\leqslant} L^{\mathrm{lb},i}(\boldsymbol{Q}_n^{i+1}, b_n^{i+1}, B_n^i, P_n^i) \tag{5-41}$$

在式（5-41）中，$L^{\mathrm{lb},i}$ 表示转换后的问题(P3.1)关于 $\{\boldsymbol{P}, \boldsymbol{B}, \boldsymbol{Q}, \boldsymbol{A}\}$ 的目标函数值。根据式（5-41）可以得到

$$\begin{aligned} L(\boldsymbol{Q}_n^i, b_n^{i+1}, B_n^i, P_n^i) &= L^{\mathrm{lb},i}(\boldsymbol{Q}_n^i, b_n^{i+1}, B_n^i, P_n^i) \\ &\leqslant L^{\mathrm{lb},i}(\boldsymbol{Q}_n^{i+1}, b_n^{i+1}, B_n^i, P_n^i) \\ &\leqslant L(\boldsymbol{Q}_n^{i+1}, b_n^{i+1}, B_n^i, P_n^i) \end{aligned} \tag{5-42}$$

在式（5-42）中，因为问题(P3.1)是问题(P3)采用 SCA 方法经过严格的一阶泰勒展开转化得到的，即问题(P3.1)与问题(P3)是等价的，所以两者在给定 $\boldsymbol{Q}_n^i$ 下的目标函数值相同，即 $L(\boldsymbol{Q}_n^i, b_n^{i+1}, B_n^i, P_n^i) = L^{\mathrm{lb},i}(\boldsymbol{Q}_n^i, b_n^{i+1}, B_n^i, P_n^i)$ 成立，而问题(P3)在给定 $\boldsymbol{Q}_n^{i+1}$ 时得到的下界等于凸优化问题 (P3.1) 的目标函数值，因此满足 $L^{\mathrm{lb},i}(\boldsymbol{Q}_n^{i+1}, b_n^{i+1}, B_n^i, P_n^i) \leqslant L(\boldsymbol{Q}_n^{i+1}, b_n^{i+1}, B_n^i, P_n^i)$。式（5-42）表明我们虽然只能通过求解问题(P3.1)来获得无人机飞行轨迹的近似最优解，但是可以保证问题(P3)的目标函数值在每次迭代后不会减小。

因此，最终可以得到

$$L(\boldsymbol{Q}_n^i, b_n^i, B_n^i, P_n^i) \leqslant L(\boldsymbol{Q}_n^{i+1}, b_n^{i+1}, B_n^i, P_n^{i+1}) \tag{5-43}$$

综上所述，优化问题(P1)的目标函数值在算法 5-1 的每次迭代后都不会减小，目标函数在迭代过程中不断趋于一个最大值，最终会实现收敛。因此，优化问题的求解是可行的，同时可以证明算法 5-1 是收敛的。由于 BCD 算法具有高性能，并能对目标函数中每个变量进行精确优化，所以算法 5-1 的收敛性非常好。算法 5-1 在进行约 10 次迭代后达到收敛状态。

算法 5-1　基于混合频谱共享的轨迹优化和资源分配算法

步骤 1：输入 WiFi 设备的位置坐标 $\boldsymbol{L}_{W_i}$ 及参数 $\{\boldsymbol{Q}_n^i, B_{kn}^i, B_{mn}^i, P_n^i\}$，迭代初值 $i = 0$，最大迭代次数为 lr，目标函数的初值为 $\mathrm{obj}_{\mathrm{chu}}$，迭代的最大容许误差为 ξ；

步骤 2：当 $i < \mathrm{lr}$ 时，执行以下循环操作；

步骤 3：给定 $\{\boldsymbol{Q}_n^i, B_{kn}^i, B_{mn}^i, P_n^i\}$，通过求解凸问题(P2)得到当前解 $\{b_n^{i+1}\}$；

步骤 4：给定 $\{b_n^{i+1}, B_{kn}^i, B_{mn}^i, P_n^i\}$，通过求解凸问题(P3.1)得到当前解 $\{\boldsymbol{Q}_n^{i+1}\}$；

步骤 5：给定 $\{b_n^{i+1}, Q_n^{i+1}, P_n^i\}$，通过求解凸问题（P4）得到当前解 $\{B_{kn}^{i+1}, B_{mn}^{i+1}\}$；

步骤 6：给定 $\{b_n^{i+1}, Q_n^{i+1}, B_{kn}^{i+1}, B_{mn}^{i+1}\}$，通过求解凸问题（P5）得到当前解 $\{P_n^{i+1}\}$；

步骤 7：将 $\{b_n^{i+1}, Q_n^{i+1}, B_{kn}^{i+1}, B_{mn}^{i+1}, P_n^{i+1}\}$ 代入目标函数，计算当前迭代值 obj_{new}；

步骤 8：如果 $\text{abs}(\text{obj}_{\text{new}} - \text{obj}_{\text{chu}}) < \xi$，则跳到步骤 10；

步骤 9：否则更新 $i = i+1$ 且 $\text{obj}_{\text{chu}} = \text{obj}_{\text{new}}$，跳回步骤 2；

步骤 10：结束循环；

步骤 11：输出最优值 $\{b_n^*, Q_n^*, B_{kn}^*, B_{mn}^*, P_n^*\} = \{b_n^i, Q_n^i, B_{kn}^i, B_{mn}^i, P_n^i\}$ 与当前最优的目标函数值 $\text{obj}^* = \text{obj}_{\text{new}}$

假设本节中算法 5-1 的迭代次数为 α，迭代的最大容许误差为 ξ，令 $S = K + V + 2$，$G = K + M$，那么本节中算法 5-1 的复杂度约为 $O\{\alpha[KN + (S^3N^3 + V^3N^3 + G^3N^3)\log(\xi^{-1})]\}$。

5.2.3　仿真结果与性能分析

1. 仿真参数设置

本节进行大量仿真以验证所提算法的有效性。假设无人机覆盖区域存在 6 个 UCU、16 个 RDU 和 6 个 NDU，UCU 和 RDU 随机分布在无人机的覆盖区域（X，Y）内。其中，$X = 200 \text{ m}$ 和 $Y = 200 \text{ m}$。NDU 位于 WAP 的服务区域外。假设 UCU 在每个任务周期有不同的本地计算能力和不同的计算需求，计算 1 bit 任务所需要的 CPU 转数为 600 转，NDU 1～NDU 6 的最低平均通信速率 $\partial_1 \sim \partial_6$ 分别被设置为 1.7 bits/s/Hz、2.2 bits/s/Hz、2.2 bits/s/Hz、2.0 bits/s/Hz、1.5 bits/s/Hz、1.7 bits/s/Hz。RDU 的最低传输速率 $R_{\min}$ 为 4.5 Mbps，UCU 1～UCU 6 的最小计算量需求 $L_1 \sim L_6$ 分别被设置为 3 Mbps、4 Mbps、2.5 Mbps、3.5 Mbps、4 Mbps、4.5 Mbps，WiFi 设备的干扰阈值 T_h 被设置为 −73 dBm～−65 dBm[15]，这些阈值低于 CSMA/CA 中的能量检测阈值 −62 dBm，−62 dBm 被用来检测信道是否处于空闲状态[16]。这表明 NDU 的传输不会影响 WiFi 设备的数据传输。在 PF 阶段，每个 RDU 分配的功率为 0.5 W，关键仿真参数如表 5-1 所示。

2. 不同免授权频谱共享方案的性能比较

本节将混合频谱共享方案与其他 4 种免授权频谱共享方案进行比较，共 7 种情况，分别描述如下。

表 5-1　关键仿真参数

参数	值	参数	值
NDU/UCU/RDU 数量	6 个/6 个/16 个	物理层首部	192 bits
飞行时隙 N	25 个	数据包负载	12000 bits
飞行周期 T	25 s	DIFS	34 μs
$F_{\min}$ / $F_{\max}$	0.25/0.75	最小竞争窗口	16
最大速度 $V_{\max}$	15 m/s	最大退避阶段	6
信道功率增益 w_0	−50 dB	UCU 的卸载功率 p	0.3 W
地面路径损耗指数 β	3.76	UCU 本地计算能力	0.4～0.5 GHz
免授权频谱 $B_{\max}$	20 MHz	PC 阶段 p_{WiFi}	80 mW
无人机覆盖区域	200 m×200 m	PC 阶段 P_{uav}	0.5 W
最大平均功率 $P_{\max}$	100 mW	功率谱密度 N_0	−162 dBm/Hz

（1）远离 NDU 增加 WiFi 设备时的混合频谱共享（HUSS-WAN）方案：在提出的混合频谱共享方案下，远离 NDU 增加 WiFi 设备，联合占空比分配、功率分配、带宽分配及轨迹优化实现了总卸载比特数最大化。

（2）靠近 NDU 增加 WiFi 设备时的混合频谱共享（HUSS-WCN）方案：在提出的混合频谱共享方案下，靠近 NDU 增加 WiFi 设备，联合占空比分配、功率分配、带宽分配及轨迹优化实现了总卸载比特数最大化。

（3）基于总吞吐量优化的 DCM（DCMT）方案：在 DCM 方案下，只有 RDU 和 UCU 与 WiFi 用户共存，不存在 NDU，此时需要保证 WiFi 用户的最低传输速率，实现总吞吐量最大化[17-20]。

（4）基于总卸载比特数优化的 DCM（DCMC）方案：在保证 RDU、UCU 和 WiFi 设备的最低传输速率的前提下，基于 DCM 方案实现总卸载比特数最大化。

（5）远离 NDU 增加 WiFi 设备时的直接免授权频谱共享（DUSS-WAN）方案：在直接免授权频谱共享方案下，NDU 不经过 CCA 就能直接接入免授权信道，WiFi 设备受到的干扰应低于预设的干扰阈值，此时不存在 RDU 和 UCU。因此，该方案可以在远离 NDU 增加 WiFi 设备的同时实现 NDU 的总吞吐量最大化[21]。

（6）靠近 NDU 增加 WiFi 设备时的直接免授权频谱共享（DUSS-WCN）方案：基于直接免授权频谱共享方案，在靠近 NDU 增加 WiFi 设备的同时可以实现 NDU

的总吞吐量最大化。

(7)LBT 方案：在 LBT 方案下，无人机位于所有移动用户中心区域上方 130 m 处，并基于 LBT 机制与 WiFi 设备竞争免授权信道。

当系统中 NDU 的数量 $V = 6$ 个，无人机飞行高度 $H = 130$ m，WiFi 设备的预设阈值为 -73 dBm，NDU 的最大平均传输功率 P_{max} 为 0.2 W 时，不同免授权频谱共享方案下的频谱利用率比较如图 5-3 所示。从图 5-3 中还可以看出，与其他方案相比，所提出的混合免授权频谱共享方案可以显著提高频谱利用率。在所提方案中，无人机不仅可以在 PF 阶段为 RDU 和 UCU 提供实时高速率通信服务，还可以在 PC 阶段为 NDU 提供低速率通信服务。从图 5-3 中可以看出，随着 WiFi 设备数量的增加，HUSS-WAN 方案下的频谱利用率略微提高，而 HUSS-WCN 方案下的频谱利用率逐渐降低。这是因为 NDU 对 WiFi 设备的干扰是由距 NDU 最近的 WiFi 设备决定的。在 HUSS-WAN 方案下，远离 NDU 增加 WiFi 用户，因此距 NDU 最近的 WiFi 设备不会改变。但是，如果远离 NDU 增加 WiFi 用户，则会减小 WiFi 设备对 NDU 的平均干扰，从而使 NDU 实现更高的传输速率。相反，在 HUSS-WCN 方案下，靠近 NDU 增加 WiFi 设备会增大 WiFi 设备对 NDU 的平均干扰，同时 WiFi 设备与 NDU 设备会越来越近。这就需要无人机减小总发射功率，以减小在 PC 阶段对 WiFi 设备的干扰。为了满足 NDU 的最低传输速率需求，PC 阶段占空比增大，PF 阶段占空比逐渐减小，这导致总卸载比特数的减小和频谱利用率的降低。因此，随着 WiFi 设备数量的增加，DUSS-WAN 方案下的频谱利用率也略微提高，而 DUSS-WCN 方案下的频谱利用率逐渐降低。在 DCM 方案下，为了满足 WiFi 设备的最低传输速率需求，RDU 和 UCU 的传输时间随 WiFi 用户数量的增加而缩短。这导致频谱利用率降低，因为蜂窝用户在相同时间内占用信道的频谱利用率高于 WiFi 用户的频谱利用率，蜂窝用户的资源能够得到最大化利用，而 WiFi 系统中存在竞争开销。DCMT 方案的目的是最大化 UCU 和 RDU 的总吞吐量，而 DCMC 方案的目的是在保证 RDU、UCU 和 WiFi 设备的最低传输速率的前提下最大化总卸载比特数。因此，DCMC 方案下的频谱利用率始终低于 DCMT 方案。LBT 方案下的频谱利用率随 WiFi 设备数量的增加而降低，这是因为更多 WiFi 设备之间的竞争带来了更大开销。

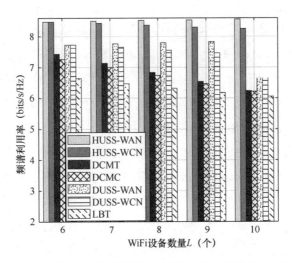

图 5-3　不同免授权频谱共享方案下的频谱利用率比较

不同共享方案下蜂窝用户的总吞吐量比较如图 5-4 所示。从图 5-4 中可以看出，不同共享方案下蜂窝用户的总吞吐量变化趋势与图 5-3 中频谱利用率的变化趋势几乎一致。这意味着蜂窝用户主导了频谱利用率的变化。

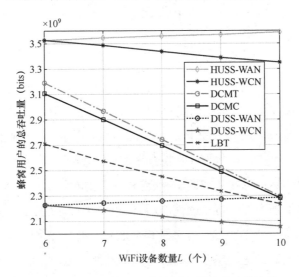

图 5-4　不同共享方案下蜂窝用户的总吞吐量比较

3. 不同资源优化方案的性能比较

为了证明所提出的混合免授权频谱共享方案的有效性，本节也将基于混合免授权频谱共享的联合轨迹优化和资源分配（Joint Trajectory Optimization and Resource Allocation Based on Hybrid Unlicensed Spectrum Sharing，JTRA-HUSS）方案与以下 4 种基于 HUSS 方案但属于不同资源优化算法的方案进行了比较。

（1）基于混合免授权频谱共享的静止无人机（Static UAV Based on Hybrid Unlicensed Spectrum Sharing，SU-HUSS）方案：无人机位于起点，并保持静止。

（2）基于混合免授权频谱共享的固定无人机轨迹（Fixed UAV Trajectory Based on Hybrid Unlicensed Spectrum Sharing，FUT-HUSS）方案：采用类似文献[14]中的对比方案，无人机从起点开始，以恒定的飞行速度靠近具有不同需求的用户，并适当远离 WiFi 用户，最后在飞行周期结束后回到起点。

（3）基于混合免授权频谱共享的固定带宽分配（Fixed Bandwidth Allocation Based on Hybrid Unlicensed Spectrum Sharing，FBA-HUSS）方案：分配给地面 UCU 和 RDU 的带宽在飞行期间不会发生变化[22]。

（4）基于混合免授权频谱共享的恒定功率分配（Constant Power Allocation Based on Hybrid Unlicensed Spectrum Sharing，CPA-HUSS）方案：采用类似文献[1]中的对比方案，在第 1 个飞行时隙中考虑 NDU 之间的功率分配，在其他飞行时隙中功率不发生变化。

当 NDU 的数量 V=4 个、WiFi 设备数量 L=8 个、无人机飞行高度 H=100 m、WiFi 设备的预设干扰阈值 T_h = −73 dBm、NDU 的最大平均传输功率 P_{max} =0.2 W 时，不同优化方案的收敛性对比如图 5-5 所示。从图 5-5 中可以看出，JTRA-HUSS 方案在总卸载比特数方面明显优于其他方案，这是因为该方案考虑了飞行轨迹、传输功率、带宽和占空比 4 个变量的联合优化。这也导致了迭代次数的略微增加，但所提出的算法仍然可以在完成约 10 次迭代后达到收敛状态。然而，CPA-HUSS 方案没有考虑传输功率变化带来的性能增益，SU-HUSS 方案没有考虑无人机机动性带来的性能增益，FUT-HUSS 方案没有考虑无人机飞行轨迹带来的性能增益，FBA-HUSS 方案没有考虑动态带宽分配带来的性能增益。从图 5-5 中还可以看出，当飞行周期 T 减小或 RDU 的最低传输速率 R_{min} 提高时，JTRA-HUSS 方案得到的总卸载比特数明显减小。在该方案中，假设当 NDU 的数量 V=4 个时，WiFi 设备数量 L=8 个；而当 NDU 的数量 V=6 个时，WiFi 设备数量 L=10 个。此时，对不同 H、T_h 和 P_{max} 下的总卸载比特数进行对比，得到不同参数对 JTRA-HUSS 方案收敛性的影响,如图 5-6 所示。从图 5-6 中可以看出,该方案在不同情况下经过 5~15 次迭代基本可以达到最大值。从图 5-6 中还可以看出,干扰阈值 T_h 和最大平均传输功率 P_{max} 越大,则总卸载比特数越大;飞行高度 H 越大,则总卸载比特数越小。

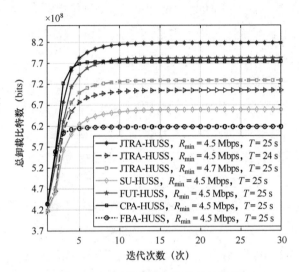

图 5-5　不同优化方案的收敛性对比

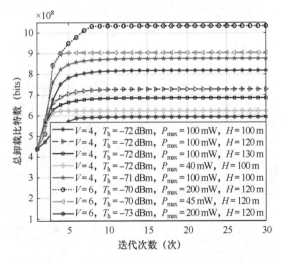

图 5-6　不同参数对 JTRA-HUSS 方案收敛性的影响

无人机飞行高度 H 和 WiFi 设备预设干扰阈值 T_h 对系统性能的影响分别如图 5-7 和图 5-8 所示。在图 5-7 中,系统中的 WiFi 设备数量 L=8 个、NDU 的数量

V=4 个、WiFi 设备的预设干扰阈值 $T_h = -72$ dBm、NDU 的最大平均传输功率 P_{max} =0.1 W。从图 5-7 中可以看出，在不同的资源优化算法下，总卸载比特数随无人机飞行高度 H 的增加而逐渐减小。这是因为飞行高度越高，信道质量就越差，这需要无人机 BS 给 NDU 和 RDU 分配更多的资源（包括时间、传输功率和带宽），并靠近 NDU 和 RDU 以满足它们的需求，这导致总卸载比特数减小。在图 5-8 中，系统中的 WiFi 设备数量 L=8 个，NDU 的数量 V=4 个。从图 5-8 中可以看出，随着 WiFi 设备预设干扰阈值 T_h 的增大，不同优化算法下的总卸载比特数逐渐增大。这是因为当 T_h 增大时，分配给 NDU 的传输功率也会增大，而 PC 阶段的时间缩短、PF 阶段的时间延长，因此总卸载比特数会增大。但是，当 P_{max} =0.1 W 时，不同优化算法下的总卸载比特数随干扰阈值的增大而逐渐稳定，这是因为 NDU 的最大平均传输功率 P_{max} 限制了总卸载比特数的增大。此外，当无人机飞行高度增大时，总卸载比特数减小。无人机飞行高度越高，随着 WiFi 干扰阈值的增大，达到稳定的总卸载比特数的时间越短。这是因为飞行高度越高，NDU 对 WiFi 设备的干扰越小，分配给 NDU 的功率越大，所以达到同样的干扰值需要更大的传输功率。从图 5-7 和图 5-8 中可以看出，在不同情况下，JTRA-HUSS 方案的总卸载比特数总是大于其他方案。这可以进一步证明该方案的有效性。

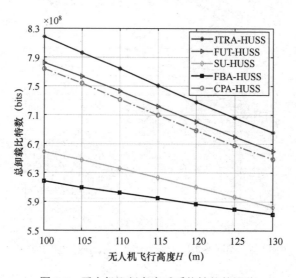

图 5-7　无人机飞行高度对系统性能的影响

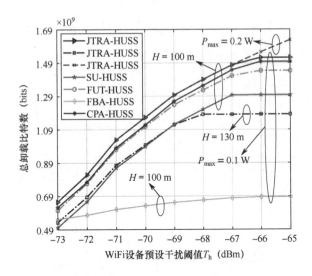

图 5-8　WiFi 设备预设干扰阈值对系统性能的影响

当 WiFi 设备数量 $L=8$ 个、NDU 的数量 $V=4$ 个、WiFi 设备的预设干扰阈值 $T_h=-70\,\mathrm{dBm}$、无人机飞行高度 $H=120\,\mathrm{m}$ 时，NDU 的最大平均传输功率对总卸载比特数的影响如图 5-9 所示。从图 5-9 中可以看出，JTRA-HUSS 方案的总卸载比特数总是大于其他 4 种方案，且所有方案的总卸载比特数会先随最大平均传输功率 P_{max} 的增大而增大，然后会保持不变。这是因为增大 P_{max} 可以提高 NDU 的传输速率，这会导致 PC 阶段的占空比降低及 PF 阶段的占空比提高，因此总卸载比特数会增大。然而，P_{max} 的增大也会导致对 WiFi 设备的干扰增大。当对 WiFi 设备的干扰达到预设的干扰阈值 T_h 时，实际的 NDU 传输功率不能随 P_{max} 的增大而继续增大，PC 阶段和 PF 阶段的时间保持不变，最终导致总卸载比特数趋于不变。

4．提出算法的性能分析

UCU 在不同飞行时隙下的卸载比特数和分配的带宽分别如图 5-10 和图 5-11 所示。在图 5-10 和图 5-11 中，系统中的 WiFi 设备数量 $L=10$ 个、NDU 的数量 $V=6$ 个、WiFi 设备的预设干扰阈值 $T_h=-70\,\mathrm{dBm}$、无人机飞行高度 $H=120\,\mathrm{m}$。此时，从图 5-10 和图 5-11 中可以观察到，每个 UCU 在飞行时隙下的卸载比特数和分配的带宽是不同的。对于每个 UCU 来说，最小平均计算比特需求越高，UCU 在整个周期中的卸载比特数和分配的带宽就越大。从图 5-10 和图 5-11 中还可以看出，每个 UCU 在飞行时隙中的卸载比特数与分配的带宽大小是一致的。

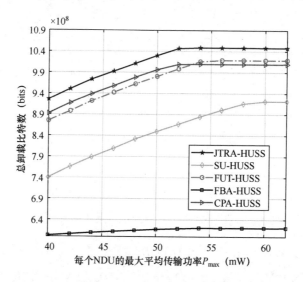

图 5-9　NDU 的最大平均传输功率对总卸载比特数的影响

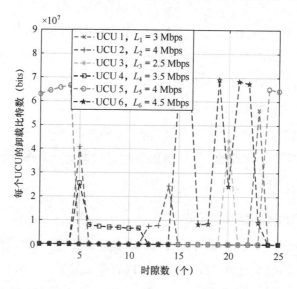

图 5-10　UCU 在不同飞行时隙下的卸载比特数

当系统中的 WiFi 设备数量、NDU 数量、WiFi 设备的预设干扰阈值 T_h 及无人机飞行高度与图 5-10 和图 5-11 一致时，不同时隙下 RDU 分配的带宽如图 5-12

所示。在图 5-12 中，不同颜色的方块表示不同的时隙，块的高度表示带宽大小，因此整列的高度表示在整个飞行周期 T 内分配给 RDU 的总带宽。从图 5-12 中可以看出，在每个时隙中分配给每个 RDU 的带宽和在整个飞行过程中分配给每个 RDU 的总带宽是不同的。这是因为在每个时隙中分配给每个 RDU 的带宽与无人机和 RDU 之间的信道增益相关。无人机距 RDU 越远，RDU 分配的带宽就越大，以此满足 RDU 的最低传输速率需求。

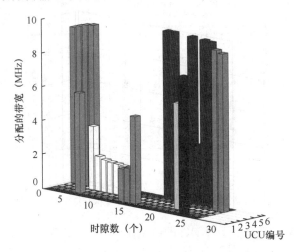

图 5-11　UCU 在不同飞行时隙下分配的带宽

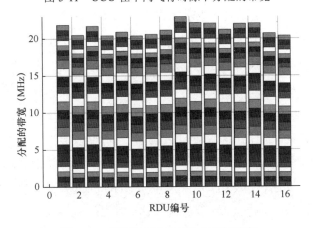

图 5-12　不同时隙下 RDU 分配的带宽

当 WiFi 设备数量 L=8 个、NDU 的数量 V=4 个、无人机飞行高度 H=100 m 时，不同参数对 WiFi 设备受到的干扰功率的影响如图 5-13 所示。当 P_{max}、P_{uav} 或 T_h 减小时，WiFi 设备受到的干扰功率就会减小。同时，无人机对每个 WiFi 设备的最大平均干扰功率始终小于预设的干扰阈值。此外，从图 5-13 中可以看到，WiFi 设备 5、7 受到了非常大的干扰，因为这两个 WiFi 设备最接近无人机的飞行轨迹。

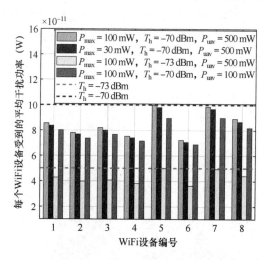

图 5-13　不同参数对 WiFi 设备受到的干扰功率的影响

当 WiFi 设备数量 L=8 个、NDU 的数量 V=4 个、无人机飞行高度 H=100 m 时，不同参数对每个周期中 PF 阶段的平均占空比分配的影响如图 5-14 所示。在图 5-14 中，PF 阶段的平均占空比分配表示无人机在每个飞行周期内调用免授权频谱为 UCU 和 RDU 提供服务所用时间的比例。从图 5-14 中可以观察到，PF 阶段的平均占空比分配先随干扰阈值的增大而增大，然后保持不变。这是因为当固定 NDU 的最大平均传输功率时，增大干扰阈值可以增大 NDU 的实际传输功率，从而提高 NDU 的传输速率，这将导致 PC 阶段的占空比降低及 PF 阶段的占空比提高。然而，NDU 的最大平均传输功率越小，随着干扰阈值的增大，NDU 的实际传输功率会越先达到最大值，PC 阶段和 PF 阶段的占空比可能也会越先保持稳定。从图 5-14 中可以看出，当干扰阈值相等时，NDU 的最大平均传输功率越大，PF 阶段的平均占空比分配就越大。这是因为增大平均传输功率可以提高 NDU 的传输速率，这将导致 PC 阶段的占空比降低及 PF 阶段的占空比提高，因此 PF 阶段的平均占空比分配会增大。然而，在干扰阈值小于−70 dBm 时，在不同最大平均传输功率下得到的 PF 阶段的平均占空比分配是相同的。这是因为增大最大平均传输功率会导致对 WiFi 设备的干扰增大，但是 WiFi 设备受到的干扰必须低于预设的干扰阈值。因此，当预设的干扰阈值较小时，NDU 的传输功率不能随最大平均传输功率的增大而继续增大，此时 PC 阶段和 PF 阶段的占空比保持不变，最终导致 PF 阶段的平均占空比分配相同。

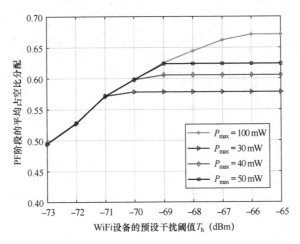

图 5-14　不同参数对每个周期中 PF 阶段的平均占空比分配的影响

5. 不同参数对无人机飞行轨迹的影响

当 NDU 的数量 V=6 个、WiFi 设备数量 L=10 个、最大平均传输功率 P_{max}=0.2 W、无人机飞行高度 H=120 m 时，∂_v 和 T_h 对无人机飞行轨迹的影响如图 5-15 所示。在图 5-15 中，NDU 1～NDU 6 的位置分别被设置为[−90, −20]、[−60, 60]、[−120, −50]、[−110, −30]、[−30, 60]、[−80, −40]，UCU 1～UCU 6 的位置分别被设置为[−100, 0]、[−100, −20]、[−110, 60]、[−110, −40]、[−30, −50]、[−100, 20]。考虑速率情况 a 和情况 b，情况 a：$\partial_1 \sim \partial_6$ 分别为 1.7 bits/s/Hz、2.2 bits/s/Hz、2.2 bits/s/Hz、2.0 bits/s/Hz、1.5 bits/s/Hz、17 bits/s/Hz；情况 b：$\partial_1 \sim \partial_6$ 分别为 1 bits/s/Hz、1 bits/s/Hz、1 bits/s/Hz、1 bits/s/Hz、1 bits/s/Hz、1 bits/s/Hz。从图 5-15 中可以看出，无人机靠近蜂窝用户密集区域并花费更多飞行时间为这些用户提供服务。当预设的干扰阈值增大时，无人机将飞行到 WAP 区域，同时为 WAP 覆盖范围内的 UCU 和 RDU 更好地提供服务。这是因为此时 WiFi 设备能承受更大的干扰功率。当 NDU 的最低速率通信需求减小时，无人机会靠近 WAP 区域，为具有高速率通信需求的 UCU 和 RDU 更好地提供服务。

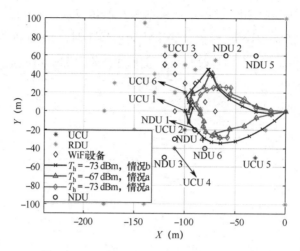

图 5-15　∂_v 和 T_h 对无人机飞行轨迹的影响

P_{max} 和 ∂_v、H 和 T_h、L 对无人机飞行轨迹的影响分别如图 5-16、图 5-17 和图 5-18 所示。在图 5-16、图 5-17 和图 5-18 中，用户位置分布与图 5-15 不同，UCU 1～UCU 6 的位置分别被设置为[−70, 80]、[−50, 50]、[−60, 20]、[−70, −10]、[−80, −20]、[−80, 0]，NDU 1～NDU 4 的位置分别被设置为[−50, −30]、[−50, 0]、[−20, −20]、[0, 40]。在图 5-16 中，NDU 的数量 V=4 个、WiFi 设备数量 L=8 个、WiFi 设备的预设干扰阈值 T_h=−72 dBm、无人机飞行高度 H=130 m，考虑速率情

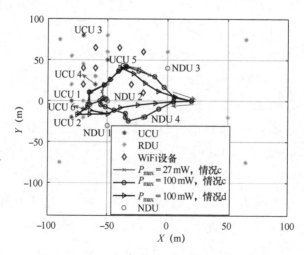

图 5-16　P_{max} 和 ∂_v 对无人机飞行轨迹的影响

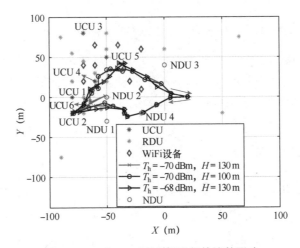

图 5-17　H 和 T_h 对无人机飞行轨迹的影响

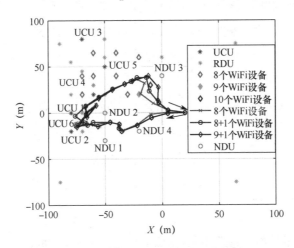

图 5-18　L 对无人机飞行轨迹的影响

况 c 和情况 d，情况 c：$\partial_1 \sim \partial_4$ 分别为 2.5 bits/s/Hz、1.5 bits/s/Hz、1.8 bits/s/Hz、2.1 bits/s/Hz；情况 d：$\partial_1 \sim \partial_4$ 分别为 1 bits/s/Hz、1 bits/s/Hz、1 bits/s/Hz、1 bits/s/Hz。从图 5-16 中可以看出，当 NDU 的最低传输速率需求减小时，无人机可以远离 NDU 区域，靠近 UCU 和 RDU 并为其提供服务。当 NDU 的最大平均传输功率减小时，无人机会略微靠近 WAP 覆盖区域，同时靠近 NDU 并为其提供服务。在图 5-17 中，NDU 的数量 $V=4$ 个、WiFi 设备数量 $L=8$ 个、最大平均传输功率 $P_{max}=0.1$ W。从图 5-17 中可以看出，当 T_h 减小或 H 增大时，无人机能够缓慢靠近 WAP 覆盖

区域并为 NDU 提供服务，以保证 NDU 的体验质量。在图 5-18 中，NDU 的数量 V=4 个、WiFi 设备的预设干扰阈值 $T_h = -71$ dBm、最大平均传输功率 P_{max} =0.1 W、无人机飞行高度 H=100 m。从图 5-18 中可以看出，当向靠近 NDU 的方向增加 WiFi 设备时，无人机会远离 WiFi 设备，以减小对 WiFi 设备的干扰。

5.2.4　本节小结

本节首先提出了一种混合频谱共享方案，将无人机的每个飞行时隙划分为 PF 阶段和 PC 阶段。在 PF 阶段，无人机可以忽略 WiFi 设备的存在，从而为 UCU 和 RDU 提供高速率通信服务；在 PC 阶段，无人机能够在保证 WiFi 设备正常传输 的前提下为 NDU 提供低速率通信服务。本节在系统资源和多类用户体验质量的 约束下，构建了上行总卸载比特数最大化的多变量耦合非凸优化问题。为了求解 复杂的非凸优化问题，本节基于 BCD 和 SCA 方法针对 UAUM 系统提出了一种高 效的轨迹优化和资源分配算法，以获得原问题的最终解，并从理论上证明了该算 法的收敛性。该算法旨在充分利用 UAUM 系统中无人机的移动性与地面 WiFi 系 统和谐共存，同时为更多具有不同体验需求的用户提供服务，进一步提高免授权 频谱利用率。仿真结果表明，所提出的方案在频谱利用率和总卸载比特数方面的 性能始终优于其他免授权频谱共享方案和其他资源优化方案。

5.3　基于全频谱共享的轨迹和功率优化算法

当前蜂窝系统频谱资源极度短缺，频谱共享能够提高频谱利用率、增大网络 吞吐量、提高物理层安全性及链路可靠性。无人机的飞行轨迹和功率控制对频谱 利用率有很大影响。然而，现有研究还没有考虑 D2D 辅助的无人机通信（D2D Assisted Unmanned Aerial Vehicle Communication，DAUAV）系统中的免授权频谱 共享方案，也没有考虑无人机的最大电池能量和无人机的三维飞行轨迹对 DAUAV 系统性能的影响。为此，本节对 DAUAV 系统中基于全频谱（授权频谱 和免授权频谱）共享的三维飞行轨迹优化和功率优化问题进行研究。本节首先提出一种全频谱共享方案，然后基于所提出的全频谱共享方案，在考虑无人机最大电池能量约束的情况下，研究基于全频谱共享的轨迹和功率优化算法。

5.3.1　场景描述与系统模型

1．场景描述

DAUAV 系统模型如图 5-19 所示，旋翼无人机在一个任务周期 T 内进行三维飞行，从起始位置飞行到结束位置，同时携带 BS，以调用授权频谱和免授权频谱为城市高密度区域的用户提供通信服务。

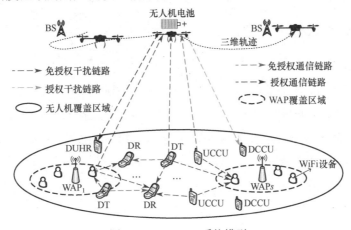

图 5-19　DAUAV 系统模型

本节将无人机的任务周期 T 划分为 N 个相等的时隙，在无人机覆盖区域存在 K 个上行蜂窝通信用户（Uplink Cellular Communication User，UCCU），它们随机分布在 WiFi 接入点（WiFi AP，WAP）的覆盖区域外。UCCU 使用与 WiFi 设备相同的免授权信道，并采用频分多址（Frequency Division Multiple Access，FDMA）技术与无人机 BS 进行通信。同时，V 对 D2D 设备随机分布在无人机覆盖区域，D2D 发射端（D2D Transmitter，DT）与 D2D 接收端（D2D Receiver，DR）能够通过复用 WiFi 设备的免授权频谱直接进行通信，并在无人机 BS 的控制下进行连接及资源分配。为了尽可能地提高免授权频谱利用率，利用 D2D 用户传输距离短和发射功率小的特点，每对 D2D 设备都能复用所有 UCCU 的免授权频谱。此外，无人机覆盖区域内存在 S 个互不重叠的 WAP，每个 WAP 为 L 个 WiFi 用户提供服务。本节只考虑使用相同频段的 WAP，且 WAP 之间不存在干扰。在无人机的覆盖区域内，考虑无人机能够复用地面无线通信的授权信道中 P 个下行蜂窝通信用户（Downlink Cellular Communication User，DCCU）的频谱资源，并为区域内的一个具有高速率通信需求的下行通信用户（Downlink Communication User with High Rate Communication Demands，DUHR）提供通信服务，因此需要控制无人机发射功率，使其对所有 DCCU 的干扰都在阈值以下。无人机在飞行过程中一直覆盖区域内的所有用户，包括区域内的所有 WiFi 用户。在本节中，UCCU 表示为 O_k（$k=1,\cdots,K$）DT 和 DR 分别表示为 D_v^{T} 和 D_v^{R}（$v=1,\cdots,V$）WiFi 用户或 WiFi 设备表示为 W_l^s（$l=1,\cdots,L$，$s=1,\cdots,S$）。

2. 全频谱共享方案

全频谱共享方案如图 5-20 所示，将无人机的任务周期 T 作为飞行周期，将每个飞行周期划分为 N 个时隙。在飞行周期 T 内，D2D 设备和 UCCU 能够同时直接接入免授权信道并进行数据传输，且不影响 WiFi 设备的正常数据传输。K 个 UCCU 通过 FDMA 技术与无人机进行通信，而 V 对 D2D 用户可以复用免授权总带宽 B_{U} 并直接进行数据传输，第 k 个 UCCU 和第 v 对 D2D 用户在第 n 个时隙中分配的带宽分别为 $B_k[n]$ 和 $B_v[n]$，因此 $B_k[n]=B_{\mathrm{U}}/K$，$B_v[n]=B_{\mathrm{U}}$。同时，无人机在飞行过程中能够复用地面无线通信的 P 个 DCCU 的授权总带宽 B_{L}，为区域内一个具有高速率通信需求的下行通信用户（Downlink Communication User with High Rate Communication Demands，DUHR）提供通信服务，并控制无人机 BS 对所有 DCCU 的干扰[23]。

3. 无人机飞行轨迹模型

在本节中，无人机的每个飞行时隙长度 $\delta=T/N$。在第 n 个时隙中，无人机的三维位置坐标为 $Z_{\mathrm{u}}[n]=(Q_{\mathrm{u}}[n],H[n])$，$Q_{\mathrm{u}}[n]=(x[n],y[n])$ 表示无人机的二维位置坐标，$H[n]$ 表示无人机的高度。假设无人机的最大水平飞行速度为 $V_{x,\max}$，最大垂直飞行速度为 $V_{z,\max}$。为了保证地面蜂窝用户与无人机之间的视距通信链路，设置无人机的最小飞行高度 $H_{\min}$ 和最大飞行高度 $H_{\max}$。因此，无人机的三维飞行轨迹应满足以下约束[24]

$$\|\boldsymbol{Q}_{\mathrm{u}}[n+1] - \boldsymbol{Q}_{\mathrm{u}}[n]\| \leqslant V_{x,\max}\delta, \forall n \qquad （5-44）$$

$$\|H[n+1] - H[n]\| \leqslant V_{z,\max}\delta, \forall n \qquad （5-45）$$

$$H_{\min} \leqslant H[n] \leqslant H_{\max}, \forall n \qquad （5-46）$$

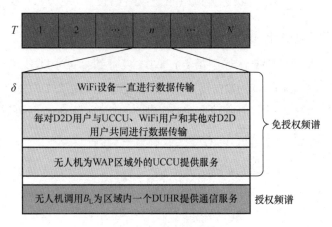

图 5-20　全频谱共享方案

假设 $\hat{\boldsymbol{Q}}_{\mathrm{I}}$ 和 $\hat{\boldsymbol{Q}}_{\mathrm{F}}$ 分别为无人机飞行的起始位置和结束位置，无人机在从 $\hat{\boldsymbol{Q}}_{\mathrm{I}}$ 飞行到 $\hat{\boldsymbol{Q}}_{\mathrm{F}}$ 的过程中为地面上的 D2D 设备和蜂窝设备提供服务，因此应满足以下约束

$$\begin{cases} H[0] = H[N] \\ \boldsymbol{Q}_{\mathrm{u}}[0] = \hat{\boldsymbol{Q}}_{\mathrm{I}} \\ \boldsymbol{Q}_{\mathrm{u}}[N] = \hat{\boldsymbol{Q}}_{\mathrm{F}} \end{cases} \qquad （5-47）$$

4．D2D 用户和 UCCU 的传输模型

由于 WiFi 设备是以竞争的方式随机接入信道的，所以假设在每个 WAP 区域存在一个虚拟 WiFi 设备，用这个虚拟 WiFi 设备代表所有 WiFi 设备对无人机 BS 和 DR 设备的干扰。因此，在第 n 个时隙中，第 k 个 UCCU、第 v 对 D2D 用户中的 DT 设备、第 s 个 WAP 区域中第 l 个 WiFi 设备到无人机的信道功率增益分别为 $g_k[n]$、$g_v^{\mathrm{T}}[n]$、$g_l^s[n]$，可以表示为

$$g_k[n] = \beta_0 / (\|\boldsymbol{L}_{\mathrm{O}_k} - \boldsymbol{Q}_{\mathrm{u}}[n]\|^2 + H^2[n]) \qquad （5-48）$$

式中，β_0 为 1 m 处的信道功率增益；$\boldsymbol{L}_{\mathrm{O}_k}$ 表示第 k 个 UCCU 的位置 (X_k, Y_k)。

$$g_v^{\mathrm{T}}[n] = \beta_0 \Big/ \left(\|\boldsymbol{L}_{\mathrm{D}_v^{\mathrm{T}}} - \boldsymbol{Q}_{\mathrm{u}}[n]\|^2 + H^2[n]\right) \qquad （5-49）$$

式中，$L_{D_v^T}$ 表示第 v 对 D2D 用户中 DT 设备的位置 (X_v^T, Y_v^T) 。

$$g_l^s[n] = \beta_0 / (\left\| Q_u[n] - L_{W^s} \right\|^2 + H^2[n]) \tag{5-50}$$

式中，$L_{W^s} = 1 / \left(L \sum_{l=1}^{L} L_{W_l^s} \right)$ 表示虚拟 WiFi 设备的位置 (X^s, Y^s) ；$L_{W_l^s}$ 表示第 s 个 WAP 区域中第 l 个 WiFi 设备的位置 (X_l^s, Y_l^s) 。

相似地，第 s 个 WAP 区域中第 l 个 WiFi 设备到第 v 对 D2D 用户中的 DR 设备、第 k 个 UCCU 到第 v 对 D2D 用户中的 DR 设备、第 k 个 UCCU 到第 s 个 WAP 区域中第 l 个 WiFi 设备的信道功率增益分别为 $g_{lv}^{R,s}$、g_{kv}^R、g_{kl}^s，可以表示为

$$g_{lv}^{R,s} = (\beta_0 \xi_{lv}^{R,s}) / \left\| L_{W^s} - L_{D_v^R} \right\|^\beta \tag{5-51}$$

$$g_{kv}^R = (\beta_0 \xi_{kv}^R) / \left\| L_{O_k} - L_{D_v^R} \right\|^\beta \tag{5-52}$$

$$g_{kl}^s = (\beta_0 \xi_{kl}^s) / \left\| L_{O_k} - L_{W^s} \right\|^\beta \tag{5-53}$$

式中，随机变量 $\xi_{lv}^{R,s}$、ξ_{kv}^R 和 ξ_{kl}^s 都表示小规模衰落，是遵循单位均值指数分布的瑞利衰落系数；$L_{D_v^R}$ 表示第 v 对 D2D 用户中 DR 设备的位置 (X_v^R, Y_v^R) ；β 表示地面路径损耗指数。

此外，第 v 对 D2D 用户中的 DT 设备到第 s 个 WAP 区域中第 l 个 WiFi 设备和第 v 对 D2D 用户中的 DT 设备到 DR 设备的信道功率增益分别为 g_{vl}^s 和 g_v^{T-R}，可以表示为

$$g_{vl}^s = (\beta_0 \xi_{vl}^s) / \left\| L_{D_v^T} - L_{W^s} \right\|^\beta \tag{5-54}$$

$$g_v^{T-R} = (\beta_0 \xi_v^{T-R}) / \left\| L_{D_v^T} - L_{D_v^R} \right\|^\beta \tag{5-55}$$

式中，随机变量 ξ_{vl}^s 和 ξ_v^{T-R} 均表示小规模衰落。

进一步，第 k 个 UCCU 在每个时隙中的吞吐量为 $R_k[n]$，可以表示为

$$R_k[n] = (B_U / K) \delta \log_2 \left(1 + \frac{p_k[n] g_k[n]}{N_0 (B_U / K) + I_l^{WiFi}[n] + I_v^{D2D-T}[n]} \right) \tag{5-56}$$

式中，$p_k[n]$ 表示在第 n 个时隙中第 k 个 UCCU 设备的发射功率；N_0 表示噪声功率谱密度；$I_l^{WiFi}[n] = \sum_{s=1}^{S} p_s g_l^s[n]$ 表示 WiFi 设备对无人机 BS 的总干扰；p_s 表示在

第 s 个 WAP 区域对无人机 BS 造成干扰的 WiFi 设备的发射功率；$I_v^{\text{D2D-T}}[n] = \sum_{v=1}^{V} p_v[n] g_v^{\text{T}}[n]$ 表示 DT 设备对无人机 BS 的总干扰；$p_v[n]$ 表示在第 n 个时隙中第 v 对 D2D 用户中 DT 设备的发射功率。

因此，第 k 个 UCCU 在飞行周期 T 内的最低平均吞吐量应满足以下约束

$$(1/T)\sum_{n=1}^{N} R_k[n] \geqslant Q_k, \ \forall k \tag{5-57}$$

式中，Q_k 表示第 k 个 UCCU 在整个飞行周期内的最低平均传输速率需求。

第 v 对 D2D 用户在每个飞行时隙中的总吞吐量为 $R_v[n]$，可以表示为

$$R_v[n] = B_U \delta E\left[\log_2\left(1 + \frac{p_v[n] g_v^{\text{T-R}}}{N_0 B_U + I_{lv}^{\text{WiFi-R}} + I_{kv}^{\text{CU-R}}[n] + I_v^{\text{D2D}}[n]}\right)\right] \tag{5-58}$$

式中，$E[\cdot]$ 表示期望；$I_{lv}^{\text{WiFi-R}} = \sum_{s=1}^{S} p_s g_{lv}^{\text{R},s}$ 表示 WiFi 设备对第 v 个 DR 设备的总干扰；$I_{kv}^{\text{CU-R}}[n] = \sum_{k=1}^{K} p_k[n] g_{kv}^{\text{R}}$ 表示 UCCU 对第 v 个 DR 设备的总干扰；$I_v^{\text{D2D}}[n] = \sum_{j=1,j\neq v}^{V} p_j[n] g_{\text{T}_j\text{-R}_v}$ 表示第 v 对 D2D 用户中的 DR 设备受到其他对 D2D 用户中的 DT 设备的干扰之和；$g_{\text{T}_j\text{-R}_v}$ 表示第 j 对 D2D 设备中的 DT 设备到第 v 对 D2D 设备中的 DR 设备的信道增益。因此，第 v 对 D2D 用户设备在每个飞行时隙中的最小吞吐量应满足以下约束

$$R_v[n] \geqslant Q_v[n], \ \forall v,n \tag{5-59}$$

式中，$Q_v[n]$ 表示第 v 对 D2D 用户在第 n 个时隙中的最小吞吐量需求。

在实际场景中，WiFi 设备可能是蜂窝设备和 D2D 设备，在每个 WAP 覆盖区域内的所有 WiFi 设备同时保持与无人机 BS 的连接。假设 WiFi 设备可以主动或被动向无人机通报 WiFi 系统的状态，如 WiFi 设备的数量和位置。因此，为了保证所有 WiFi 设备的通信质量，本节需要保证每个 WiFi 设备受到的平均干扰功率之和不超过预设的干扰阈值 T_h，即满足以下约束

$$\frac{1}{N}\left(\sum_{k=1}^{K}\sum_{n=1}^{N} p_k[n] E[g_{kl}^s] + \sum_{v=1}^{V}\sum_{n=1}^{N} p_v[n] E[g_{vl}^s]\right) \leqslant T_h, \ \forall s,l \tag{5-60}$$

进一步，UCCU 设备和 D2D 设备的发射功率还应满足以下约束

$$p_K^{\min} \leqslant p_k[n] \leqslant p_K^{\max}, p_V^{\min} \leqslant p_v[n] \leqslant p_V^{\max}, \quad \forall k, v, n \tag{5-61}$$

式中，$p_K^{\min}$ 和 $p_K^{\max}$ 分别表示 K 个 UCCU 的最小发射功率和最大发射功率；$p_V^{\min}$ 和 $p_V^{\max}$ 分别表示 V 对 D2D 设备的最小发射功率和最大发射功率。

5. DUHR 的传输模型

假设无人机在第 n 个时隙中的发射功率为 $p_u[n]$，无人机调用授权频谱总带宽 B_L 为地面上的一个 DUHR 提供下行通信服务，为了避免对运行在相同频段的 DCCU 造成干扰，本节要保证每个 DCCU 受到的干扰不超过预设的干扰阈值 T_h，需要满足以下约束[25]

$$\frac{p_u[n]\beta_0}{\left\| \boldsymbol{Q}_u[n] - \boldsymbol{L}_p \right\|^2 + H^2[n]} \leqslant T_h, \quad \forall p, n \tag{5-62}$$

式中，$\boldsymbol{L}_p = (X_p, Y_p)$ 表示第 p 个 DCCU 的位置。

无人机 BS 的发射功率需要满足以下约束

$$p_u[n] \leqslant P_{uav}^{\max}, \quad \forall n \tag{5-63}$$

式中，$P_{uav}^{\max}$ 表示无人机的最大发射功率。

此时，DUHR 在每个时隙中的吞吐量 $R_c[n]$ 为

$$R_c[n] = B_L \delta \log_2 \left[1 + \frac{p_u[n]\beta_0}{(\left\| \boldsymbol{Q}_u[n] - \boldsymbol{L}_c \right\|^2 + H^2[n])\sigma_L^2} \right], \quad \forall n \tag{5-64}$$

式中，$\boldsymbol{L}_c = (X_c, Y_c)$ 表示 DUHR 的位置；σ_L^2 表示为高斯白噪声和地面干扰总功率[26]。

6. 无人机能量损耗模型

为了增强无人机的续航能力，本节考虑三维推进能耗[27]，旋翼无人机的三维推进能耗可以表示为

$$E_{fly} = \sum_{n=1}^{N} \delta \left[P_0 \left(1 + \frac{3V_h^2[n]}{S_{tip}^2} \right) + P_{ii} \left(\sqrt{1 + \frac{V_h^4[n]}{4v_0^4}} - \frac{V_h^2[n]}{2v_0^2} \right)^{\frac{1}{2}} + \frac{1}{2} d_0 \rho X A V_h^3[n] + W V_z[n] \right] \tag{5-65}$$

式中，P_0 表示悬停状态下的叶片轮廓功率；$V_h[n]$ 表示无人机的飞行速度，

$V_{\mathrm{h}}[n]=(V_x[n])^2+(V_z[n])^2$；$V_x[n]$ 和 $V_z[n]$ 分别表示无人机的水平飞行速度和垂直飞行速度，$V_z[n]\delta=\|H[n+1]-H[n]\|$，$V_x[n]\delta=\|\boldsymbol{Q}_{\mathrm{u}}[n+1]-\boldsymbol{Q}_{\mathrm{u}}[n]\|$；$S_{\mathrm{tip}}$ 表示转子叶片叶尖速度；P_{ii} 表示悬停状态下叶片的感应功率；v_0 表示悬停时的平均旋翼诱导速度；d_0 表示机身阻力比；ρ 表示空气密度；X 表示转子坚固性；A 表示无人机转子盘面积；W 表示无人机的质量。

因此，无人机的总能耗 E_{total} 应满足以下约束

$$E_{\mathrm{total}}=E_{\mathrm{fly}}+E_{\mathrm{comm}}\leqslant E_{\max} \tag{5-66}$$

式中，$E_{\mathrm{comm}}=\sum_{n=1}^{N}p_{\mathrm{u}}[n]T$ 表示无人机通信能耗；$E_{\max}$ 表示无人机最大电池能量。

蜂窝用户（UCCU 和 DUHR）在周期 T 中的总吞吐量 R_{total} 为

$$R_{\mathrm{total}}=\sum_{k=1}^{K}\sum_{n=1}^{N}R_k[n]+\sum_{n=1}^{N}R_{\mathrm{c}}[n] \tag{5-67}$$

5.3.2　问题描述

本节基于全频谱共享方案，在考虑无人机最大电池能量约束的情况下，联合优化无人机水平飞行轨迹 $\boldsymbol{Q}=\{\boldsymbol{Q}_{\mathrm{u}}[n]\}$ 及垂直飞行轨迹 $\boldsymbol{H}=\{H[n]\}$，UCCU、D2D 用户及无人机 BS 的发射功率 $\boldsymbol{P}=\{p_k[n],p_v[n],p_{\mathrm{u}}[n]\}$，实现了蜂窝用户（UCCU 和 DUHR）的总吞吐量最大化。因此，针对优化目标建立的优化问题(P1)为

$$(\mathrm{P1}):\quad \max_{\boldsymbol{Q},\boldsymbol{H},\boldsymbol{P}} R_{\mathrm{total}} \tag{5-68}$$

式（5-68）应满足式（5-44）、式（5-45）、式（5-46）、式（5-47）、式（5-57）、式（5-59）、式（5-60）、式（5-61）、式（5-62）、式（5-63）、式（5-66）中的约束，其中，式（5-44）、式（5-45）、式（5-46）和式（5-47）是无人机的三维飞行轨迹约束；式(5-57)表示第 k 个 UCCU 在整个飞行周期内的最低平均通信速率需求 Q_k；式(5-59)表示第 v 对 D2D 用户在第 n 个时隙中的最小吞吐量需求 $Q_v[n]$；式(5-60)保证第 s 个 WAP 区域中的每个 WiFi 设备受到的平均干扰功率不超过 WiFi 设备的预设干扰阈值 T_{h}；式（5-62）表示 DCCU 受到的干扰功率之和不超过阈值 T_{h}；式（5-63）表示 DUHR 在每个时隙中的传输功率不超过无人机的最大发射功率 $P_{\mathrm{uav}}^{\max}$；式（5-66）表示无人机每个飞行周期的总能耗不超过最大电池能量 $E_{\max}$。

5.3.3 算法设计

为了有效解决问题，本节首先将优化问题(P1)分解为两个联合优化子问题：无人机三维飞行轨迹 $Z_u[n] = \{Q_u[n], H[n]\}$ 联合优化问题(P2)，UCCU、D2D 用户及无人机 BS 的发射功率 $P = \{p_k[n], p_v[n], p_u[n]\}$ 联合优化问题(P3)，以上两个子问题均为非凸问题，需要采用 SCA 方法对其进行非凸转凸，然后使用标准凸优化工具 CVX 对其进行求解，最后通过迭代优化来获得最优参数 $\{H[n], Q_u[n], p_u[n], p_k[n], p_v[n]\}$ 与蜂窝用户的最大总吞吐量。

1. 无人机三维飞行轨迹联合优化

对于给定的无人机 BS 的发射功率 $\{p_u[n]\}$、D2D 设备的发射功率 $\{p_v[n]\}$ 及 UCCU 的发射功率 $\{p_k[n]\}$，该子问题通过优化无人机三维飞行轨迹 $Z_u[n]$ 来最大化蜂窝用户总吞吐量。问题(P2)可以表示为

$$(\text{P2}): \quad \max_{Z_u[n]} \sum_{k=1}^{K} \sum_{n=1}^{N} R_k[n] + \sum_{n=1}^{N} R_c[n] \tag{5-69}$$

式（5-69）应满足式（5-44）、式（5-45）、式（5-46）、式（5-47）、式（5-57）、式（5-62）、式（5-66）中的约束。由于目标函数关于优化变量 $\{Q_u[n], H[n]\}$ 是非凹的，且式（5-57）、式（5-62）和式（5-66）是非凸约束，所以问题(P2)是一个非凸非凹优化问题。

本节分析无人机飞行高度 H 对蜂窝用户总吞吐量的影响，并对优化无人机飞行高度的必要性进行证明，具体如下。

证明：$R_k[n]$ 可以表示为

$$R_k[n] = (B_U / K)\delta \log_2\left(1 + \frac{p_k[n]\beta_0}{I_0 + \beta_0 I_1 + \beta_0 I_2}\right) \tag{5-70}$$

式中，$I_0 = N_0(B_U / K)\left(\left\|L_{O_k} - Q_u[n]\right\|^2 + H^2[n]\right)$；$N_0(B_U / K)$ 很小，$\beta_0(I_1 + I_2) \gg I_0$，干扰项为

$$\begin{cases} I_1 = \sum_{s=1}^{S}\left(p_s\left(\left\|L_{O_k} - Q_u[n]\right\|^2 - \left\|Q_u[n] - L_{W^s}\right\|^2\right) \Big/ \left(\left\|Q_u[n] - L_{W^s}\right\|^2 + H^2[n]\right) + p_s\right) \\ I_2 = \sum_{v=1}^{V}\left(p_v[n]\left(\left\|L_{O_k} - Q_u[n]\right\|^2 - \left\|L_{D_v^T} - Q_u[n]\right\|^2\right) \Big/ \left(\left\|L_{D_v^T} - Q_u[n]\right\|^2 + H^2[n]\right) + p_v[n]\right) \end{cases}$$

$$\tag{5-71}$$

对于 $\forall k,n$ ，当 $\left\| L_{\mathrm{O}_k} - Q_{\mathrm{u}}[n] \right\|^2 > \left\| Q_{\mathrm{u}}[n] - L_{\mathrm{W}^s} \right\|^2$ 或 $\left\| L_{\mathrm{O}_k} - Q_{\mathrm{u}}[n] \right\|^2 > \left\| L_{\mathrm{D}_v^{\mathrm{T}}} - Q_{\mathrm{u}}[n] \right\|^2$ 时，与 UCCU 相比，无人机更靠近干扰区域中的 WiFi 设备和 DT 设备，此时干扰项 I_1 和 I_2 随无人机飞行高度的增大而减小。当 $\left\| L_{\mathrm{O}_k} - Q_{\mathrm{u}}[n] \right\|^2 < \left\| Q_{\mathrm{u}}[n] - L_{\mathrm{W}^s} \right\|^2$ 或 $\left\| L_{\mathrm{O}_k} - Q_{\mathrm{u}}[n] \right\|^2 < \left\| L_{\mathrm{D}_v^{\mathrm{T}}} - Q_{\mathrm{u}}[n] \right\|^2$ 时，与干扰区域中的 WiFi 设备和 DT 设备相比，无人机更靠近 UCCU，此时干扰项 I_1 和 I_2 随无人机飞行高度的增大而增大。因此，当无人机远离 UCCU 且靠近干扰区域中的 WiFi 设备和 DT 设备时，会通过增大飞行高度来减小无人机受到的干扰，在靠近 UCCU 时会减小飞行高度。

接下来，联立目标函数和式（5-62），可以得到

$$2^{R_{\mathrm{c}}[n]/(B_{\mathrm{L}}\delta)} \leqslant \frac{T_{\mathrm{r}}\left(\left\| Q_{\mathrm{u}}[n] - L_p \right\|^2 - \left\| Q_{\mathrm{u}}[n] - L_{\mathrm{c}} \right\|^2 \right)}{\sigma_{\mathrm{L}}^2 \left(\left\| Q_{\mathrm{u}}[n] - L_{\mathrm{c}} \right\|^2 + H^2[n] \right)} + \frac{T_{\mathrm{h}}}{\sigma_{\mathrm{L}}^2} + 1, \forall p,n \tag{5-72}$$

对于 $\forall n$ ，当 $\left\| Q_{\mathrm{u}}[n] - L_p \right\|^2 > \left\| Q_{\mathrm{u}}[n] - L_{\mathrm{c}} \right\|^2$ 时，与干扰区域中的 DCCU 相比，无人机更靠近 DUHR，此时 $R_{\mathrm{c}}[n]$ 随无人机飞行高度的增大而减小。然而，当 $\left\| Q_{\mathrm{u}}[n] - L_p \right\|^2 < \left\| Q_{\mathrm{u}}[n] - L_{\mathrm{c}} \right\|^2$ 时，$R_{\mathrm{c}}[n]$ 随无人机飞行高度的增大而增大。因此，无人机在远离 DUHR 且靠近 DCCU 时，会通过增大飞行高度来提高 DUHR 速率，在靠近 DCCU 时会减小飞行高度。综上所述，无人机飞行高度与无人机位置及目标函数有关，验证了优化无人机飞行高度的必要性。

通过引入松弛变量 $\tilde{R}_k = \{R_{k,\mathrm{lb}}[n], \forall k,n\}$ 和 $\tilde{R}_{\mathrm{c}} = \{R_{\mathrm{c},\mathrm{lb}}[n], \forall n\}$ ，能够得到以下约束

$$R_k[n] \geqslant R_{k,\mathrm{lb}}[n], \ \forall k,n \tag{5-73}$$

$$R_{\mathrm{c}}[n] \geqslant R_{\mathrm{c},\mathrm{lb}}[n], \ \forall n \tag{5-74}$$

$$\frac{1}{T} \sum_{n=1}^{N} R_{k,\mathrm{lb}}[n] \geqslant Q_k, \ \forall k \tag{5-75}$$

因此，能够得到子问题(P2)的等价问题(P2.1)，即

$$(\text{P2.1}): \ \max_{\tilde{R}_k, \tilde{R}_{\mathrm{c}}, Z_{\mathrm{u}}[n]} \sum_{k=1}^{K} \sum_{n=1}^{N} R_{k,\mathrm{lb}}[n] + \sum_{n=1}^{N} R_{\mathrm{c},\mathrm{lb}}[n] \tag{5-76}$$

式（5-76）应满足式（5-44）、式（5-45）、式（5-46）、式（5-47）、式（5-62）、式（5-66）、式（5-72）、式（5-73）、式（5-74）中的约束。

接下来，$Y_k[n]$ 和 $Z_k[n]$ 可以表示为

$$
\begin{cases}
Y_k[n] = \tau[n] + \sum_{v=1}^{V} \dfrac{\beta_0 p_v[n]}{\left\| \boldsymbol{L}_{\mathrm{D}_v^{\mathrm{T}}} - \boldsymbol{Q}_{\mathrm{u}}[n] \right\|^2 + H^2[n]} + \dfrac{\beta_0 p_k[n]}{\left\| \boldsymbol{L}_{\mathrm{O}_k} - \boldsymbol{Q}_{\mathrm{u}}[n] \right\|^2 + H^2[n]} \\[4mm]
Z_k[n] = \tau[n] + \sum_{v=1}^{V} \dfrac{\beta_0 p_v[n]}{\left\| \boldsymbol{L}_{\mathrm{D}_v^{\mathrm{T}}} - \boldsymbol{Q}_{\mathrm{u}}[n] \right\|^2 + H^2[n]}
\end{cases}
\tag{5-77}
$$

式中，$\tau[n] = \sum_{s=1}^{S} \left[\beta_0 p_s \Big/ \left(\left\| \boldsymbol{Q}_{\mathrm{u}}[n] - \boldsymbol{L}_{\mathrm{W}^s} \right\|^2 + H^2[n] \right) \right]$。

因此，$R_k[n]$ 可以表示为

$$
R_k[n] = \frac{B_{\mathrm{U}}}{K} \delta \left[\log_2 \left(N \frac{B_{\mathrm{U}}}{K} + Y_k[n] \right) - \log_2 \left(N_0 \frac{B_{\mathrm{U}}}{K} + Z_k[n] \right) \right]
\tag{5-78}
$$

然后，引入非负松弛变量 $\tilde{\boldsymbol{B}} = \{b^s[n], \forall s, n\}$ 和 $\tilde{\boldsymbol{C}} = \{c_v^{\mathrm{T}}[n], \forall v, n\}$ 对 $R_k[n]$ 进行处理。因此，$R_k[n]$ 的下界可以表示为

$$
\hat{R}_k[n] = -\frac{B_{\mathrm{U}}}{K} \delta t_k^{a_2}[n] + \frac{B_{\mathrm{U}}}{K} \delta t_k^{a_1}[n]
\tag{5-79}
$$

式中，可以得到 $t_k^{a_2}[n] = \log_2 \left[N_0(B_{\mathrm{U}}/K) + \sum_{s=1}^{S}(\beta_0 p_s / b^s[n]) + \sum_{v=1}^{V}(\beta_0 p_v[n]/c_v^{\mathrm{T}}[n]) \right]$；$t_k^{a_1}[n] = \log_2[N_0(B_{\mathrm{U}}/K) + Y_k[n]]$。

在式（5-79）中，$t_k^{a_1}[n]$ 关于 $\left\| \boldsymbol{Q}_{\mathrm{u}}[n] - \boldsymbol{L}_{\mathrm{W}^s} \right\|^2 + H^2[n]$、$\left\| \boldsymbol{L}_{\mathrm{D}_v^{\mathrm{T}}} - \boldsymbol{Q}_{\mathrm{u}}[n] \right\|^2 + H^2[n]$ 和 $\left\| \boldsymbol{L}_{\mathrm{O}_k} - \boldsymbol{Q}_{\mathrm{u}}[n] \right\|^2 + H^2[n]$ 为凸函数[28-29]。假设给定第 i 次迭代局部值 $\boldsymbol{Q}_{\mathrm{u}}^i[n]$ 和 $H^i[n]$，则凸函数 $t_k^{a_1}[n]$ 的下界 $\hat{t}_k^{a_1}[n]$ 可以表示为式（5-80）。式中，$Y_k^i[n]$ 是 $Y_k[n]$ 第 i 次迭代的局部值，此时，$\boldsymbol{Q}_{\mathrm{u}}[n] = \boldsymbol{Q}_{\mathrm{u}}^i[n]$，$H[n] = H^i[n]$。

$$
\begin{aligned}
\hat{t}_k^{a_1}[n] = {} & \log_2 \left(Y_k^i[n] + N_0 \frac{B_{\mathrm{U}}}{K} \right) - \\
& \frac{\beta_0 p_k[n] \left(\left\| \boldsymbol{L}_{\mathrm{O}_k} - \boldsymbol{Q}_{\mathrm{u}}[n] \right\|^2 + H^2[n] - \left\| \boldsymbol{L}_{\mathrm{O}_k} - \boldsymbol{Q}_{\mathrm{u}}^i[n] \right\|^2 - H^i[n]^2 \right)}{\ln 2 \left(Y_k^i[n] + N_0 \dfrac{B_{\mathrm{U}}}{K} \right) \left(\left\| \boldsymbol{L}_{\mathrm{O}_k} - \boldsymbol{Q}_{\mathrm{u}}^i[n] \right\|^2 + H^i[n]^2 \right)^2}
\end{aligned}
$$

$$\sum_{s=1}^{S} \frac{\beta_0 p_s \left(\left\| \boldsymbol{Q}_{\mathrm{u}}[n] - \boldsymbol{L}_{\mathrm{W}^s} \right\|^2 + H^2[n] - \left\| \boldsymbol{Q}_{\mathrm{u}}^i[n] - \boldsymbol{L}_{\mathrm{W}^s} \right\|^2 - H^i[n]^2 \right)}{\ln 2 \left(Y_k^i[n] + N_0 \dfrac{B_{\mathrm{U}}}{K} \right) \left(\left\| \boldsymbol{Q}_{\mathrm{u}}^i[n] - \boldsymbol{L}_{\mathrm{W}^s} \right\|^2 + H^i[n]^2 \right)^2} -$$

$$\sum_{v=1}^{V} \frac{\beta_0 p_v[n] \left(\left\| \boldsymbol{L}_{\mathrm{D}_v^{\mathrm{T}}} - \boldsymbol{Q}_{\mathrm{u}}[n] \right\|^2 + H^2[n] - \left\| \boldsymbol{L}_{\mathrm{D}_v^{\mathrm{T}}} - Q_{\mathrm{u}}^i[n] \right\|^2 - H^i[n]^2 \right)}{\ln 2 \left(N_0 \dfrac{B_{\mathrm{U}}}{K} + Y_k^i[n] \right) \left(\left\| \boldsymbol{L}_{\mathrm{D}_v^{\mathrm{T}}} - \boldsymbol{Q}_{\mathrm{u}}^i[n] \right\|^2 + H^i[n]^2 \right)^2} \tag{5-80}$$

经过上述转换，式（5-73）能够转换为

$$\frac{B_{\mathrm{U}}}{K} \delta(\hat{t}_k^{a_1}[n] - t_k^{a_2}[n]) \geqslant R_{k,\mathrm{lb}}[n], \ \forall k, n \tag{5-81}$$

式（5-74）能够被重写为

$$B_{\mathrm{L}} \delta \log_2 \left[1 + \frac{\beta_0 p_{\mathrm{u}}[n]}{\sigma_{\mathrm{L}}^2 \left(\left\| \boldsymbol{Q}_{\mathrm{u}}^i[n] - \boldsymbol{L}_{\mathrm{c}} \right\|^2 + H^i[n]^2 \right)} \right] - \tilde{R}[n] \geqslant R_{\mathrm{c,lb}}[n], \ \forall n \tag{5-82}$$

式中，$\tilde{R}[n] = \dfrac{\beta_0 p_{\mathrm{u}}[n] \left(\left\| \boldsymbol{Q}_{\mathrm{u}}[n] - \boldsymbol{L}_{\mathrm{c}} \right\|^2 + H^2[n] - \left\| \boldsymbol{Q}_{\mathrm{u}}^i[n] - \boldsymbol{L}_{\mathrm{c}} \right\|^2 - H^i[n]^2 \right)}{\ln 2 \left(\sigma_{\mathrm{L}}^2 \left\| \boldsymbol{Q}_{\mathrm{u}}^i[n] - \boldsymbol{L}_{\mathrm{c}} \right\|^2 + \sigma_{\mathrm{L}}^2 H^i[n]^2 + \beta_0 p_{\mathrm{u}}[n] \right) \left(\left\| \boldsymbol{Q}_{\mathrm{u}}^i[n] - \boldsymbol{L}_{\mathrm{c}} \right\|^2 + H^i[n]^2 \right)}$。

在式（5-62）中，引入非负松弛变量 $\tilde{\boldsymbol{A}} = \{a_p[n], \forall p, n\}$，能够得到

$$\left\| \boldsymbol{Q}_{\mathrm{u}}[n] - \boldsymbol{L}_p \right\|^2 + H^2[n] \geqslant a_p[n], \ \forall p, n \tag{5-83}$$

因此，对于 $\forall p, n$，式（5-62）等价于

$$p_{\mathrm{u}}[n] \beta_0 / a_p[n] \leqslant T_{\mathrm{h}} \tag{5-84}$$

$$\left\| \boldsymbol{Q}_{\mathrm{u}}^i[n] - \boldsymbol{L}_p \right\|^2 + 2(\boldsymbol{Q}_{\mathrm{u}}^i[n] - \boldsymbol{L}_p)'(\boldsymbol{Q}_{\mathrm{u}}[n] - \boldsymbol{Q}_{\mathrm{u}}^i[n]) + H^i[n](2H[n] - H^i[n]) \geqslant a_p[n] \tag{5-85}$$

式中，$(\cdot)'$ 表示矩阵转置。相似地，对于 $\forall s, v, n$，能够得到

$$\left\| \boldsymbol{Q}_{\mathrm{u}}^i[n] - \boldsymbol{L}_{\mathrm{W}^s} \right\|^2 + 2(\boldsymbol{Q}_{\mathrm{u}}^i[n] - \boldsymbol{L}_{\mathrm{W}^s})'(\boldsymbol{Q}_{\mathrm{u}}[n] - \boldsymbol{Q}_{\mathrm{u}}^i[n]) + H^i[n](2H[n] - H^i[n]) \geqslant b^s[n] \tag{5-86}$$

$$\left\| \boldsymbol{Q}_{\mathrm{u}}^i[n] - \boldsymbol{L}_{\mathrm{D}_v^{\mathrm{T}}} \right\|^2 + 2(\boldsymbol{Q}_{\mathrm{u}}^i[n] - \boldsymbol{L}_{\mathrm{D}_v^{\mathrm{T}}})'(\boldsymbol{Q}_{\mathrm{u}}[n] - \boldsymbol{Q}_{\mathrm{u}}^i[n]) + H^i[n](2H[n] - H^i[n]) \geqslant c_v^{\mathrm{T}}[n] \tag{5-87}$$

接下来，在式（5-66）的非凸约束中引入非负的松弛变量 $\tilde{\boldsymbol{O}} = \{o[n], \forall n\}$，令

$$o[n] \geqslant \left(\sqrt{1 + [(V_x[n])^2 + (V_z[n])^2]^2 / (4v_0^4)} - (V_x[n])^2 + (V_z[n])^2 / (2v_0^2) \right)^{1/2}, \ E_{\mathrm{fly}} \text{ 的上界可}$$

以表示为

$$E_{\text{up,fly}} = \sum_{n=1}^{N} \delta P_0 \left[\frac{1 + 3(V_x[n])^2 + 3(V_z[n])^2}{S_{\text{tip}}^2} \right] +$$

$$\sum_{n=1}^{N} (\delta P_{\text{ii}} o[n] + W V_z[n]) + 0.5 \delta d_0 \rho X A \sum_{n=1}^{N} [(V_x[n])^2 + (V_z[n])^2]^{3/2} \qquad (5\text{-}88)$$

接下来，能够得到以下约束

$$\frac{1}{o^2[n]} \leqslant o^2[n] + \frac{(V_x[n])^2 + (V_z[n])^2}{v_0^2}, \quad \forall n \qquad (5\text{-}89)$$

因此，对于 $\forall n$，式（5-89）可以转换为

$$\frac{1}{o^2[n]} \leqslant o_i[n](2o[n] - o_i[n]) + \frac{(V_x^i[n])'}{v_0^2}(2V_x[n] - V_x^i[n]) +$$

$$\frac{(V_z^i[n])'}{v_0^2}(2V_z[n] - V_z^i[n]) \qquad (5\text{-}90)$$

因此，根据式（5-66）能够得到

$$E_{\text{up,fly}} + E_{\text{comm}} \leqslant E_{\text{max}} \qquad (5\text{-}91)$$

最终，非凸子问题(P2.1)能够转换为凸优化子问题(P2.2)，即

$$(\text{P2.2}): \max_{\substack{\tilde{A}, \tilde{O}, \tilde{R}_c, \tilde{R}_k, \\ Q, H, \tilde{B}, \tilde{C}}} \sum_{k=1}^{K} \sum_{n=1}^{N} R_{k,\text{lb}}[n] + \sum_{n=1}^{N} R_{c,\text{lb}}[n] \qquad (5\text{-}92)$$

式（5-92）应满足式（5-44）、式（5-45）、式（5-46）、式（5-47）、式（5-81）、式（5-82）、式（5-84）、式（5-85）、式（5-86）、式（5-87）、式（5-90）、式（5-91）中的约束。

因此，通过一系列转换，可以将上述关于轨迹优化的非凸子问题(P2)转化为标准的凸优化子问题(P2.2)，可直接使用凸优化工具 CVX 来求解。

2. 发射功率联合优化

接下来对 UCCU、D2D 用户及无人机 BS 的发射功率 $\boldsymbol{P} = \{p_k[n], p_v[n], p_u[n]\}$ 联合优化问题(P3)进行求解。改写的问题(P3)为

$$(\text{P3}): \max_{\boldsymbol{P}} R_{\text{total}}(p_u[n], p_v[n], p_k[n]) \qquad (5\text{-}93)$$

式（5-93）应满足式（5-57）、式（5-59）、式（5-60）、式（5-61）、式（5-62）、

式（5-63）、式（5-66）中的约束。

对于非凹的 $R_k[n]$ 表达式，能够得到

$$D_{k,n} = \sum_{s=1}^{S} \frac{\beta_0 p_s}{\left\| \boldsymbol{Q}_{\mathrm{u}}[n] - \boldsymbol{L}_{\mathrm{W}^s} \right\|^2 + H^2[n]} + \frac{\beta_0 p_k[n]}{\left\| \boldsymbol{L}_{\mathrm{O}_k} - \boldsymbol{Q}_{\mathrm{u}}[n] \right\|^2 + H^2[n]} \qquad (5\text{-}94)$$

$$E_n = N_0 \frac{B_{\mathrm{U}}}{K} + \sum_{s=1}^{S} \frac{\beta_0 p_s}{\left\| \boldsymbol{Q}_{\mathrm{u}}[n] - \boldsymbol{L}_{\mathrm{W}^s} \right\|^2 + H^2[n]} \qquad (5\text{-}95)$$

因此，$t_k^{a_3}[n]$ 和 $t_k^{a_4}[n]$ 等价于

$$t_k^{a_3}[n] = \log_2 \left(E_n + \sum_{v=1}^{V} \frac{\beta_0 p_v[n]}{\left\| \boldsymbol{L}_{\mathrm{D}_v^{\mathrm{T}}} - \boldsymbol{Q}_{\mathrm{u}}[n] \right\|^2 + H^2[n]} \right) \qquad (5\text{-}96)$$

$$t_k^{a_4}[n] = \log_2 \left(N_0 \frac{B_{\mathrm{U}}}{K} + D_{k,n} + \sum_{v=1}^{V} \frac{\beta_0 p_v[n]}{\left\| \boldsymbol{L}_{\mathrm{D}_v^{\mathrm{T}}} - \boldsymbol{Q}_{\mathrm{u}}[n] \right\|^2 + H^2[n]} \right) \qquad (5\text{-}97)$$

因此，根据式（5-57）、式（5-96）和式（5-97）能够得到以下约束

$$\frac{B_{\mathrm{U}}}{K} \delta t_k^{a_4}[n] - \frac{B_{\mathrm{U}}}{K} \delta t_k^{a_3}[n] \geqslant \frac{B_{\mathrm{U}}}{K} \delta t_k^{a_4}[n] - \frac{B_{\mathrm{U}}}{K} \delta \overline{t}_k^{a_3}[n] \qquad (5\text{-}98)$$

式中，$\overline{t}_k^{a_3}[n]$ 是 $t_k^{a_3}[n]$ 的上界。

假设 $p_v[n]$ 的第 i 次迭代值为 $p_v^i[n]$，因此 $\overline{t}_k^{a_3}[n]$ 可以表示为

$$\overline{t}_k^{a_3}[n] = \log_2 E_n^i + \frac{\log_2 \mathrm{e}}{E_n^i} \sum_{v=1}^{V} \frac{\beta_0 (p_v[n] - p_v^i[n])}{\left\| \boldsymbol{L}_{\mathrm{D}_v^{\mathrm{T}}} - \boldsymbol{Q}_{\mathrm{u}}[n] \right\|^2 + H^2} \qquad (5\text{-}99)$$

式中，$E_n^i = E_n + \sum_{v=1}^{V} \dfrac{\beta_0 p_v^i[n]}{\left\| \boldsymbol{L}_{\mathrm{D}_v^{\mathrm{T}}} - \boldsymbol{Q}_{\mathrm{u}}[n] \right\|^2 + H^2}$。

因此，式（5-57）能够被重写为以下约束

$$\frac{1}{T} \frac{B_{\mathrm{U}}}{K} \delta \sum_{n=1}^{N} (t_k^{a_4}[n] - \overline{t}_k^{a_3}[n]) \geqslant Q_k, \ \forall k \qquad (5\text{-}100)$$

$R_v[n]$ 等价于

$$R_v[n] = B_U \delta \log_2 \left(N_0 B_U + \beta_0 F_n + \sum_{j=1, j \neq v}^{V} p_j[n] g_{T_j \text{-} R_v} + \frac{p_v[n] \beta_0}{\left\| \boldsymbol{L}_{D_v^T} - \boldsymbol{L}_{D_v^R} \right\|^\beta} \right) -$$

$$B_U \delta \log_2 \left(N_0 B_U + \beta_0 F_n + \sum_{j=1, j \neq v}^{V} p_j[n] g_{T_j \text{-} R_v} \right) \tag{5-101}$$

$$= B_U \delta R_{v,1}[n] - B_U \delta R_{v,2}[n]$$

式中，$F_n = \sum_{s=1}^{S} \dfrac{p_s}{\left\| \boldsymbol{L}_{W^s} - \boldsymbol{L}_{D_v^R} \right\|^\beta} + \sum_{k=1}^{K} \dfrac{p_k[n]}{\left\| \boldsymbol{L}_{O_k} - \boldsymbol{L}_{D_v^R} \right\|^\beta}$。

由于 $R_{v,1}[n]$ 和 $R_{v,2}[n]$ 关于优化变量 $\{p_v[n], p_k[n]\}$ 是联合凹函数，假设 $\{p_j[n]\}$ 第 i 次迭代的局部值为 $\{p_j^i[n], j=1,\cdots,V; j \neq v\}$，则 $R_{v,2}[n]$ 的上界 $\overline{R}_{v,2}[n]$ 为

$$\overline{R}_{v,2}[n] = \log_2 \left(N_0 B_U + \beta_0 F_n^i + \sum_{j=1, j \neq v}^{V} p_j^i[n] g_{T_j \text{-} R_v} \right) +$$

$$\frac{\left(\beta_0 F_n - \beta_0 F_n^i + \sum_{j=1, j \neq v}^{V} p_j[n] g_{T_j \text{-} R_v} - \sum_{j=1, j \neq v}^{V} p_j^i[n] g_{T_j \text{-} R_v} \right)}{\ln 2 \left(N_0 B_U + \beta_0 F_n^i + \sum_{j=1, j \neq v}^{V} p_j^i[n] g_{T_j \text{-} R_v} \right)} \tag{5-102}$$

式中，$F_n^i = \sum_{s=1}^{S} \dfrac{p_s}{\left\| \boldsymbol{L}_{W^s} - \boldsymbol{L}_{D_v^R} \right\|^\beta} + \sum_{k=1}^{K} \dfrac{p_k^i[n]}{\left\| \boldsymbol{L}_{O_k} - \boldsymbol{L}_{D_v^R} \right\|^\beta}$。

因此，式（5-59）可以重写为

$$B_U \delta R_{v,1}[n] - B_U \delta \overline{R}_{v,2}[n] \geqslant Q_v[n], \ \forall v, n \tag{5-103}$$

最终，优化问题(P3)能够转换为标准凸优化问题(P3.1)，即

$$(\text{P3.1}): \ \max_{\boldsymbol{P}} \ \frac{B_U}{K} \delta \sum_{k=1}^{K} \sum_{n=1}^{N} (t_k^{a_4}[n] - \overline{t}_k^{a_3}[n]) + \sum_{n=1}^{N} R_c[n] \tag{5-104}$$

式（5-104）应满足式（5-60）、式（5-61）、式（5-62）、式（5-63）、式（5-66）、式（5-100）、式（5-103）中的约束。

因此，标准凸优化问题(P3.1)可直接使用凸优化工具 CVX 来求解。

5.3.4　算法流程和复杂度分析

综上所述，本节分别求解转换后的凸优化子问题(P2.2)和标准凸优化问题(P3.1)，以迭代的方式分别优化无人机三维飞行轨迹 $\boldsymbol{Z}_{\mathrm{u}}[n]=\{\boldsymbol{Q}_n[n],H[n]\}=\{\boldsymbol{Q}_n,H_n\}$，以及 UCCU、D2D 用户和无人机 BS 的发射功率 $\boldsymbol{P}=\{p_k[n],p_v[n],p_u[n]\}=\{p_{kn},p_{vn},p_n\}$。具体来说，先固定 UCCU、D2D 用户和无人机 BS 的发射功率并对无人机三维飞行轨迹进行优化，然后固定无人机三维飞行轨迹并对 UCCU、D2D 用户和无人机 BS 的发射功率进行优化，将这两个优化子问题交替迭代求解直至收敛。该算法具有收敛性，因为问题(P1)的最终目标函数值在每次迭代后都不会减小，且目标函数已转化为凹函数，它的上限是有限值。基于全频谱共享的轨迹和功率优化算法如算法 5-2 所示。

令 $R=K+V+S$，因此所提算法最终的复杂度为 $O\{\alpha\{(S+V)^3K^3N^3+[2P+(S+V)K+(R-1)V]N+SL(K+V)\}\log(\varepsilon^{-1})\}$。

算法 5-2　基于全频谱共享的轨迹和功率优化算法

步骤 1：输入 BCD 过程中的最大误差 ε、迭代次数初值为 0、目标函数初值 $\mathrm{obj}_{\mathrm{chu}}$，最大迭代次数 I_{BCD} 为 α，初始化 $\boldsymbol{z}^i(n)=\{p_{kn}^i,p_{vn}^i,p_n^i,\tilde{O}^i,\boldsymbol{Q}_n^i,H_n^i\}$；

步骤 2：当 $i<\alpha$ 时，执行以下循环操作：

步骤 3：对于给定的 $\boldsymbol{Z}^i(n)$，通过求解处理后的凸优化子问题(P2.2)得到当前问题的解为 $\{\boldsymbol{Q}_n^{i+1},H_n^{i+1},\tilde{A}^{i+1},\tilde{B}^{i+1},\tilde{C}^{i+1},\tilde{O}^{i+1},\tilde{R}_c^{i+1},\tilde{R}_k^{i+1}\}$；

步骤 4：对于给定的 $\{\boldsymbol{Q}_n^{i+1},H_n^{i+1},p_{kn}^i,p_{vn}^i\}$，通过求解处理后的标准凸优化问题(P3.1)得到当前问题的解为 $\{p_{kn}^{i+1},p_{vn}^{i+1},p_n^{i+1}\}$；

步骤 5：令 $\boldsymbol{Z}^i(n)=\boldsymbol{Z}^{i+1}(n)$，然后执行以下过程：

$\{\boldsymbol{Q}^i,\boldsymbol{H}^i,\boldsymbol{P}^i,\tilde{A}^i,\tilde{B}^i,\tilde{C}^i,\tilde{O}^i,\tilde{R}_c^i,\tilde{R}_k^i\}=\{\boldsymbol{Q}^{i+1},\boldsymbol{H}^{i+1},\boldsymbol{P}^{i+1},\tilde{A}^{i+1},\tilde{B}^{i+1},\tilde{C}^{i+1},\tilde{O}^{i+1},\tilde{R}_c^{i+1},\tilde{R}_k^{i+1}\}$；

步骤 6：将 $\{\boldsymbol{Q}_n^{i+1},H_n^{i+1},p_{kn}^{i+1},p_{vn}^{i+1},p_n^{i+1}\}$ 代入目标函数，计算当前迭代值 $\mathrm{obj}_{\mathrm{new}}$；

步骤 7：如果 $\mathrm{abs}(\mathrm{obj}_{\mathrm{new}}-\mathrm{obj}_{\mathrm{chu}})\leqslant\varepsilon$，则跳转到步骤 9；

步骤 8：否则更新 $i=i+1$ 且 $\mathrm{obj}_{\mathrm{chu}}=\mathrm{obj}_{\mathrm{new}}$，跳回步骤 2；

步骤 9：结束循环；

步骤 10：输出最优参数值 $\{\boldsymbol{Q}_n^*,H_n^*,p_{kn}^*,p_{vn}^*,p_n^*\}=\{\boldsymbol{Q}_n^i,H_n^i,p_{kn}^i,p_{vn}^i,p_n^i\}$，计算得到当前的最大总吞吐量为

$R_{\mathrm{total}}(p_{kn}^*,p_{vn}^*,p_n^*,\boldsymbol{Q}_n^*,H_n^*)=R_{\mathrm{total}}(p_{kn}^i,p_{vn}^i,p_n^i,\boldsymbol{Q}_n^i,H_n^i)$

5.3.5 仿真结果与性能分析

1. 仿真参数设置

本节通过仿真来验证所提算法的有效性。假设 D2D 用户随机均匀分布在 500 m×500 m 的区域内，UCCU 随机分布在 WAP 覆盖区域外，每个 UCCU 与 DR 设备及 WiFi 设备之间的最短距离为 21 m，每对 D2D 用户之间的距离小于 30 m[27-28]，而 DT 设备与其他 DR 设备及 WiFi 设备的最短距离为 15 m，无人机起点和终点坐标分别被设置为(−250, −350, $H_{\min}$)和(250, 150, $H_{\min}$)。

假设地面路径损耗指数 $\beta = 3.76$，而 D2D 用户在每个时隙内的最低传输速率 $R_{\min} = 1.5 \sim 1.9$ bits/slot/Hz，单位 bits/slot/Hz 在本节中表示 D2D 用户每时隙 1 Hz 带宽传输的比特数，即噪声功率谱密度 $N_0 = -169$ dBm/Hz，DUHR 受到的干扰 $\sigma_L^2 = -80$ dBm，信道功率增益为−50 dB，授权频谱带宽为 6 MHz，UCCU 的最小发射功率 $p_K^{\min}$ 和最大发射功率 $p_K^{\max}$ 分别为 0 dBm 和 27 dBm，D2D 设备的最小发射功率 $p_V^{\min}$ 和最大发射功率 $p_V^{\max}$ 分别为 0 dBm 和 20 dBm，WiFi 设备的发射功率为 17 dBm，BS 的最大发射功率为 27 dBm。假设无人机最高水平飞行速度为 18 m/s，最高垂直飞行速度为 8 m/s，其他主要仿真参数如表 5-2 所示。

表 5-2　主要仿真参数

参数	值	参数	值
DCCU 数量 P	6 个	UCCU 数量 K	4 个
WAP 数量 S	3 个	最低飞行高度 $H_{\min}$	90 m/100 m
D2D 对数 V	7 对	最高飞行高度 $H_{\max}$	180 m/200 m
WAP 的 WiFi 用户数量 L	10 个	最大水平速度 $V_{x,\max}$	18 m/s
无人机飞行周期 T	43~49 s	最大垂直速度 $V_{z,\max}$	8 m/s
飞行时隙数 N	30 个	无人机最大电池能量 $E_{\max}$	13 kJ
免授权带宽 B_U	20 MHz	干扰阈值 T_h	−77~−70 dBm
无人机覆盖区域	500 m×500 m	UCCU 平均通信速率 Q_k	0.8 bits/s/Hz

2. 方案的收敛性

为了证明方案的有效性，对以下 4 种方案进行对比。

（1）基于全频谱共享的三维轨迹和功率优化（Three Dimensional Trajectory Optimization and Power Optimization Based on Full Spectrum Sharing，TTP-FSS）方案：基于授权频谱和免授权频谱共享方案，联合优化无人机三维飞行轨迹，以及 UCCU、D2D 用户和无人机 BS 的发射功率，实现蜂窝用户（UCCU 和 DUHR）的总吞吐量最大化。

（2）基于全频谱共享的固定无人机最低高度（Fixed the Lowest Altitude Based on Full Spectrum Sharing，FLA-FSS）方案：基于授权频谱和免授权频谱共享方案，联合优化无人机二维飞行轨迹，以及 UCCU、D2D 用户和 DUHR 的传输功率，固定无人机的高度为最低飞行高度 H_{min}，实现蜂窝用户（UCCU 和 DUHR）的总吞吐量最大化。

（3）基于全频谱共享的固定无人机直线轨迹（Fixed Straight Trajectory Based on Full Spectrum Sharing，FST-FSS）方案：固定无人机轨迹为直线轨迹，基于授权频谱和免授权频谱共享方案，联合优化 UCCU、D2D 用户和 DUHR 的传输功率，实现蜂窝用户（UCCU 和 DUHR）的总吞吐量最大化。

（4）基于全频谱共享的固定可行功率（Fixed Feasible Power Based on Full Spectrum Sharing，FFP-FSS）方案：固定满足要求的功率集合，基于授权频谱和免授权频谱共享方案，联合优化无人机三维飞行轨迹，实现蜂窝用户（UCCU 和 DUHR）的总吞吐量最大化。

不同干扰阈值对不同方案收敛性的影响如图 5-21 所示。在图 5-21 中，系统中 UCCU 的数量 $K=3$ 个，地面路径损耗指数 $\beta=3.76$，无人机飞行周期 $T=48$ s，无人机最大电池能量 $E_{max}=13$ kJ，无人机最低飞行高度 $H_{min}=100$ m，D2D 用户的最低传输速率 $R_{min}=1.9$ bits/slot/Hz。由于 TTP-FSS 方案考虑了无人机飞行高度变化带来的增益，所以与 FLA-FSS 方案相比，它导致迭代次数增加，但是该方案仍然能在迭代 20～35 次后达到收敛。从图 5-21 中可以看出，在相同情况下，TTP-FSS 方案的性能始终优于 FLA-FSS 方案，这正是因为 FLA-TTP 方案没有考虑无人机飞行高度变化带来的增益。在 TTP-FSS 方案中，无人机能够更自由地调整它的飞行高度，以控制同信道干扰，特别是当无人机比 UCCU 靠近 WiFi 用户和 D2D 用户时，无人机能够通过增大飞行高度来减小 D2D 用户和 WiFi 设备对自身的干扰，以及无人机 BS 对 DCCU 的干扰。从图 5-21 中还能观察到,当干扰阈值 T_h 减小时, 利用所提方案得到的总吞吐量明显减小。

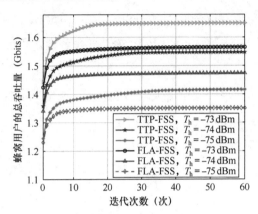

图 5-21　不同干扰阈值对不同方案收敛性的影响

在不同的 T 和 R_{min} 下,所提方案的收敛性如图 5-22 所示。在图 5-22 中,系统中的 UCCU 数量 K=4 个,地面路径损耗指数 β=3.76,干扰阈值 T_h = −73 dBm,无人机最大电池能量 E_{max}=13 kJ,无人机最低飞行高度 H_{min}=90 m。从图 5-22 中可以看出,所提方案在不同的飞行周期 T 和 D2D 用户的最低传输速率 R_{min} 下经过约 20 次迭代后能够基本达到收敛,这进一步证明了所提方案的可行性。从图 5-22 中还可以看出,随着 T 的增加或 R_{min} 的减小,蜂窝用户的总吞吐量会逐渐增大。

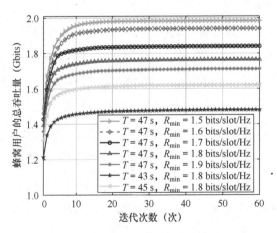

图 5-22　在不同的 T 和 R_{min} 下,所提方案的收敛性

3．不同优化方案的对比

干扰阈值对不同方案下蜂窝用户总吞吐量的影响如图 5-23 所示。在图 5-23 中，系统中的 UCCU 数量 K=3 个，地面路径损耗指数 β =3.76，无人机飞行周期 T =48 s，无人机最大电池能量 $E_{\max}$ =13 kJ，无人机最低飞行高度 $H_{\min}$ =100 m，D2D 用户的最低传输速率 $R_{\min}$ =1.9 bits/slot/Hz。从图 5-21 中可以看出，当 WiFi 设备和 DCCU 的干扰阈值增大时，不同方案下的蜂窝用户的总吞吐量逐渐增大。这是因为当 T_{h} 增大时，UCCU 和无人机 BS 的发射功率增大。在图 5-23 所示的 4 种方案中，TTP-FSS 方案和 FLA-FSS 方案明显优于另两种方案，这是因为它们同时优化了无人机飞行轨迹和用户的传输功率；而 TTP-FSS 方案联合优化了三维飞行轨迹及用户的传输功率，因此考虑了高度变化对吞吐量性能的增益。在靠近 D2D 用户、WiFi 用户或 DCCU 的时候，能够通过增大无人机飞行高度来提升吞吐量性能。相反地，当靠近待服务的蜂窝用户时，无人机飞行高度会减小，从而为蜂窝用户提供服务，因此所提方案的性能明显优于二维优化方案。另外，FST-FSS 方案没有考虑无人机飞行轨迹带来的增益，FFP-FSS 方案没有考虑传输功率变化带来的性能增益。在图 5-23 中，TTP-FSS 方案在不同情况下的总吞吐量始终大于其他几种方案，这进一步证明了所提方案的可行性和有效性。

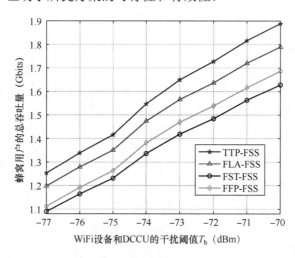

图 5-23　干扰阈值对不同方案下蜂窝用户总吞吐量的影响

飞行周期 T、D2D 用户的最低传输速率 $R_{\min}$ 和无人机最大电池能量 $E_{\max}$ 对不同方案下蜂窝用户总吞吐量的影响分别如图 5-24、图 5-25 和图 5-26 所示。在图 5-24 中，UCCU 的数量 K=4 个，地面路径损耗指数 β =3.76，干扰阈值 T_h = −73 dBm，无人机最大电池能量 E_{max} =13 kJ，无人机最低飞行高度 H_{min} =90 m，D2D 用户的最低传输速率 R_{min} =1.8 bits/slot/Hz。从图 5-24 中可以看出，当飞行周期 T 增大时，所有方案得到的吞吐量性能都得到了提升。在所有方案中，当 T 增大时，无人机能够有更长的时间停留在待服务的蜂窝用户附近，而所提方案能够自适应地调整无人机的飞行高度，以获得更高的信道增益，从而得到更大的吞吐量。从图 5-24 中还可以看出，当 T<44 s 时，FST-FSS 方案不能满足所有用户的传输速率需求。

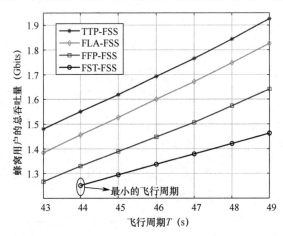

图 5-24 飞行周期对不同方案下蜂窝用户总吞吐量的影响

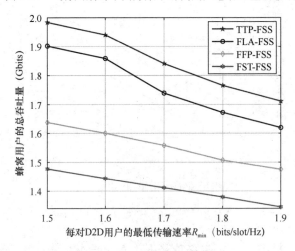

图 5-25 D2D 用户的最低传输速率对不同方案下蜂窝用户总吞吐量的影响

在图 5-25 中，UCCU 的数量 K=4 个，地面路径损耗指数 β=3.76，干扰阈值 T_h=−73 dBm，无人机最大电池能量 E_{max}=13 kJ，无人机最低飞行高度 H_{min}=90 m，无人机飞行周期 T=47 s。如图 5-25 所示，当 D2D 用户的最低传输速率 R_{min} 增大时，所有方案下的总吞吐量都会逐渐减小。这是因为随着 D2D 用户的最低传输速率 R_{min} 的提高，需要增大 D2D 用户的发射功率，此时无人机受到的干扰会增大，因此蜂窝用户的总吞吐量会减小。

在图 5-26 中，系统中 UCCU 的数量 K=3 个，地面路径损耗指数 β=3.76，干扰阈值 T_h=−77 dBm，H_{min}=100 m，飞行周期 T=48 s，D2D 用户的最低传输速率 R_{min}=1.6 bits/slot/Hz。从图 5-26 中可以看出，当 E_{max} 较小时，无人机最大电池能量限制了飞行高度，TTP-FSS 方案得到的蜂窝用户总吞吐量可能与 FLA-FSS 方案是一致的，但是随着无人机最大电池能量的增加，TTP-FSS 方案的性能得到了大幅提升，也始终优于其他几种方案，这进一步证明了 TTP-FSS 方案的有效性和可行性。FST-FSS 方案的性能基本随无人机最大电池能量 E_{max} 的增大而保持不变，这是因为无人机的飞行能耗远大于通信能耗。此外，从图 5-26 中还可以看出，在 TTP-FSS、FLA-FSS 及 FFP-FSS 方案中，蜂窝用户总吞吐量会随无人机最大电池能量 E_{max} 的增大而增大，并最终保持恒定。这是因为 E_{max} 限制了无人机飞行高度，当增大无人机最大电池能量时，无人机能够利用自适应高度优势靠近蜂窝用户并为其提供服务。

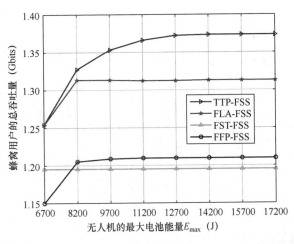

图 5-26　无人机最大电池能量对不同方案下蜂窝用户总吞吐量的影响

4.不同参数对无人机飞行轨迹的影响

无人机最大电池能量 E_{max} 对无人机水平飞行轨迹和无人机飞行高度的影响分别如图 5-27 和图 5-28 所示，图 5-27、图 5-28 的参数取值相同。从图 5-27 中可以看出，当无人机最大电池能量 E_{max} 增大时，无人机会有更多时隙飞向并靠近UCCU，此时有更大能量能够支持无人机飞行。在图 5-28 中，E_{max} 越大，H 越大，因为无人机垂直飞行需要更大的能量，而 E_{max} 会限制无人机垂直飞行。

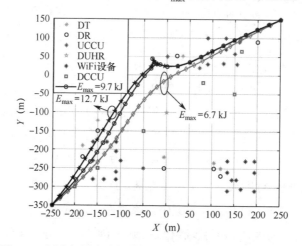

图 5-27 无人机最大电池能量对无人机水平飞行轨迹的影响

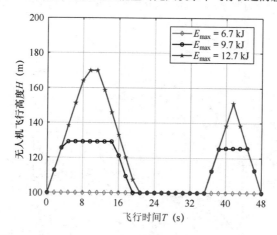

图 5-28 无人机最大电池能量对无人机飞行高度的影响

D2D 用户的最低传输速率 R_{min} 对无人机二维飞行轨迹、水平飞行轨迹、飞行高度的影响分别如图 5-29、图 5-30、图 5-31 所示。从图 5-29 和图 5-30 中可以看

出，在 TTP-FFS 方案中，当无人机在飞行过程中靠近 D2D 用户、DCCU 和 WiFi
设备时，无人机会增大飞行高度；当无人机靠近 UCCU 或 DUHR 时，无人机会
降至最低飞行高度。当 R_{min} 增大时，无人机会飞向并靠近每个 UCCU 并提供上行
链路数据传输服务。这是因为 DT 设备的发射功率随 R_{min} 的增大而增大，无人机
受到的干扰也会增大，要满足所有 UCCU 的最低传输速率需求，就要靠近每个
UCCU。然而，在图 5-29 中，在相同的 R_{min} 下，无人机会更靠近 UCCU。同样地，
在 FLA-FSS 方案中，由于无人机无法自适应地调整自身飞行高度，当远离蜂窝用
户并靠近 WAP 服务区域、D2D 用户及 DCCU 时，无人机会水平偏离干扰区域；
在 TTP-FSS 方案中，无人机会在不同的位置自适应地调整飞行高度，从而进一步
实现性能增益。

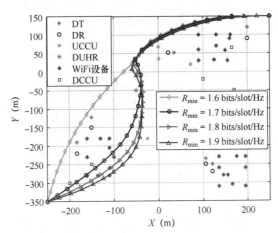

图 5-29　D2D 用户的最低传输速率对无人机二维飞行轨迹的影响

从图 5-31 中可以看出，在无人机飞行的起始阶段，无人机的飞行高度随 R_{min}
的减小而增大，这是因为当 R_{min} 减小时，DT 设备的发射功率减小，整体上对无人
机的干扰减小，无人机不需要通过靠近每个 UCCU 来满足其传输速率需求，无人
机会进一步追求蜂窝用户总吞吐量的最大化，此时无人机会有更长的时间来靠近
蜂窝用户密集区域。当 R_{min} 减小时，无人机在飞行的起始阶段会有更长的时间靠
近干扰区域，此时距蜂窝用户较远，因此无人机会用更长时间来飞离干扰区域。
相反，在无人机飞行的最后阶段，无人机的最大飞行高度随 R_{min} 的减小而减小。
这是因为当 R_{min} 减小时，无人机会有更长的时间来靠近蜂窝用户，有更短的时间
来靠近干扰区域。

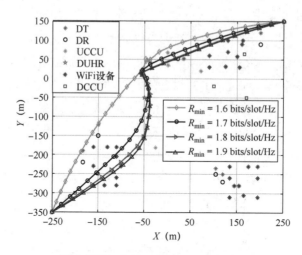

图 5-30　D2D 用户的最低传输速率对无人机水平飞行轨迹的影响

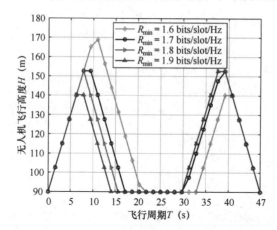

图 5-31　D2D 用户的最低传输速率对无人机飞行高度的影响

　　当系统参数取值与图 5-24 中的一致时，飞行周期 T 对无人机二维飞行轨迹和飞行高度的影响分别如图 5-32 和图 5-33 所示。从图 5-32 中可以看出，在 TTP-FSS 方案和 FLA-FSS 方案中，当飞行周期 T 增大时，无人机有更多时隙飞向并靠近 UCCU 和 DUHR，而由于 FLA-FSS 方案无法自适应地调整无人机的飞行高度，所以当无人机飞离 UCCU 和 DUHR 时，会明显偏离干扰区域，同时需要靠近所有的 UCCU，以满足它们的通信需求。从图 5-32 中还可以看出，无人机在前十几个时隙中会增大飞行高度，因为此时距 UCCU 及 DUHR 较远，无人机受到的干扰及对 DCCU 的干扰会随无人机飞行高度的增大而减小。当飞行周期 T 增大时，无人机在每个时隙中的高度变化会增大，而当无人机靠近蜂窝用户时会减小飞行高度，以提供更大的信道增益。在图 5-32 和图 5-33 中，T 越大，无人机会有更多的时隙来靠近蜂窝用户密集区域。此外，在无人机飞行周期的后十几个时隙中，因为 T 越大，无人机能用越短的时间飞离干扰区域，所以飞行高度的变化量较大。

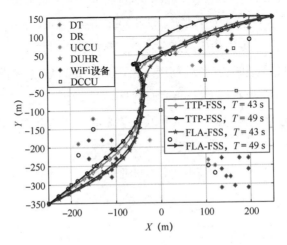

图 5-32　飞行周期对无人机二维飞行轨迹的影响

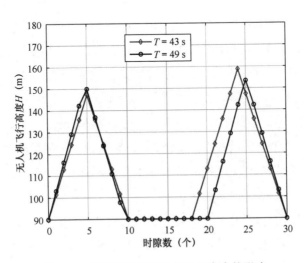

图 5-33　飞行周期对无人机飞行高度的影响

5.3.6 本节小结

本节提出了一种全频谱共享方案：无人机通过控制 D2D 用户和蜂窝用户的发射功率，在不影响 WiFi 设备正常传输的前提下使 D2D 用户、UCCU 及 WiFi 用户在免授权频段上和谐共存，同时无人机能够在不影响其他 DCCU 的前提下使用授权频谱。基于所提出的全频谱共享方案，本节在考虑无人机最大电池能量约束的情况下，联合优化无人机三维飞行轨迹，以及 D2D 用户、UCCU 和无人机 BS 的发射功率，实现了全频谱共享，构建了蜂窝用户总吞吐量最大的复杂非凸优化问题。为了解决复杂多变量耦合的非凸优化问题，本节针对 DAUAV 系统提出了一种基于全频谱共享的轨迹和功率优化算法，将原问题分解为三维飞行轨迹优化和功率控制两个联合优化子问题来分别求解。大量仿真结果表明，所提出的 TTP-FSS 方案在频谱利用率和蜂窝用户总吞吐量方面优于其他免授权频谱共享方案，TTP-FSS 方案明显提高了全频谱利用率，就蜂窝用户总吞吐量而言，始终优于其他几种方案。

5.4 本章总结

由于无人机通信具有按需部署和采用强视距通信链路等优势，所以无人机通信技术被认为是极具应用前景的关键技术。目前，无人机通信系统与地面 WiFi 系统主要通过 LBT 和 DCM 共存机制实现频谱共享。然而，现有的 LBT 和 DCM 共存机制忽略了无人机的移动性，无法有效应用于基于免授权频谱共享的无人机通信系统。因此，迫切需要重新设计基于无人机移动平台的免授权频谱共享方案。在无人机通信系统中，资源分配和轨迹优化方案对免授权频谱利用率有很大影响。为此，本章主要研究基于免授权频谱共享的无人机通信系统中的资源分配及轨迹优化方法。本章主要研究内容如下。

（1）本章提出了基于混合频谱共享的轨迹优化和资源分配算法。混合频谱共享方案将无人机的每个飞行时隙划分为 PF 阶段和 PC 阶段。在 PF 阶段，无人机可以忽略 WiFi 设备的存在，从而为 UCU 和 RDU 提供高速率通信服务；在 PC 阶段，无人机能够在保证 WiFi 设备正常传输的前提下为 NDU 提供低速率通信服务。

基于所提出的混合频谱共享方案，在保证 RDU、NDU 和 WiFi 用户体验的前提下，提出了一个最大化总卸载比特数的多变量耦合优化问题。为了求解复杂的多变量耦合优化问题，本章设计了一种高效的基于混合频谱共享的轨迹优化和资源分配算法。大量的仿真结果表明，针对 UAUM 系统提出的混合频谱共享方案明显提高了免授权频谱利用率，所提出的轨迹优化与资源分配算法明显增大了总卸载比特数。

（2）无人机通信与地面 D2D 通信的共存引起了大量关注。目前，少有人研究 DAUAV 系统中基于全频谱共享的轨迹和功率优化算法。为此，本章提出了一种全频谱共享方案：无人机通过控制 UCCU 和 D2D 用户的发射功率，在不影响 WiFi 设备正常传输的前提下同时使用免授权频谱，无人机在不影响其他 DCCU 的前提下也使用授权频谱为 DUHR 提供下行通信服务。基于所提出的全频谱共享方案，本章考虑在满足无人机最大电池能量约束的情况下，联合优化无人机三维飞行轨迹及 D2D 用户、UCCU 和无人机 BS 的发射功率，实现了授权频谱和免授权频谱共享，构建了蜂窝用户总吞吐量最大的复杂非凸优化问题。为了解决多变量耦合的非凸优化问题，本章提出了一种基于全频谱共享的轨迹和功率优化算法。大量的仿真结果表明，与其他基准方案相比，所提出的全频谱共享方案明显提高了频谱利用率，基于全频谱共享的轨迹和功率优化算法明显提高了蜂窝用户（DUHR 和 UCCU）的总吞吐量，证明了所提方案的可行性和有效性。

参 考 文 献

[1] HU Z, ZENG F, XIAO Z, et al. Computation Efficiency Maximization and QoE-Provisioning in UAV-Enabled MEC Communication Systems[J]. IEEE Transactions on Network Science and Engineering, 2021, 8(2):1630-1645.

[2] ZENG F, HU Z, XIAO Z, et al. Resource Allocation and Trajectory Optimization for QoE Provisioning in Energy-Efficient UAV-Enabled Wireless Networks[J]. IEEE Transactions on Vehicular Technology, 2020, 69(7):7634-7647.

[3] XU Y, ZHANG T, YANG D, et al. Joint Resource and Trajectory Optimization for Security in UAV-Assisted MEC Systems[J]. IEEE Transactions on Communications, 2020, 69(1):573-588.

[4] GUO H, LIU J. UAV-Enhanced Intelligent Offloading for Internet of Things at the Edge[J]. IEEE Transactions on Industrial Informatics, 2019, 16(4):2737-2746.

[5] LIN X, YAJNANARAYANA V, MURUGANATHAN S D, et al. The Sky is Not the Limit: LTE

for Unmanned Aerial Vehicles[J]. IEEE Communications Magazine, 2018, 56(4):204-210.

[6] LI X, CHENG S, DING H, et al. When UAVs Meet Cognitive Radio: Offloading Traffic Under Uncertain Spectrum Environment via Deep Reinforcement Learning[J]. IEEE Transactions on Wireless Communications, 2023, 22(2):824-838.

[7] PHAM Q, IRADUKUNDA N, TRAN N H, et al. Joint Placement, Power Control, and Spectrum Allocation for UAV Wireless Backhaul Networks[J]. IEEE Networking Letters, 2021, 3(2):56-60.

[8] MU X, LIU Y, GUO L, et al. Energy-Constrained UAV Data Collection Systems: NOMA and OMA[J]. IEEE Transactions on Vehicular Technology, 2021, 70(7):6898-6912.

[9] MENG K, WU Q, MA S, et al. Throughput Maximization for UAV-Enabled Integrated Periodic Sensing and Communication[J]. IEEE Transactions on Wireless Communications, 2023, 22(1):671-687.

[10] ZHOU F, WU Y, HU R Q, et al. Computation Rate Maximization in UAV-Enabled Wireless-Powered Mobile-Edge Computing Systems[J]. IEEE Journal on Selected Areas in Communications, 2018, 36(9):1927-1941.

[11] FENG W, TANG J, ZHAO N, et al. Hybrid Beamforming Design and Resource Allocation for UAV-Aided Wireless-Powered Mobile Edge Computing Networks with NOMA[J]. IEEE Journal on Selected Areas in Communications, 2021, 39(11):3271-3286.

[12] DINH Q T, DIEHL M. Local Convergence of Sequential Convex Programming for Nonconvex Optimization[C]. Recent Advances in Optimization and its Applications in Engineering. Berlin, Germany, 2010:93-102.

[13] LYU L, ZENG F, XIAO Z, et al. Computation Bits Maximization in UAV-Enabled Mobile-Edge Computing System[J]. IEEE Internet of Things Journal, 2021, 9(13):10640-10651.

[14] XU C, CHEN Q, LI D. Joint Trajectory Design and Resource Allocation for Energy-Efficient UAV Enabled eLAA Network[C]. IEEE International Conference on Communications, Shanghai, China, 2019:1-6.

[15] JIANG Y, FEI Z, GUO J, et al. Coverage Performance of the Terrestrial-UAV HetNet Utilizing Licensed and Unlicensed Spectrum Bands[J]. IEEE Access, 2021, 9:124100-124114.

[16] LAI L, FENG D, ZHENG F C, et al. CQI-Based Interference Detection and Resource Allocation with QoS Provision in LTE-U Systems[J]. IEEE Transactions on Vehicular Technology, 2021, 70(2):1421-1433.

[17] CHEN M, SAAD W, YIN C. Liquid State Machine Learning for Resource Allocation in a Network of Cache-Enabled LTE-U UAVs[C]//IEEE Global Communications Conference, Marina bay sands expo and convention center, Singapore, 2017:1-6.

[18] CHEN M, SAAD W, YIN C. Liquid State Machine Learning for Resource and Cache Management in LTE-U Unmanned Aerial Vehicle (UAV) Networks[J]. IEEE Transactions on Wireless Communications, 2019, 18(3):1504-1517.

[19] CHEN M, SAAD W, YIN C. Echo State Learning for Wireless Virtual Reality Resource Allocation in UAV-Enabled LTE-U Networks[C]//IEEE International Conference on Communications, Kansas City, USA, 2018:1-6.

[20] ATHUKORALAGE D, GUVENC I, SAAD W, et al. Regret Based Learning for UAV Assisted LTE-U/WiFi Public Safety Networks[C]//IEEE Global Communications Conference, Washington, USA, 2016:1-7.

[21] MATAR A S, SHEN X. Joint Subchannel Allocation and Power Control in Licensed and Unlicensed Spectrum for Multi-Cell UAV-Cellular Network[J]. IEEE Journal on Selected Areas in Communications, 2021, 39(11):3542-3554.

[22] ZHANG J, ZHOU L, ZHOU F, et al. Computation-Efficient Offloading and Trajectory Scheduling for Multi-UAV Assisted Mobile Edge Computing[J]. IEEE Transactions on Vehicular Technology, 2019, 69(2):2114-2125.

[23] ZENG Y, XU J, ZHANG R. Energy Minimization for Wireless Communication with Rotary-Wing UAV[J]. IEEE Transactions on Wireless Communications, 2019, 18(4):2329-2345.

[24] LIU T, CUI M, ZHANG G, et al. 3D Trajectory and Transmit Power Optimization for UAV-Enabled Multi-Link Relaying Systems[J]. IEEE Transactions on Green Communications and Networking, 2020, 5(1):392-405.

[25] YAO J, XU J. Joint 3D Maneuver and Power Adaptation for Secure UAV Communication with CoMP Reception[J]. IEEE Transactions on Wireless Communications, 2020, 19(10):6992-7006.

[26] LU W, DING Y, GAO Y, et al. Secure NOMA-Based UAV-MEC Network Towards a Flying Eavesdropper[J]. IEEE Transactions on Communications, 2022, 70(5):3364-3376.

[27] NGUYEN H T, TUAN H D, NIYATO D, et al. Improper Gaussian Signaling for D2D Communication Coexisting MISO Cellular Networks[J]. IEEE Transactions on Wireless Communications, 2021, 20(8):5186-5198.

[28] MOZAFFARI M, SAAD W, BENNIS M, et al. Unmanned Aerial Vehicle with Underlaid Device-to-Device Communications: Performance and Tradeoffs[J]. IEEE Transactions on Wireless Communications, 2016, 15(6):3949-3963.

[29] WANG H, WANG J, DING G, et al. Spectrum Sharing Planning for Full-Duplex UAV Relaying Systems with Underlaid D2D Communications[J]. IEEE Journal on Selected Areas in Communications, 2018, 36(9):1986-1999.

第 6 章　基于 AI 的免授权频谱共享方法

6.1　引言

随着蜂窝系统对移动数据流量需求的不断增长，将数据流量卸载到免授权频段是一种可以缓解蜂窝系统压力且较有前景的方法。为了保证蜂窝基站能够利用免授权频谱资源，同时避免对免授权频段的现有用户（如 WiFi 网络）造成严重影响，典型的免授权频谱共享方案（如 LTE-LAA 和 LTE-U），以及 LBT、Duty Cycle 和 ABS 等接入技术已经被提出并用于实现上述目标。然而，LTE-LAA 和 LTE-U 仍然存在频谱利用率低和公平性不理想的问题，同时这些接入技术或机制无法适应具体的环境变化或系统参数变化，进而在实际的复杂应用场景中可能导致存在较差的共存性能。近年来，基于数据驱动的人工智能（Artificial Intelligence，AI）优化的接入技术有望弥补这一差距，可以根据共存系统的状态推导出最佳的网络操作策略，以提高移动网络的关键性能指标。因此，本章主要介绍基于 AI 的免授权频谱共享方法，以保证蜂窝网络与 WiFi 网络在免授权频谱中能够高效地和谐共存。

6.2　人工智能技术

人工智能技术的范围较广，当前常指狭义上以机器学习为代表的算法集合。机器学习范式如图 6-1 所示，包括监督学习、无监督学习和强化学习（Reinforcement Learning，RL）。基于对智能接入方案的综述，本节主要介绍深度学习和强化学习的基础知识。在监督学习中，AI 模型根据给定的输入和相应的预期输出，通过训练建立从输入到输出的映射关系，利用该映射关系预测未来输入的标签。在无监督学习中，AI 模型只使用没有标签的输入进行训练，将输入数据分类，然后根据输入与其中一个类别在特征上的相似性，预测未来输入的所属类别。在 RL 中，AI 模型试图在特定情况下采取最佳行动，以实现总回报的最大化，通过获得对其过去结果的反馈来进行学习。

深度学习（Deep Learning，DL）是庞大的机器学习技术簇中的一种，DL 涉及复杂的非线性映射模型，这些模型的能力超过了常见的机器学习工具，如逻辑回归和支持向量机等，但 DL 模型本质上仍然是"函数拟合器"。由图 6-1 可知，DL 与各范式都有交集，意味着 DL 模型有不同的用法。由于本章主要介绍智能接入算法，所以后面会着重介绍 DL 与 RL 交融产生的技术——深度强化学习。

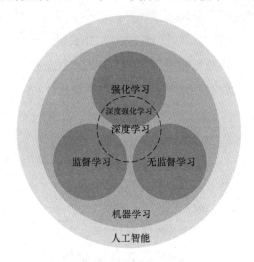

图 6-1 机器学习范式

6.2.1 深度学习

深度学习作为 AI 的重要子类，具有独特优势，可以简单概括为：自主学习能力强、具备海量数据处理能力、适应能力强、可移植性好。DL 与机器学习中的其他学习不同，DL 主要利用当前计算机的快速计算能力，通过计算的方式来获取经验并回馈给系统，以改善自身的性能。在计算机系统中，经验通常以数据的形式存在，因此 DL 研究的主要内容是如何基于计算机等硬件设施利用数据产生模型的算法，即学习算法。有了学习算法，就能将 DL 推广到各种实际场景中，只需要为它提供历史数据，它就能学习这些数据的特征并生成合适的模型，最后利用获得的模型实现对新情况的正确判断。如果将计算机的研究比作算法，那么 DL 便是研究关于学习算法的学科。

DL 的研究离不开数据和神经网络。其中，数据可以分为输入数据和输出数据两种，输入数据用于提供环境的特征，输出数据用于衡量模型的好坏；此外，根据神经网络中各神经元的不同连接方式，可将其进一步划分为全连接神经网络、卷积神经网络和循环神经网络等。要将数据转换成有用的模型，需要执行某个算法来对数据进行学习，并将学习到的数据特征存储在神经网络中，将这个过程称为训练。深度学习在训练阶段的网络结构如图 6-2 所示，可以将其一般过程简单概括为：首先，将表征环境特征的信号馈送至深度神经网络（Deep Neural Networks，DNN），并通过前向传播算法获得 DNN 的预测输出；其次，根据预测输出和真实标签数据计算两者的损失误差，并通过反向传播（Back Propagation，BP）算法将误差回传；最后，结合各隐藏层的误差估计，调用优化算法实现 DNN 权值的更新。

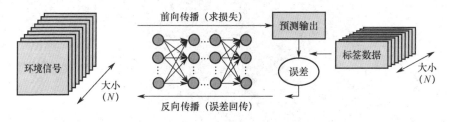

图 6-2　深度学习在训练阶段的网络结构

训练 DNN 的目的是获得 DNN 模型，训练模型的数据所构成的集合称为训练集，其中每个训练数据称为一个训练样本。数据中隐藏着某种规律，学习的过程就是对这种规律进行提取，最终获得与规律相似的模型。通俗来讲，模型就相当于一个关于输入和权重的非线性函数，可以表示为

$$y = F(x, w) \tag{6-1}$$

式中，y 表示在输入 x 下神经网络获得的预测输出；w 表示连接在各神经元之间的权重参数。

权重参数的更新需要依靠优化算法及 BP 算法。优化算法是用于优化模型的，

通常采用最小化均方误差损失函数来优化模型。当将均方误差作为损失函数时，可以将其表示为

$$L(w) = \frac{1}{N} \sum_{i=1}^{N} (y_i' - y_i)^2 \qquad (6\text{-}2)$$

式中，w 表示当前神经网络的权重参数；N 表示训练样本的总数；y_i 表示样本输入 x_i 所对应的标签数据；y_i' 表示神经网络通过前向传播获得的预测输出。

在训练神经网络的过程中，通过采用合适的优化算法可以使损失函数不断朝着梯度下降的方向减小，最终收敛于某个最小值，此时神经网络的权重参数即最佳权重参数，所对应的模型即最优模型。

学习模型的目的是快速响应环境状态的变化并做出正确判断，这个过程称为测试，主要用于验证模型的泛化能力。一个模型的好坏主要取决于其在新的未知输入下做出正确预测的能力。如果习得的模型仅在训练样本集上表现良好，对新样本却无法做出好的预测，这种情况称为过拟合。

6.2.2　神经网络

人工神经网络（Artificial Neural Networks，ANN），简称神经网络，是一种功能强大的数据计算模型[1]。ANN 通过模拟生物神经网络的功能来解决智能任务，具有表示物理系统中复杂的输入输出关系的能力。

最简单的神经网络仅由一个神经元组成，这样的神经网络称为感知机[2]。感知机是构成神经网络的最小单元，一般由输入向量、连接神经元的权重向量、神经元的偏差、求和单元及激活函数组成。简单的感知机的一般结构如图 6-3 所示，感知机的输出可以表示为

$$y = f\left(\sum_{i=1}^{l} x_i w_i + b \right) \qquad (6\text{-}3)$$

式中，x_i 表示感知机的第 i 个输入信号；w_i 表示连接在输入和神经元之间的权重；b 表示感知机的偏差；y 表示感知机的输出；f 表示所使用的激活函数。

感知机的原理可以简单概括为：外界将信号传递给神经元，神经元在收到信号后进行加权求和运算，并通过激活函数得到输出信号。

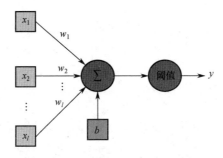

图 6-3　简单的感知机的一般结构

将多个感知机相互连接便构成了 DNN 的一般结构。DNN 包含多个隐藏层，且相邻层的神经元之间相互连接[3]。DNN 的一般结构如图 6-4 所示。其中，输入层相当于人的感官系统，主要负责对外部信息进行感知和接收，隐藏层主要负责对输入信息进行处理及存储特征变量，输出层输出需要学习的目标变量。DL 对这种复杂的神经网络进行训练，通过不断调整连接在各神经元之间的权重参数，使其成为具备某种特定功能的 DNN 模型。

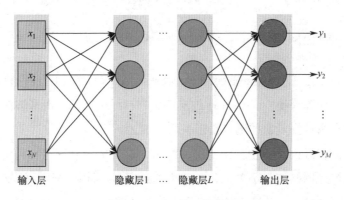

图 6-4　DNN 的一般结构

6.2.3　强化学习

强化学习是机器学习中的一种重要范式，其在蜂窝网络中的应用已经引起了学术界和工业界的极大关注。近年来，强化学习技术被广泛应用于解决无线通信领域的相关问题，如移动组网、调度设计和资源分配等，显示了其独特的优势和良好的应用前景。一个典型案例是在基站以分布式方式进行决策的系统中，求解网络全局性能优化问题。

1. 单智能体强化学习理论

单智能体强化学习框架如图 6-5 所示，在单智能体强化学习中，存在一个被称为智能体的决策主体，它与随机环境进行交互，目的在于使收益最大化。随机环境被建模为马尔可夫决策过程（Markov Decision Process，MDP），用五元组 (S,A,P,R,γ) 表示， S 和 A 分别表示智能体的状态空间和动作空间。 $P = S \times A \to [0,1]$ 表示处于当前状态 $s \in S$ 的智能体在执行动作 $a \in A$ 后，以概率 $P(s'|s,a)$ 转移至状态 $s' \in S$，同时也会获得直接奖励 $R(s,a)$。$\gamma \in [0,1]$ 是折扣因子，表示对未来收益的重视程度。γ 越接近 1，表示智能体越重视未来收益；反之表示越注重直接收益。为了达到目的，智能体需要求解最优策略 π^*，这相当于求解 MDP。

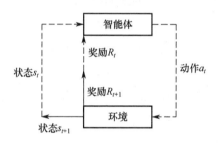

图 6-5　单智能体强化学习框架

Q 学习算法是最经典的无模型基于值迭代的强化学习算法，但是只能应用于低维空间[4]。通过结合深度神经网络技术，深度强化学习（Deep Reinforcement Learning，DRL）克服了这个局限性，能够在复杂状态空间、动作空间和时变环境中表现良好，其中最著名的基于 DRL 的值迭代算法是深度 Q 学习（Deep Q Learning，DQL）算法。具体而言，DQL 算法采用神经网络技术对 Q 函数进行近似，即 $Q(s,a;\theta) \approx Q(s,a)$，其中 θ 是神经网络权重。此外，由于神经网络具有自动提取特征的能力，所以不再需要使用先验知识进行人工特征提取。另外，DQL 算法采用了经验回放机制和拟静态网络技术，前者用于提高采样率，后者用于提高训练速度和稳定性。

$Q_\pi(s,a)$ 用于衡量状态 s 下执行动作 a 的期望累积折扣收益，表示为

$$Q_\pi(s,a) = \mathbb{E}[R_t | s_t = s, a_t = a] \tag{6-4}$$

式中，$R_t = \sum_{k=0}^{\infty} \gamma^k R_{t+k+1}$ 表示广义的回报值。为了便于表示，将 $Q_\pi(s,a)$ 简化表示为 $Q(s,a)$。利用贝尔曼方程得到 Q 函数的更新规则为

$$Q(s,a) = Q(s,a) + \alpha[R(s,a) + \gamma \max_{a \in A} Q(s',a) - Q(s,a)] \tag{6-5}$$

式中，$s' \sim P[\cdot \mid s, \pi(s)]$ 表示下一时刻的状态；α 为学习率。

在迭代训练的过程中，智能体根据随机动作选择策略采样得到需要执行的动作。动作选择策略的形式有很多种，但其核心思想是在训练过程中实现探索与利用的平衡。

2. 多智能体强化学习理论

多智能体强化学习（Multi-Agent Reinforcement Learning，MARL）是单智能体强化学习的延展，对于其中一个智能体而言，其余智能体也是环境的组成部分。通过引入所有智能体联合行动的影响，将单智能体强化学习中的 MDP 扩展为多智能体系统中序列决策问题的马尔可夫博弈（Markov Game，MG）。

在 MARL 中，由于状态空间和动作集合的维度随智能体数量的增加呈指数级增长，所以训练难度比单智能体情形下增大了许多。智能体的训练方式大致可分为集中式和分布式两种。如果所有智能体进行集中式训练，则策略根据相互信息进行更新，随后在测试阶段将多余的信息抛弃；如果训练以分布式方式进行，则每个智能体在不利用外部信息的情况下更新自身策略。除了训练方式，智能体还可能会在选择行动的方式上有所不同。集中执行指智能体由一个集中控制单元引导，该单元计算所有智能体的联合动作。多智能体设定下的训练方案如图 6-6 所示。图 6-6（a）为集中式训练集中执行方案，所有智能体拥有一个联合策略；图 6-6（b）为分布式训练分布执行方案，每个智能体仅更新自身策略；图 6-6（c）为合作设定下的集中式训练分布执行方案，每个智能体可以通过信息交换得知彼此的局部信息。

在智能体合作和同构的设定下，所有智能体共享同一奖励函数和优化目标，且 MG 模型由元组 $(S, \{A^i\}_{i=1}^N, P, R, \gamma)$ 表示，其中 S 为有限状态空间，A^i 表示第 $i \in \{1, \cdots, N\}$ 个智能体的动作空间。$P := S \times A^1 \times \cdots \times A^N \rightarrow [0,1]$ 表示处于当前环境状态 $s \in S$ 下，所有智能体在执行联合动作 $\boldsymbol{a} := (a^1, a^2, \cdots, a^N) \in A := A^1 \times \cdots \times A^N$ 后，

环境以概率 $P(s'|s,\boldsymbol{a})$ 转移至状态 $s' \in S$ ，智能体也会获得直接奖励 $R(s,\boldsymbol{a})$ 。

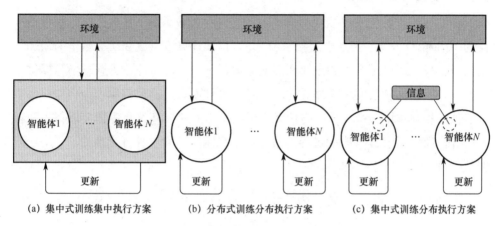

(a) 集中式训练集中执行方案　　(b) 分布式训练分布执行方案　　(c) 集中式训练分布执行方案

图 6-6　多智能体设定下的训练方案

　　然而，MG 模型的求解极具挑战性，主要原因是存在环境不稳定现象[5]。当多个智能体同时存在时，它们与共享的环境交互并同时进行学习。从单智能体的角度来看，其余智能体也属于环境的一部分，它们同时进行学习导致环境呈现非平稳状态。因此，如果一个智能体没有获得关于其他智能体的额外知识，就会面临移动目标的问题，进而导致马尔可夫性假设失效，所以将单智能体设定下的 DQL 算法直接用于求解 MG 模型难以保证学习的收敛性。近年来，用于克服 MARL 发散的主流做法是结合博弈理论，将纳什均衡（Nash Equilibrium，NE）作为 MG 模型的解[6]。NE 表现为联合策略组合 $\boldsymbol{\pi}^* = [\pi_1^*, \cdots, \pi_N^*]$ ，其中每个智能体的策略是其余智能体的策略的最佳响应，可以表示为

$$v_k(s|\pi_1^*, \cdots, \pi_N^*) \geqslant v_k(s|\pi_1^*, \cdots, \pi_{i-1}^*, \pi_i, \pi_{i+1}^*, \cdots, \pi_N^*), \ \forall \pi_i \tag{6-6}$$

式中， $v_k(s|\pi_1, \cdots, \pi_N) = v_k^\pi(s) = \mathbb{E}_{\boldsymbol{a} \sim \boldsymbol{\pi}}[Q_k^\pi(s,\boldsymbol{a})]$ 。式（6-6）表示在 NE 下，每个智能体无法通过改变自身策略来获得更高的期望累积奖励。NE 为 MARL 技术的收敛奠定了基础，而文献[6]提出的 Nash Q 学习算法是一种经典的求解方式，文献[6]给出了收敛证明，并提供了 Q 函数更新过程，表示为

$$Q_k^\pi(s,\boldsymbol{a}) = Q_k^\pi(s,\boldsymbol{a}) + \alpha[R(s,\boldsymbol{a}) + \gamma v_k^{\text{Nash}}(s') - Q_k^\pi(s,\boldsymbol{a})] \tag{6-7}$$

式中， $v_k^{\text{Nash}}(s)$ 表示第 k 个智能体在状态 s 下进行 NE 得到的回报。

3. 平均场近似理论

在多智能体系统或 N 玩家博弈中，设计一种能收敛到 NE 的方法是极具挑战性的。Nash Q 学习[6]虽然能直接求解 NE，但其计算复杂度随玩家数量的增加呈指数型增长。通过结合大数定律和混沌原理，平均场近似理论为强化学习提供了一种以较低计算复杂度求解 NE 的方法[7]。具体而言，通过将单智能体与相邻多智能体的相互作用转换成前者与后者作用的平均效应，将 N 玩家博弈近似为两玩家博弈，简化了求解 NE 的过程。假设每个智能体是同质且可交换的，平均场近似从 Q 函数分解开始，即

$$Q_k(s,\boldsymbol{a}) = \frac{1}{N^k} \sum_{j \in N(k)} Q_k(s,a^k,a^j) \tag{6-8}$$

式中，$N(k)$ 是相邻智能体的索引集合，其大小 $N^k = |N(k)|$ 取决于不同的应用设定。式（6-8）的含义是将第 k 个智能体的用于衡量联合动作价值的 Q 函数近似为与相邻智能体交互的平均价值。随后，与第 k 个智能体相邻的智能体的平均动作可以表示为

$$\bar{a}_{t+1}^k = \frac{1}{N^k} \sum_{j \in N(k)} a_t^j \tag{6-9}$$

式中，a^j 预先经过独热编码。$\bar{a}^k$ 可以理解为相邻智能体动作的经验分布。此外，对于相邻智能体 j，其动作 a^j 可以表示为平均动作 $\bar{a}^k$ 加扰动项 $\delta_{j,k}$，即

$$a^j = \bar{a}^k + \delta_{j,k} \tag{6-10}$$

当 $Q_k(s,a^k,a^j)$ 关于 a^j 二阶可微时，式（6-8）可进行二阶泰勒展开，表示为

$$
\begin{aligned}
Q_k(s,\boldsymbol{a}) &= \frac{1}{N^k} \sum_{j \in N(k)} Q_k(s,a^k,a^j) \\
&= \frac{1}{N^k} \sum_{j \in N(k)} \left[Q_k(s,a^k,\bar{a}^k) + \nabla_{\bar{a}^k} Q_k(s,a^k,\bar{a}^k)\delta_{j,k} + \frac{1}{2}\delta_{j,k}\nabla_{\xi_{j,k}}^2 Q^i(s,a^i,\xi_{j,k})\delta_{j,k} \right] \\
&= Q_k(s,a^k,\bar{a}^k) + \nabla_{\bar{a}} Q_k(s,a^k,\bar{a}^k)\left[\frac{1}{N^k} \sum_k \delta_{j,k} \right] + \\
&\quad \frac{1}{2N^k} \sum_k \left[\delta_{j,k}\nabla_{\xi}^2 Q^i(s,a^i,\xi_{j,k})\delta_{j,k} \right] \\
&= Q_k(s,a^k,\bar{a}^k) + \frac{1}{2N^k} \sum_k R_k(a^j) \\
&\approx Q_k(s,a^k,\bar{a}^k)
\end{aligned}
\tag{6-11}
$$

由式（6-7）可知，$\sum_k \delta_{j,k} = 0$，$R_k(a^j) = \delta_{j,k} \nabla^2_{\xi_{j,k}} Q^i(s, a^i, \xi_{j,k}) \delta_{j,k}$ 是泰勒多项式余项且 $\xi_{j,k} = \bar{a}_k + \epsilon_{j,k} \delta_{j,k}$，$\epsilon_{j,k} \in [0,1]$，而 $R_k(a^j)$ 在一定条件下为接近零的弱扰动项，故可以省略。

至此，一个智能体的 Q 函数已经被分解和近似了，即 $Q_k(s, \boldsymbol{a}) \approx Q_k(s, a^k, \bar{a}^k)$。可以注意到，Q 函数由联合动作维度的函数转化为平均动作的函数，而平均动作的维度不会随智能体数量的增加呈线性增长，所以这种转化可以显著降低算法的计算复杂度。此外，Q 函数只与当前时刻 t 的相邻智能体动作相关，而无须考虑历史行为。经过近似转化后的平均场 Q 函数的更新规则为

$$Q_k(s, a^k, \bar{a}^k) = Q_k(s, a^k, \bar{a}^k) + \alpha[R(s, \boldsymbol{a}) + \gamma v^k_t(s') - Q_k(s, a^k, \bar{a}^k)] \quad (6\text{-}12)$$

式中，平均场状态价值函数 $v^k_t(s')$ 为

$$v^k_t(s') = \sum_{a^k} \pi^k_t(a^k \mid s', \bar{a}^k) \mathbb{E}_{\bar{a}^k(a^{-k}) \sim \pi^{-k}_t}[Q_k(s, a^k, \bar{a}^k)] \quad (6\text{-}13)$$

平均场价值函数 $v^k_t(s')$ 不仅是智能体 k 自身动作 a_k 的函数，还考虑了其他相邻智能体的联合动作带来的平均价值，这与单智能体强化学习中的状态价值函数有明显区别。

6.3　基于深度 Q 学习的免授权频谱接入算法

LTE 在免授权频段中应用面临的主要挑战是确保与现有的 WiFi 网络和谐共存。在众多共存机制中，3GPP 在 Release 13 中提出的 LBT 机制被认为是普适性最好的机制，因其具有类似 IEEE 802.11 的信道接入技术能够提供良好的共存公平性，并且符合全球大部分地区的法规要求[8-9]。然而，LBT 机制的缺陷也十分明显。例如，Cat-4 LBT 中下行传输高优先级节点的竞争窗口较小，因此具有更高的可能性接入信道。这使得低优先级节点的传输几乎没有时间接入信道，导致它们比高优先级的传输承受更高的延时。此外，LBT 实现的高公平性是用吞吐量换的，造成信道利用率不足。鉴于此，为了同时最大化共存系统总吞吐量和公平性，

本节设计了一种基于深度 Q 学习的免授权频谱接入算法，使蜂窝节点能够根据共存系统状态实时调整接入动作。

6.3.1 问题建模

1．系统模型

LTE 和 WiFi 共存系统如图 6-7 所示，本节考虑在同一免授权频谱中的由 1 个 SBS 和 K 个 WiFi 接入点（WiFi Access Point，WAP）组成的共存系统，并假设每个无线节点的消息队列总不为空，即为饱和流量模型。SBS 采用所提出的基于深度 Q 学习的免授权频谱接入算法接入信道，而 WAP 采用基于二进制指数退避（Binary Exponential Backoff，BEB）的 CSMA/CA 协议随机争用信道。WAP 在传输之前会产生一个随机退避值 $w \in [0, CW-1]$，当检测到一个空闲时隙时，退避值减 1；否则不变。当退避值减小至 0 时，WAP 便在下一个时隙开始传输数据。如果在传输过程中发生冲突，则 WAP 竞争窗口大小加倍，最大达到 $2^m CW$，即 $w \in [0,1,\cdots,\min(CW-1,2^m CW-1)]$。在每次成功传输后竞争窗口变回初始大小 CW，$m$ 表示最大退避阶段。

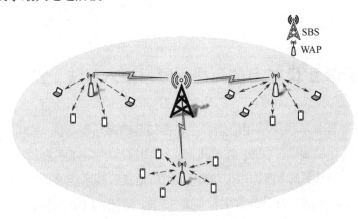

图 6-7 LTE 和 WiFi 共存系统

2．免授权频谱接入框架

在所考虑的场景中，本节从对同频信道进行时分复用的角度提出一种新的免授权频谱接入框架，如图 6-8 所示，时间资源被划分为不同粒度。层级 1 主要描述大时间尺度下的信息交换和决策推理过程。具体而言，时间被划分为若干反馈周期 T_F，每个反馈周期又被划分为若干执行周期 T_E。在每个反馈周期的最后一个执行周期，所有的 WAP 和 SBS 以广播的方式将本地局部信息传输给邻近节点，随后 SBS 便可以根据收到的信息和自身动作选择策略产生要执行的动作，并在本反馈周期包含的所有执行周期中执行动作。在对环境的观测历经足够多的反馈周期时，SBS 就可以足够了解共存系统动态并逐步改进接入策略，同时也不会产生过多的信息交换开销。在层级 2 中，执行周期 T_E 被进一步划分为更细的粒度，以适配 SBS 和 WAP 的接入协议，并为算法设计和优化目标定义奠定了基础。具体而言，T_E 被划分为若干子帧 T_{SF}，这是 SBS 调度的基本单位。T_{SF} 又被进一步划分为若干时隙 T_S，这是 WAP 传输的基本单位。令 T_L 和 T_W 分别表示 SBS 的传输持续时间和 WAP 包时长，它们分别是 T_{SF} 和 T_S 的整数倍。综上所述，有 $T_F = \beta_E T_E$，$T_E = \beta_{SF} T_{SF}$，$T_{SF} = \beta_S T_S$，其中 β_E、β_{SF} 和 β_S 是整数。

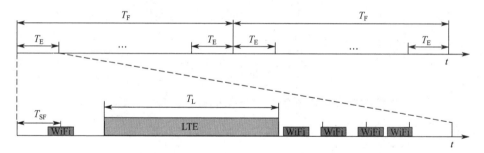

图 6-8　免授权频谱接入框架

3．问题描述

本节主要考虑 LTE 和 WiFi 共存系统中 SBS 的最优接入策略求解问题。接入策略能够指导 SBS 用恰当的方式接入信道，以最大化共存系统的总吞吐量和公平性。

利用免授权频谱接入框架定义 SBS 和 WAP 在每个反馈周期的吞吐量，即

$$b_t^{\text{LTE}} = \frac{\sum T_L}{T_F} \tag{6-14}$$

$$b_t^{\text{WiFi}} = \frac{\sum T_W}{T_F} \tag{6-15}$$

共存系统总吞吐量定义为

$$b_t^{\text{TOTAL}} = \sum_{n=1}^{K} b_t^n + b_t^{\text{LTE}} \tag{6-16}$$

式中，b_t^n 和 b_t^{LTE} 分别表示在时间 $(t - T_{\text{F}}, t)$ 第 n 个 WAP 和 SBS 的吞吐量。可见吞吐量的物理含义是对信道占用的时间占比。随后假设 SBS 和所有 WAP 被视为具有同等权利的信道争用节点，都能公平地竞争接入无线信道。本节采用 Jain 公平性系数作为共存系统的公平性指标，其被定义为

$$f_t = \frac{\left(\sum_{n=1}^{K} b_t^n + b_t^{\text{LTE}} \right)^2}{(K+1)\left[\sum_{n=1}^{K} (b_t^n)^2 + (b_t^{\text{LTE}})^2 \right]} \tag{6-17}$$

$f_t \in [0,1]$，这表明公平性系数越大，无线资源分配得越均衡。当每个节点享有相同份额的资源时，共存系统的公平性达到最大值，即 $f_t = 1$。

简而言之，算法的目的在于求解一个能够同时最大化共存系统总吞吐量和公平性的接入策略 π^*，可以表示为

$$\pi^* = \arg\max_{\pi}\{b_t^{\text{TOTAL}}, f_t\} \tag{6-18}$$

然而，公平性的提高可能导致总吞吐量的减小，反之亦然。因此，需要合理地解决两者之间的平衡问题。

6.3.2　算法设计

上述问题可以建模为无限时域马尔可夫决策过程（MDP）问题，并利用深度强化学习算法求解 MDP 模型，以得到最优接入策略。在所考虑的场景中，SBS 作为智能体反复对环境执行接入动作并得到来自环境的反馈，以迭代的方式改进接入策略。在此之前，需要合理设计 MDP 模型中的关键要素，包括状态空间、动作集合和奖励函数，因为它们与所提算法的性能直接相关。状态空间、动作集合和奖励函数设计如下。

（1）状态空间：状态空间的定义主要取决于算法的执行目标和环境特征，而吞吐量和公平性是算法期望优化的目标，也是共存系统主要的性能指标。因此，状态空间应包含共存系统的公平性系数与各节点吞吐量，t 时刻的状态空间定义为

$$s_t = [f_t, b_t^1, \cdots, b_t^N, b_t^{\mathrm{LTE}}] \tag{6-19}$$

这样定义状态空间是因为智能体主要基于共存系统总吞吐量和公平性做决策，而由公平性和吞吐量构成的状态可以很好地表明信道是否被充分和均衡地利用。

（2）动作集合：在 t 时刻，智能体根据自身策略和状态从动作集合 A 中选取一个动作并执行，即 $a_t \in A$。动作应满足免授权频谱接入框架的设定，使智能体在每个执行周期内能够合理地选择接入时机与传输时长，因此动作 a_t 定义为

$$a_t = [\mathrm{AT}_t, \mathrm{TX}_t] \tag{6-20}$$

式中，$\mathrm{AT}_t \in \{0, T_{\mathrm{SF}}, 2T_{\mathrm{SF}}, \cdots, NT_{\mathrm{SF}}\}$ 表示 SBS 接入信道的时机，是子帧 T_{SF} 的整数倍。$\mathrm{TX}_t \in \{T_{\mathrm{SF}}, 2T_{\mathrm{SF}}, \cdots, MT_{\mathrm{SF}}\}$ 表示接入信道后的传输时长，是子帧 T_{SF} 的整数倍。应注意 $N + M < \beta_{\mathrm{E}}$，表明传输时长不能超过执行周期 T_{E} 且需要为 SBS 和各 WAP 的信息广播保留一段时间。

（3）奖励函数：奖励函数可以引导智能体求解最优策略，直接影响共存系统的性能，所以其设计应基于优化目标。已知算法的目标是最大化共存系统总吞吐量和公平性，为了实现双目标优化，奖励定义为

$$r_t = f_t b_t^{\mathrm{TOTAL}} \tag{6-21}$$

奖励可以视为有效吞吐量，意味着在增大共存系统总吞吐量的同时保证高公平性。换言之，总吞吐量或公平性单方面的优化只能使智能体获得较小的奖励值，只有两者同时优化才能获得较大的奖励值。

在完成 MDP 建模后，本节采用深度 Q 学习（DQL）算法求解最优接入策略。不同于传统凸优化方法中求最优解或次优解的封闭表达式，DQL 算法采用在线学习的方式随时间对策略进行改进，通常表示为状态动作价值的逐步更新，因此 DQL 算法适用于动态时变环境。另外，DQL 算法是一种无模型的 MDP 模型求解算法，这意味着智能体在未知状态转移概率的情况下采用试错的方式与环境进行交互，逐渐更新自身存储的状态动作价值，而无须先预测未来所有可能的状态再进行规划。在前面构建的 MDP 模型中，智能体无法得知 MDP 模型的状态转移概率，因为观察到的各节点吞吐量具有一定的随机性，且状态空间随 WiFi AP 数量的增加呈指数级扩大，这增大了智能体获知模型的难度。因此，本节采用无模型且具备处理高维状态空间能力的 DQL 算法来求解 MDP 问题。

DQL 算法采用经验回放机制收集历史数据，采用拟静态网络技术提升算法进行学习的稳定性。下面阐述在离散时刻 t 基于 DQL 的免授权频谱接入算法的运行流程，包括接入动作选择和策略更新两个部分。

（1）接入动作选择：在迭代训练的过程中，智能体根据随机动作选择策略采样得到需要执行的动作。动作选择策略通常要考虑探索与利用的平衡，在训练前期，智能体要对环境进行充分探索，并在训练中后期利用对环境的知识选择价值最大的动作，以满足最大化期望回报的目标。所提算法将 ε-贪婪选择策略作为动作选择策略，表示为

$$a_t = \begin{cases} \arg\max_a Q(s,a), & 1-\varepsilon \\ \text{随机选择动作}, & \varepsilon \end{cases} \tag{6-22}$$

式（6-22）表明，在训练初期，ε 初始化为一个较大的概率，故智能体以随机选择动作为主。每执行一次 ε-贪婪选择策略，ε 就有一定幅度的减小。随着对环境的知识的积累，智能体逐渐倾向于执行 Q 值最大的动作。

（2）策略更新：智能体周期性地更新自身接入策略，主要体现为 Q 函数中动作价值的更新，而 Q 函数又由 Q 网络近似得到，因此策略更新相当于对 Q 网络权重进行更新。首先，智能体利用经验回放机制随机抽取一批大小为 H 的转移样本 (s_j, a_j, r_j, s_{j+1})，并利用目标 Q 网络计算目标值 y_j

$$y_j = r_j + \gamma \max_{a'} Q'(s_{j+1}, a'; \theta^-) \tag{6-23}$$

其次，使用梯度下降法对基于均方误差形式的损失函数 $J(\theta)$ 进行最小化，更新 Q 网络权重 θ，$J(\theta)$ 定义为

$$J(\theta) = \frac{1}{H}[y_j - Q(s_j, a_j; \theta)]^2 \tag{6-24}$$

由于接入策略取决于 Q 函数，所以 Q 网络权重的更新也导致了接入策略的更新。

最后，目标 Q 网络的权重采用软更新的方式，即目标 Q 网络的权重 θ^- 逐步向 Q 网络权重 θ 靠近，更新规则为

$$\theta^- = \tau\theta + (1-\tau)\theta^- \tag{6-25}$$

基于深度 Q 学习的免授权频谱接入（DQL-Based Unlicensed Spectrum Access,

DUSA）算法如算法 6-1 所示。在算法的每次迭代中（步骤 4～步骤 10），首先智能体根据 ε-贪婪选择策略选择要执行的动作，并在各连续周期执行动作。在本反馈周期结束时，智能体收到来自 WiFi 接入点的吞吐量信息，计算得到奖励值并更新状态。其次，智能体基于经验回放机制随机抽取 H 个样本，并根据式（6-23）计算目标值，对于损失函数，即式（6-24），利用梯度下降法更新 Q 网络权重 θ。最后，根据式（6-25），采用软更新的方式，得到目标 Q 网络的权重 θ^-。经过迭代，最终智能体学习和收敛到最优接入策略。

算法 6-1　基于深度 Q 学习的免授权频谱接入算法

步骤 1：初始化超参数和初始状态 $s_t = s_1$；

步骤 2：初始化 Q 网络和目标 Q 网络权重：θ, θ^-；

步骤 3：初始化经验回放机制 RB

Repeat:

　　步骤 4：根据式（6-22）选择动作，ε 减小；

　　步骤 5：在各连续周期执行动作，得到奖励值并更新状态；

　　步骤 6：将转移样本存放到 RB；

　　步骤 7：从 RB 中随机抽取 H 个样本；

　　步骤 8：根据式（6-23）计算目标值 y_j；

　　步骤 9：对于损失函数，即式（6-24），利用梯度下降法更新 θ；

　　步骤 10：根据式（6-25），采用软更新的方式，得到目标 Q 网络的权重 θ^-；

Until 训练达到最大迭代次数

6.3.3　仿真结果与性能分析

1. 仿真参数设置

本节对所提出的 DUSA 算法进行性能评估，分别将 Python 和 Pytorch 作为基础实验平台和深度学习平台。在仿真场景中，一个采用 DUSA 算法的 SBS 与若干 WAP 在 5 GHz 频段上共存，所有 WiFi 接入点都采用相同的退避参数，这是因为由退避参数异构性导致的不公平现象不在本节的考虑范围之内。此外，在所提出的 DUSA 算法中，Q 网络采用 5 层全连接神经网络，输入层和输出层的神经元数量分别等于状态向量长度和动作空间大小，而位于输入层与输出层之间的 3 个隐藏层的神经元数量为 100 个，每个神经元使用的激活函数是 ReLU 函数。存放历史转移样本的经验回放机制 RB 是一个有限大小双向队列，采用先进先出（FIFO）的方式进行转移样本的抽取和存放。在 ε-贪婪选择策略中，ε 的初始值为 1，以 0.995 的衰减率每经过一个反馈周期衰减一次，直至达到最小值 0.001。主要仿真参数如表 6-1 所示。

表 6-1　主要仿真参数

仿真参数	值	仿真参数	值
初始竞争窗口 CW	$10\,T_s$	γ	0.9
WiFi 包长	$30\,T_s$	学习率	0.001
最大退避阶段 m	5	H	8 个
$\beta_E / \beta_{SF} / \beta_S$	10/10/100	RB 大小	3000 个
τ	0.001		

2．动作选择策略对算法性能影响

3 种算法下智能体获得的奖励值随迭代次数的变化如图 6-9 所示，其中 Greedy 算法采用 ε-贪婪选择策略，即选择价值最大的动作；Random 算法采用随机动作选择策略，即以等概率抽样的方式从动作集合中选择动作。为了使结果更加清晰明了，奖励值已被平滑处理为平均奖励值。由图 6-9 可知，3 种算法在进行一定次数的迭代后达到收敛状态，且 DUSA 算法的奖励值始终大于其余两者。Greedy 算法的奖励值位居第二，这是因为在训练过程中智能体不能充分探索环境，始终采取以最大动作价值为导向的动作选择策略，所以只能得到局部最优接入策略。Random 算法的奖励值明显小于其他两种算法是因为智能体始终采取随机方式选择动作，即以均匀抽样的方式从动作空间中选择接入动作，所以智能体缺少对环境知识的学习与累积，导致无法得到最优接入策略。图 6-9 阐明了动作选择策略的重要性，即动作选择策略必须在环境探索和已有知识利用之间进行平衡。正是因为满足了这个要求，所以 DUSA 算法能够取得最大的奖励值。

3．共存系统参数对算法性能影响

不同 WAP 数量下共存系统总吞吐量对比如图 6-10 所示。在 Cat-4 LBT 中，吞吐量随 WAP 数量的增加而减小，这是因为 Cat-4 LBT 采用类似 CSMA/CA 的接入机制，所以 WAP 数量的增加表明参与竞争无线信道的无线节点增加，导致每个无线节点的发送机会减小且传输的碰撞概率增大。此外，DUSA 算法和 Q 学习算法取得的吞吐量都随 WAP 数量的增加而增大，这是因为两者采用直接接入信道的方式，这与 Cat-4 LBT 需要在接入前监听信道不同，并且对于这两种算法来说，SBS 在每次接入后都能进行由集中调度保障的可靠传输。

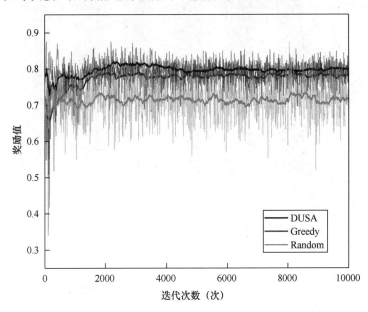

图 6-9　3 种算法下智能体获得的奖励值随迭代次数的变化

不同 WAP 数量下共存系统的公平性系数对比如图 6-11 所示，可见，DUSA 始终表现得比其余两种方法好，维持在较高水平。相比之下，Q 学习算法的公平性系数随 WAP 数量的增加而减小，这是因为它采用表格化方式记录状态动作价值或 Q 值，因此需要预先对输入状态进行离散化，导致状态对环境的描述精度下降，进而对求解接入策略产生一定的影响。只有 Cat-4 LBT 的公平性系数随 WAP 数量的增加而增大，但始终位居第三。从图 6-10 和图 6-11 中可以观察到两种现象：①DUSA 算法和 Q 学习算法在吞吐量和公平性方面的表现都优于 Cat-4 LBT，这说明智能接入算法可以同时对两个关键指标进行优化，这不同于 LBT 机制牺牲吞吐量换取公平性的接入方式；②同样是智能接入算法，采用神经网络技术的

227

DUSA 算法能够使智能体更好地应对庞大和复杂的状态空间，且经验回放机制使智能体能够利用过去和现在的信道状态来求解最优接入策略。

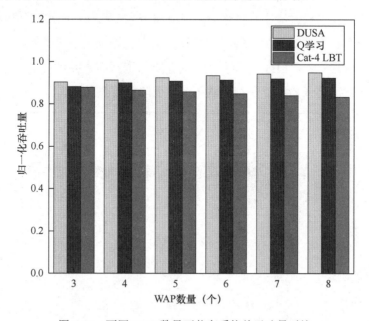

图 6-10　不同 WAP 数量下共存系统总吞吐量对比

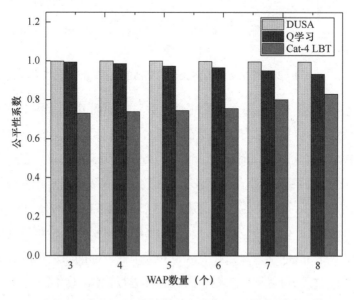

图 6-11　不同 WAP 数量下共存系统的公平性系数对比

6.3.4　本节小结

本节从对同频信道进行时分复用的角度提出了一个 2 层免授权频谱接入框架，其由若干反馈周期和执行周期组成。基于该框架，一种基于深度 Q 学习的免授权频谱接入算法被提出。在该算法中，智能体能自适应地调整接入策略，在每个反馈周期的起始时刻产生接入动作，确定接入时机和传输时长。经过训练迭代，该算法能使智能体学习得到最优接入策略，实现最大化共存系统总吞吐量和公平性的目标。大量的仿真结果表明，DUSA 算法在奖励值方面比 Greedy 算法和 Random 算法表现好，在总吞吐量和公平性方面比 Q 学习算法和 Cat-4 LBT 表现好。

6.4　基于平均场近似的免授权频谱接入算法

各种无线设备的接入需求的不断增长导致移动通信系统中的数据流量呈暴发式增长，因此必须发展网络服务能力以顺应这一趋势。为了提高频谱利用率，未来无线通信系统中基站的部署会变得更密集。因此，随着越来越多的蜂窝节点接入免授权频谱，蜂窝网络与 WiFi 网络之间实现和谐共存变得更有挑战性。由于蜂窝网络与 WiFi 网络的共存会影响彼此的性能，蜂窝技术与 IEEE 802.11 技术以合作模式在免授权频谱上运行是一种新的共存思路，这不仅有利于解决它们对信道的竞争问题，还有利于提高它们的共同利益。综上所述，本节在 6.3 节的基础上考虑在存在多个 SBS 和 WiFi 接入点的共存系统，对智能接入算法进行进一步研究。假设 SBS 隶属不同的移动运营商，则小蜂窝基站之间不能通过直接通信来协调对信道的利用。本节提出一种基于平均场近似的免授权频谱接入算法，使小蜂窝基站能选择合适的接入动作，以尽可能无冲突地接入信道和进行传输，进而实现共存系统总吞吐量和公平性的最大化。

6.4.1　系统模型与问题描述

LTE 和 WiFi 共存系统如图 6-12 所示，本节考虑有 K（$K > 1$）个 WAP 与 N 个 SBS 在 5 GHz 免授权频段共存的系统，并假设为饱和流量模型。在蜂窝网络中，所有 SBS 采用基于平均场近似的免授权频谱接入算法接入信道，而 WAP 采用 CSMA/CA 协议随机接入信道[10]。为了更好地利用频谱资源，3GPP 和 IEEE 已经开始合作使用免授权频谱[11]。因此，本节假设 WAP 和 SBS 都可以向相邻 SBS 广播少量的本地信息，每个 SBS 根据收到的信息决定所采用的频谱接入策略。

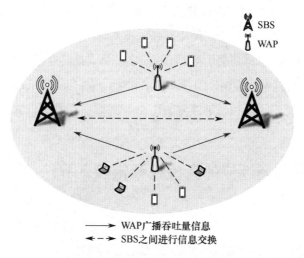

图 6-12　LTE 和 WiFi 共存系统

　　与 6.3 节类似，本节研究的问题仍然是求解最优接入策略，以最大化共存系统总吞吐量和公平性，且仍采用 6.3 节提出的免授权频谱接入框架，但考虑的共存系统中包含多个 SBS。定义 $b_{t,i}^{\text{SBS}}$ 和 $b_{t,j}^{\text{WAP}}$ 分别为时间 $(t-T_{\text{F}},t]$ 内第 i 个 SBS 和第 j 个 WAP 的吞吐量，表示为

$$b_{t,i}^{\text{SBS}} = \frac{\sum T_{\text{L}}^{i}}{T_{\text{F}}} \tag{6-26}$$

$$b_{t,j}^{\text{WAP}} = \frac{\sum T_{\text{W}}^{j}}{T_{\text{F}}} \tag{6-27}$$

式中，T_{L}^{i} 和 T_{W}^{j} 分别为时间 $(t-T_{\text{F}},t]$ 内第 $i \in \{1,\cdots,N\}$ 个 SBS 的成功传输帧长和第 $j \in \{1,\cdots,K\}$ 个 WAP 的成功发送包长，故吞吐量的另一层含义为指定时间范围内节点所占的信道时间份额，进而共存系统的总吞吐量可以表示为

$$b_{t}^{\text{TOTAL}} = \sum_{i=1}^{N} b_{t,i}^{\text{SBS}} + \sum_{j=1}^{K} b_{t,j}^{\text{WAP}} \tag{6-28}$$

类似地，Jain 公平性系数用于衡量共存系统公平性，定义为

$$f_t = \frac{\left(\sum_{i=1}^{N} b_{t,i}^{\mathrm{SBS}} + \sum_{j=1}^{K} b_{t,j}^{\mathrm{WAP}}\right)^2}{(N+K)\left[\sum_{i=1}^{N} (b_{t,i}^{\mathrm{SBS}})^2 + \sum_{j=1}^{K} (b_{t,j}^{\mathrm{WAP}})^2\right]} \tag{6-29}$$

当这些 SBS 隶属不同的移动运营商时，无法通过集中调度的方式为每个 SBS 分配相应的资源块。对于一个 SBS 而言，其接入策略不仅要考虑与 WiFi 网络的 CSMA/CA 协议友好共存，还要与其余 SBS 的接入策略相互协同，以避免同时利用信道传输数据，因此最优接入问题的求解显得非常棘手。

6.4.2　算法设计

基于平均场近似的智能接入算法涉及 MARL 技术和平均场近似技术，MARL 技术用于以迭代方式优化智能体的接入策略以使回报最大化，平均场近似技术用于保证 MARL 收敛和降低计算复杂度。在每个决策时刻，各 SBS 作为智能体执行接入动作，以最大化指定周期的共存系统总吞吐量和公平性。为了实现预期目标，MARL 中 MG 模型的状态空间、动作集合与奖励函数需要被合理设计。动作 s_t 和奖励 r_t 的设计与 6.3 节一致，状态空间定义为

$$s_t = [f_t, b_{t,1}^{\mathrm{WAP}}, \cdots, b_{t,K}^{\mathrm{WAP}}, b_{t,1}^{\mathrm{SBS}}, \cdots, b_{t,N}^{\mathrm{SBS}}] \tag{6-30}$$

应该注意的是，在智能体相互合作的设定下，所有智能体共享全局状态 s_t 和全局奖励 r_t，但是各智能体学习到的最优策略是完全不同的。从博弈的角度来看，玩家在离散的决策时刻 t 同时做出动作，并且得到大小为 r_t 的回报。每个智能体都想最大化自身获得的回报 r_t，因此会不断优化自身的策略。由于最大化 r_t 相当于最大化共存系统总吞吐量和公平性，所以各智能体最终会选择适当的接入时机和传输时间，以避免传输冲突并充分利用信道。

基于平均场近似的免授权频谱接入算法流程如图 6-13 所示。基于信息交换机制，各 SBS 在执行动作后可以收到来自环境的反馈信息，包括相邻 SBS 的吞吐量、相邻 SBS 的平均动作和各 WAP 的吞吐量，随后根据当前状态和动作选择策略选

择下一个动作。信息交换发生在每个反馈周期的最后一个子帧内，各节点采用 CSMA/CA 协议广播它们的信息。

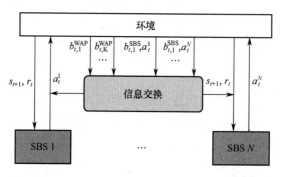

图 6-13　基于平均场近似的免授权频谱接入算法流程

所提算法采用 Bolzmann 动作选择策略，根据动作的 Q 值产生动作概率分布，表示为

$$p(a \mid s) = \frac{\exp \dfrac{Q(s,a)}{T}}{\displaystyle\sum_{\tilde{a} \in A} \exp \dfrac{Q(s,\tilde{a})}{T}} \tag{6-31}$$

式中，$T = T_0 / (1 + \ln N)$ 表示当前时刻的温度，T_0 和 N 分别表示初始温度和相应动作被智能体选择过的次数。为了实现探索与利用的平衡，T_0 在训练过程中从高到低变化，选择动作的倾向也从随机选择策略到贪婪选择策略。深度 Q 网络结构如图 6-14 所示，所提算法中的 Q 网络和目标 Q 网络都采用图 6-14 中的结构，由 1 个输入层、3 个隐藏层和 1 个输出层构成。输入层神经元数量等于状态向量维度与相邻智能体平均动作维度之和，隐藏层神经元数量都是 100 个，输出层神经元数量等于动作空间大小。

基于平均场近似的免授权频谱接入算法如算法 6-2 所示。在算法的每次迭代中（步骤 4～步骤 10），对于智能体 k 而言，首先，根据式（6-31）选择要执行的动作，并在 β_E 个连续周期执行动作。在本反馈周期结束时，智能体 k 收到来自其余 $N-1$ 个智能体和 WiFi 接入点的吞吐量信息，通过计算得到奖励值，并更新状态；其次，智能体 k 根据经验回放机制随机抽取 H 个样本并计算目标值，随后对损失函数关于 θ 执行梯度下降，以更新 Q 网络权重；最后，采用软更新的方式，得到目标 Q 网络的权重 θ^-。经过迭代，最终每个智能体可以学习到一个最优接入策略，进而可以在不同的共存状态下选择最优的接入动作，以最大化共存系统总吞吐量和公平性。

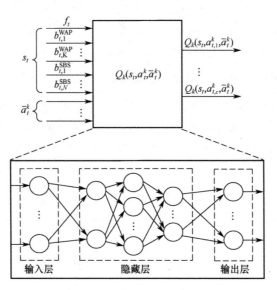

图 6-14 深度 Q 网络结构

算法 6-2 基于平均场近似的免授权频谱接入算法

步骤 1：初始化超参数、环境初始状态；

步骤 2：初始化每个智能体的 Q 网络权重和经验回放机制；

步骤 3：随机初始化各智能体的平均动作；

repeat：

    repeat：

        步骤 4：智能体 k 根据式（6-31）选择动作，并在 β_E 个连续周期执行动作，得到奖励值并更新状态；

        步骤 5：智能体 k 将转移样本保存至自身的经验回放机制；

        步骤 6：智能体 k 根据式（6-29）更新平均动作；

        步骤 7：智能体 k 根据经验回放机制随机抽取 H 个样本 $(s_j, a_j^k, r_j, s_{j+1}, \bar{a}_t^k)$；

        步骤 8：根据 $y_j = r_j + \gamma v_t^k(s')$ 计算目标值；

        步骤 9：对损失函数 $[(y_j - Q(s, a^j, \bar{a}^j)]^2 / H$ 关于 θ 执行梯度下降；

        步骤 10：采用软更新的方式，得到目标 Q 网络的权重 θ^-；

    until 轮询每个智能体；

until 训练达到最大迭代次数

6.4.3 仿真结果评估与性能分析

本节对基于平均场近似的免授权频谱接入（Mean Field DRL Based Unlicesned Spectrum Access，MF-DUSA）算法进行仿真和性能评估，实验环境与 6.3 节相同。为了评估 MF-DUSA 算法的性能，将其在不同情形下与其他 3 种算法进行对比，分别是 Cat-4 LBT[12]、Co-LBT（Cooperative LBT）和 RA（Random Access）。Co-LBT 算法是在传统的 Cat-4 LBT 的基础上，利用强化学习技术对竞争窗口进行学习，使各 SBS 能够根据环境状态调整竞争窗口的一种智能接入算法。在 RA 算法中，SBS 随机从动作集合中选择接入动作并执行。仿真参数如表 6-2 所示。

表 6-2 仿真参数

仿真参数	值	仿真参数	值
初始竞争窗口 CW	$10\,T_s$	τ	0.001
WiFi 包长	$30\,T_s$	γ	0.9
最大退避阶段 m	5	学习率	0.001
$\beta_E\,/\,\beta_{SF}\,/\,\beta_S$	10/10/100	H	16 个
T_0	2.5	RB 大小	3000 个

1. 不同 WAP 数量下的性能评估

不同 WAP 数量下共存系统总吞吐量对比（$N = 2$）如图 6-15 所示。随着 WAP 数量的增加，MF-DUSA 算法下的吞吐量增大且总是大于其他算法下的吞吐量，这是因为 MF-DUSA 算法可以利用平均场近似技术以低复杂度求解 NE。换言之，每个 SBS 可以在不同情形下求解其最优接入策略，即得到最优接入时机和传输时间。此外，频谱利用率随 WAP 数量的增加而提高。Cat-4 LBT 算法和 Co-LBT 算法下的吞吐量随 WAP 数量的增加呈减小趋势，这是由于碰撞概率随之增大。RA 算法下的吞吐量几乎不变，且 RA 算法总是 4 种算法中性能最差的。不同 WAP 数量下共存系统的公平性系数对比如图 6-16 所示。不难发现 MF-DUSA 算法的公平性始终最高，而 RA 算法始终最低，Cat-4 LBT 算法和 Co-LBT 算法分别位居第三和第二。Co-LBT 算法和 Cat-4 LBT 算法的公平性都随 WAP 数量的增加而提高，但与后者相比，前者的变化相对平缓且性能总是优于后者，这是因为在 Co-LBT 算法中，SBS 可以与 WAP 进行信息交换，通过智能调整竞争窗口大小来保证友好共存。此外，RA 算法的公平性随 WAP 数量的增加而急剧下降，原因在于接入策略的随机性导致冲突次数急剧增加。

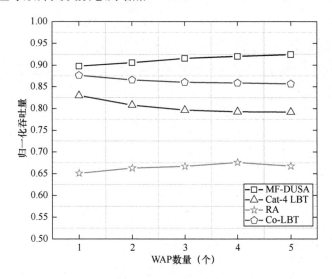

图 6-15 不同 WAP 数量下共存系统总吞吐量对比

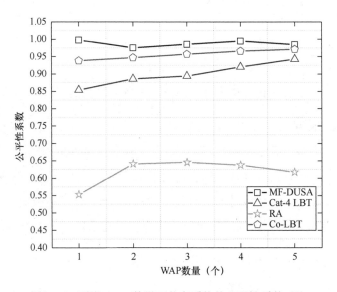

图 6-16 不同 WAP 数量下共存系统的公平性系数对比

2．不同 SBS 数量下的性能评估

不同 SBS 数量下共存系统总吞吐量对比（$K=1$）如图 6-17 所示。可以看到，仅在 MF-DUSA 算法下，吞吐量随 SBS 数量的增加而增大，且总是大于其他算法，这是因为在 MF-DUSA 算法下，每个 SBS 可以选择恰当的接入时机和传输时长来避免潜在的冲突。不同 SBS 数量下共存系统的公平性对比如图 6-18 所示。随着 SBS 数量的增加，MF-DUSA 算法的公平性经历了小幅下降，这是因为在蜂窝网络中，每个执行周期内子帧的合理分配变得更困难。此外，MF-DUSA 算法的公平性总是高于其他算法。

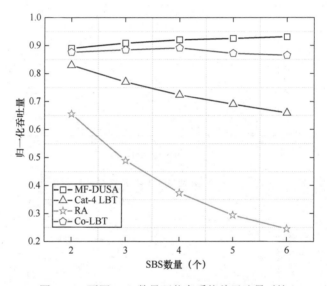

图 6-17　不同 SBS 数量下共存系统总吞吐量对比

由图 6-17 和图 6-18 可知，Co-LBT 算法和 Cat-4 LBT 算法下的吞吐量随 SBS 数量的增加而减小，而公平性随之提高，这说明 LBT 机制的主要特征是牺牲吞吐量换取公平性。此外，Co-LBT 算法利用了强化学习技术，其性能表现总是优于 Cat-4 LBT 算法。在 RA 算法中，SBS 数量的增加会导致蜂窝网络内部及蜂窝网络与 WiFi 网络之间出现更大的碰撞概率，进而导致总吞吐量和公平性性能劣化。

3．不同 WAP 初始窗口大小下的性能评估

在 WiFi 网络中，不同 WAP 初始窗口大小下共存系统总吞吐量对比（$N=2$，$K=2$）如图 6-19 所示。可见，MF-DUSA 算法下的吞吐量总是高于其他算法，且

随着 WAP 初始窗口的增大，MF-DUSA 算法下的吞吐量减小，这是因为 WAP 初始窗口的增大导致其接入信道的机会减少，进而导致 WiFi 网络对免授权信道的利用率下降。另外，Co-LBT 算法和 Cat-4 LBT 算法下的吞吐量随 WAP 初始窗口的增大而略微增大，这是因为 WAP 较长的信道接入等待时间为 SBS 带来更多接入机会。

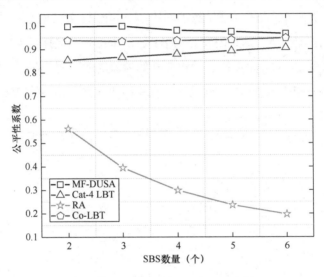

图 6-18　不同 SBS 数量下共存系统的公平性对比

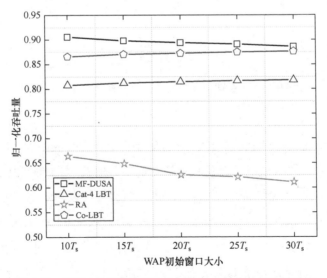

图 6-19　不同 WAP 初始窗口大小下共存系统总吞吐量对比

不同 WAP 初始窗口大小下共存系统的公平性对比如图 6-20 所示。与其他 3 种算法相比，MF-DUSA 算法下的吞吐量基本维持在较高水平，具有较强的鲁棒性。在 Co-LBT 算法和 Cat-4 算法中，共存系统的公平性随 WAP 初始窗口的增大而下降，这是因为 WAP 初始窗口的增大拉开了蜂窝网络和 WiFi 网络的吞吐量差距，体现为前者增大和后者减小。与 Co-LBT 算法相比，Cat-4 LBT 算法的公平性对 WAP 初始窗口大小的变化更敏感，这是因为 Co-LBT 算法采用智能选择竞争窗口的技术，能够更好地应对变化。对于 RA 算法，WAP 初始窗口的增大使共存系统的公平性逐渐提高，这是因为 SBS 与 WAP 之间的碰撞概率减小（冲突会导致 WAP 重传）。

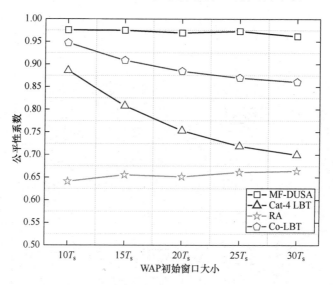

图 6-20　不同 WAP 初始窗口大小下共存系统的公平性对比

4. 收敛性分析

采用 Bolzmann 动作选择策略，初始温度 T_0 对收敛性的影响（$N=4$，$K=1$）如图 6-21 所示，收敛情况可以反映求解的优劣。当 $T_0=0.5$ 时，所提算法在 200 步左右收敛到 0.636 的奖励值；当 $T_0=1.5$ 时，所提算法在 400 步左右收敛到 0.791 的奖励值；当 $T_0=2.5$ 时，所提算法在 1000 步左右收敛到 0.893 的奖励值；当 $T_0=4$ 时，所提算法在 6000 步左右收敛到 0.906 的奖励值。由此可见，初始温度越高，收敛越慢，但智能体对环境的探索越充分；相反，初始温度越低，收敛速度越快，但智能体对环境的探索越不充分。为了在探索—利用问题和收敛步数之间取得平衡，$T_0 = 2.5$ 是一个合适的选择。学习率 lr 对收敛性的影响如图 6-22 所示。正如所料，学习率对收敛性有很大影响。具体来说，当学习率较高时，即 lr = 0.1 和 lr = 0.01，奖励函数收敛于一个相对较小的值；而一个过低的学习率，即 lr = 0.0001，可能使奖励函数陷入局部最优。因此，学习率不应过高或过低，这里选择 lr = 0.001，该值能使奖励函数收敛于一个最优的奖励值。

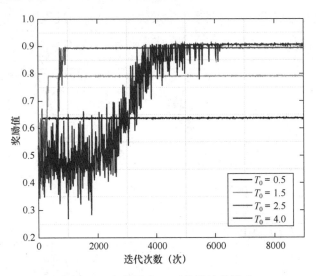

图 6-21　初始温度 T_0 对收敛性的影响

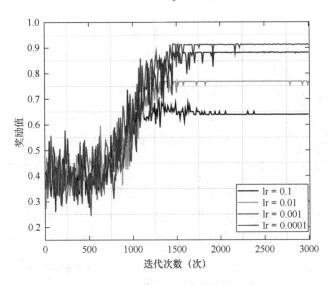

图 6-22　学习率 lr 对收敛性的影响

训练过程中性能指标的变化趋势如图 6-23 所示，公平性系数和总吞吐量都随迭代次数的增加呈上升趋势，在迭代约 1500 次后达到收敛状态，这进一步表明，MF-DUSA 算法是一种高效且公平的接入算法。此外，可以观察到两个现象：一方面，公平性系数的增幅大于总吞吐量的增幅，说明在该场景下，公平性的提高可以带来更大的回报；另一方面，总吞吐量在迭代约 1400 次后停止增大，但公平性系数仍有增大的空间，这表明在求解最优接入策略的过程中，总吞吐量和公平性不一定同时收敛。

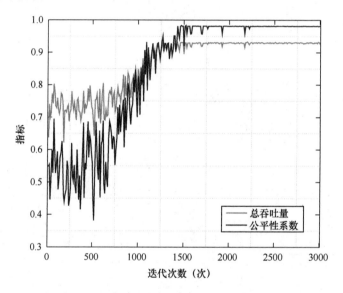

图 6-23　训练过程中性能指标的变化趋势

6.4.4　本节小结

本节主要研究有多个小蜂窝基站和多个 WiFi 接入点的共存系统，针对在同一免授权频谱中求解最优接入策略的问题，提出了一种基于平均场近似的免授权频谱接入算法。在所提算法中，平均场近似技术通过将相邻智能体的联合动作转化为平均动作，简化了纳什均衡的求解过程，从而降低了所提算法的计算复杂度。此外，平均场近似技术可以有效保证算法的收敛性，克服了多智能体强化学习中的不稳定现象，且给出了算法收敛性证明过程。大量的仿真结果表明，所提算法在不同情形下的表现总是优于其他算法，能够实现最大化共存系统总吞吐量和公平性的目标。

6.5 本章总结

本章针对 LTE-LAA 和 LTE-U 仍然存在的频谱利用率低和公平性不理想的问题,考虑基于 AI 优化的接入技术能够弥补数值仿真和实践过程中产生的较大差距,并根据共存系统的状态推导得到最佳操作策略,以提高移动网络的关键性能指标。因此,本章从深度学习、神经网络和强化学习 3 个方面介绍了人工智能,并提出了基于 AI 的改进的智能接入方案,即基于深度 Q 学习的免授权频谱接入算法(合作)和基于平均场近似的免授权频谱接入算法(合作和多智能体),以保证蜂窝网络与 WiFi 网络在免授权频谱中能够高效地和谐共存。本章的主要研究内容总结如下。

(1)本章从单小蜂窝基站与多个 WiFi 接入点共存的场景入手,提出了一种基于深度 Q 学习的免授权频谱接入算法,对共存系统总吞吐量和公平性同时优化。在所提算法中,小蜂窝基站作为智能体,能够根据共存系统状态动态选择接入动作,即接入时机和传输时长,使共存系统中的所有节点都能有相同的信道占用时间份额,进而实现友好共存。为了模拟小蜂窝基站与环境的交互过程和定义要优化的性能指标,本章从时分复用的角度设计了免授权频谱接入框架,其中小蜂窝基站传输仍然遵循 LTE 帧结构。本章对深度 Q 学习技术中 MDP 框架的关键要素进行了合理设计,包括状态空间、动作集合和奖励函数。基于所设计的接入框架,采用深度 Q 学习方法迭代求解小蜂窝基站的最优接入策略,并通过仿真展示学习收敛过程,并与传统的 Cat-4 LBT 算法和 Q 学习算法进行对比,证明了所提算法可以实现更大的吞吐量和更高的公平性。

(2)本章考虑多个小蜂窝基站与多个 WiFi 接入点共存的场景,提出了一种基于平均场近似的免授权频谱接入算法。在合作的设定下,若干隶属不同移动运营商的小蜂窝基站通过进行周期性的信息交换来获取共存系统全局状态,且每个小蜂窝基站可以利用平均场近似理论来获知其余小蜂窝基站的联合接入动作带来的效应,即平均动作或动作分布,进而每个小蜂窝基站利用共存系统全局状态和平均动作,并结合深度 Q 学习技术来求解属于自身的最优接入策略,使共存系统的总吞吐量和公平性最大化。大量的仿真结果展示了所提算法在不同情形下的性能表现，证明了其性能优于典型接入算法。此外，由于融合了平均场近似理论，所以所提算法具有分布性及较低的计算复杂度，可以扩展到小蜂窝基站密集部署的共存系统中。

参 考 文 献

[1] CHEN M, CHALLITA U, SAAD W, et al. Artificial Neural Networks-Based Machine Learning for Wireless Networks: A Tutorial[J]. IEEE Communications Surveys & Tutorials, 2019, 21(4):3039-3071.

[2] LI H, JI G, MA Z. A Nonlinear Predictive Model Based on Multilayer Perceptron Network[C]//2007 IEEE International Conference on Automation and Logistics (ICAL). Jinan:IEEE Press, 2007:2686-2690.

[3] TANG X, CHEN X, ZENG L, et al. Joint Multiuser DNN Partitioning and Computational Resource Allocation for Collaborative Edge Intelligence[J]. IEEE Internet of Things Journal, 2021, 8(12):9511-9522.

[4] SUTTON R S, BARTO A G. Reinforcement Learning: An Introduction [J]. IEEE Transactions on Neural Networks, 1998, 9(5):1054.

[5] NGUYEN T T, NGUYEN N D, NAHAVANDI S. Deep Reinforcement Learning for Multiagent Systems: A Review of Challenges, Solutions, and Applications[J]. IEEE Transactions on Cybernetics, 2020, 50(9):3826-3839.

[6] HU J, WELLMAN M P. Nash QL for General-Sum Stochastic Games[J]. Journal of Machine Learning Research, 2003, 4(4):1039-1069.

[7] YANG Y, LUO R, LI M, et al. Mean Field Multi-Agent Reinforcement Learning[C]//International Conference on Machine Learning. Stockholm: MLR Press, 2018:5571-5580.

[8] LI B, GUO W, ZHANG H, et al. Spectrum Detection and Link Quality Assessment for Heterogeneous Shared Access Networks[J]. IEEE Transactions on Vehicular Technology, 2018, 68(2):1431-1445.

[9] TAN J, ZHANG L, LIANG Y, et al. Deep Reinforcement Learning for the Coexistence of LAA-LTE and WiFi Systems[C]//ICC 2019-2019 IEEE International Conference on Communications (ICC), Shanghai, China: IEEE Press, 2019:1-6.

[10] PEI E, JIANG J, LIU L, et al. A Chaotic QL-Based Licensed Assisted Access Scheme Over the

Unlicensed Spectrum[J]. IEEE Transactions on Vehicular Technology, 2019, 68(10):9951-9962.

[11]　NGUYEN T T, NGUYEN N D, NAHAVANDI S. Deep Reinforcement Learning for Multiagent Systems: A Review of Challenges, Solutions, and Applications[J]. IEEE Transactions on Cybernetics, 2020, 50(9):3826-3839.

[12]　XIAO J, ZHENG J, CHU L, et al. Performance Modeling and Analysis of the LAA Category-4 LBT Procedure[J]. IEEE Transactions on Vehicular Technology, 2019, 68(10):10045-10055.

第 7 章 总结与展望

7.1 总结

如本书第 1 章所述，频谱共享已被证实是解决有限频谱资源和巨大流量需求之间不平衡现状的一种有效策略。考虑到现有免授权频段拥有大量的频谱资源，一些研究人员提出将蜂窝通信扩展到现有的免授权频段。这种方法使得蜂窝系统能够增加大量适合通信的频谱，从而极大地增大系统容量，这种方法非常有前景。然而，现有免授权频谱无须管理机构许可即可使用，因而蜂窝系统不得不与其他免授权频谱用户共享免授权频谱，进而不得不面对免授权频谱共享带来的相互干扰问题。因此，免授权频谱共享面临的主要问题是如何设计合理的频谱共享方案，以使得使用免授权频谱的各系统之间的干扰最小化，并能在保障资源分配公平的前提下，实现免授权频谱利用率最大化的目的。

在本书的第一部分中，我们首先对现有主流方案 LTE-LAA 方案进行性能分析，具体包括 LTE-LAA 方案的性能分析（2.2 节）、捕获效应下的 LTE-LAA 性能分析（2.3 节）及不完美频谱探测下的 LTE-LAA 性能分析（2.4 节）等，以期深入了解 LTE-LAA 方案的性能及其优缺点；我们也对 LTE-LAA 方案的优化进行了深入研究，具体包括基于混沌 Q 学习的 CWS 选择算法（3.3 节）和基于 Q 学习的能量阈值优化算法（3.4 节）等，以便通过优化参数来提升 LTE-LAA 方案的性能。

在第二部分中，我们对 D2D 通信下的免授权频谱共享方法进行了研究，具体包括基于多智能体深度强化学习的 D2D 通信资源联合分配算法（4.2 节）、基于 DDQN 的 D2D 直接接入免授权频谱算法（4.3 节），以期在保证 WiFi 网络性能的前提下增大 D2D 网络的吞吐量。

在第三部分中，我们对基于无人机平台的免授权频谱共享方法进行了研究，具体包括基于混合频谱共享的轨迹优化和资源分配算法（5.2 节）及基于全频谱共享的轨迹和功率优化算法（5.3 节），以尽量提高免授权频谱利用率，满足用户需求。

在第四部分中，我们深入研究了基于 AI 的免授权频谱共享方法，具体包括基于深度 Q 学习的免授权频谱接入算法（6.3 节）及基于平均场近似的免授权频谱接入算法（6.4 节），以期通过 AI 提高免授权频谱共享的灵活性，进而提高免授权频谱利用率。

7.2　展望

近年来，在不断的努力下，我们取得了一些成果。但是这些工作仍然只是初步尝试。在免授权频谱共享方案的评估和优化、D2D 通信和无人机通信下的免授权频谱共享及 AI 驱动的免授权频谱接入等方面，仍然有很多开放性挑战亟待解决。

7.2.1　免授权频谱共享方案的评估方面

本书在评估 LTE-LAA 方案的性能时假设共存系统是饱和流量下的单信道情况。在未来的研究中，可以通过建立合适的流量模型来研究非饱和流量下的 LTE-LAA 方案性能。同时，考虑到信道衰落状况，可以研究多信道下的 LTE-LAA 方案性能及信道间干扰对共存系统性能的影响。此外，本书假设共存系统覆盖的所有节点之间为全连接，即假设共存系统中没有隐藏终端和暴露终端，在未来的工作中需要考虑如何避免隐藏终端等问题。

7.2.2　免授权频谱共享方案的优化方面

本书将混沌运动引入 Q 学习算法，将其作为解决探索与利用的平衡问题的优化机制，与 ε-贪婪选择策略和 Boltamann 选择策略相比，虽然基于混沌 Q 学习的 CWS 智能选择方案的收敛速度更快，但是在未来的工作中，还应考虑动作选择的准确性和灵活性，并进一步研究 Q 学习算法的收敛速度。本书在提出 LBT 自适应能量阈值探测算法时，仅考虑 LAA SBS 可以随共存系统状态的变化而动态调整能量阈值。但是在 WiFi AP 中没有采用这种方案，这可能导致利用所提出的自适应能量阈值探测算法无法得到最优能量阈值，即无法保证 LAA 和 WiFi 共存系统的性能达到最佳。因此，在未来的工作中，需要考虑在 WiFi 端加入自适应能量阈值探测方案。

7.2.3　D2D 通信下的免授权频谱共享方面

基于 Q 学习的 D2D-U 资源分配算法假设 WiFi AP 能在每个决策时刻广播其服务数量和吞吐量情况，因此小蜂窝基站能够根据其广播信息做出决策，并为 D2D-U 用户分配合适的资源，以保证 D2D-U 系统和 WiFi 系统的公平性。当 WiFi AP 不广播信息或小蜂窝基站无法接收其广播信息时，小蜂窝基站就不能作出正确决策。因此，下一步可以研究智能体无法正确获取邻近 WiFi AP 流量情况的现象。本书假设在单小区场景下研究蜂窝系统、D2D 系统和 WiFi 系统的资源分配问题，然而实际通信场景中，用户不仅会受到来自小区内部的干扰，还会受到小区之间的干扰。因此，接下来可以研究在更复杂的多小区场景下解决蜂窝系统、D2D 系统和 WiFi 系统的资源分配问题。本书假设用户的位置在通信过程中不发生变化，然而在现实生活中，用户的位置是动态变化的，因此接下来可以在用户移动的复杂场景下研究 D2D 通信资源的优化分配问题。在考虑 D2D 和 WiFi 吞吐量的问题上，本书仅在宏观层面上把 D2D 占用信道的时间作为其吞吐量，把 WiFi 占用信道的时间作为其吞吐量，但实际上 D2D 系统和 WiFi 系统是两个不同的系统，有各自的吞吐量计算模型，且实际吞吐量相差很大。另外，当 D2D 设备在免授权频谱上通信时，如果没有合理的技术制约，D2D 用户之间也会存在相互干扰。在未来的研究中，关于 D2D 和 WiFi 的吞吐量模型应该考虑得更全面，理论与实际的联系也应该更紧密。

7.2.4　无人机通信下的免授权频谱共享方面

在 DAUAV 系统中，本书考虑无人机系统与同一免授权信道下的多个 WiFi 系统进行频谱共享。在实际的地面网络中，可能存在使用不同免授权信道的多个 WiFi 系统，需要深入研究无人机如何通过轨迹优化、信道分配和功率控制来更高效地接入不同免授权信道。本书主要考虑单无人机通信系统和地面通信系统共存的场景。在基于全频谱共享的无人机通信系统中，多无人机如何通过轨迹优化和资源分配与地面不同小区的蜂窝网络和 WiFi 网络和谐共存值得深入研究。在 UAUMS 系统中仅考虑了空中窃听者的存在，在实际场景中可能存在空中窃听者与地面窃听者。如何在存在多类窃听者的情况下增大 UAUMS 系统的安全卸载比特数仍然需要进行深入的研究。本书主要考虑了单无人机 MEC 系统。在使用免授权频谱的无人机 MEC 系统中，多架携带 MEC 服务器的无人机如何通过资源分配与轨迹优化，在免授权频段与地面 WiFi 系统实现和谐共存仍值得研究。

7.2.5　AI 驱动的免授权频谱接入方面

本书以免授权频谱智能接入方案为研究点，以 LTE 和 WiFi 共存系统为研究对象，将吞吐量、公平性和延时视为主要性能指标，在 3GPP 和 IEEE 互相合作的背景下探寻新的智能接入方案在优化共存系统总吞吐量和公平性方面的可能性，以及用户关联策略对蜂窝网络与 WiFi 网络性能的影响。然而，在对免授权频谱资源进行利用的过程中，需要对一些关键问题进行追踪、评估与深入研究。

在免授权频谱上实现超可靠低延时通信是一项挑战。这是因为对免授权信道的接入通常是基于竞争模式的，所以节点并不总是能成功接入信道。这可能导致产生更高的延时甚至传输中断，从而影响可靠性。对于上述问题来说，利用多信道接入技术对抗衰落或干扰是一种潜在的解决方式。具体来说，可以同时监控一组免授权信道，而不是依赖某个免授权信道，并且可以动态接入这些信道，以避免传输中断。因此，如何针对多个免授权信道建立用户传输机会预测模型是一个值得关注的问题。

本书主要考虑 WiFi 接入点都具有饱和流量的模型，即任务队列总不为空。在实际的蜂窝网络和 WiFi 网络共存场景中，WiFi 接入点的流量模型可能随时间产生变化，具有高峰期和低谷期。因此，如何在 WiFi 网络流量需求可变的情况下设计合适的、具有代表性的性能评价指标，进而设计一种接入方案，以最大程度地优化无线资源利用率和用户通信体验，仍值得深入研究。